【国学经典文库】

植物百科全书

图文珍藏版

走进植物世界　发掘物种之谜

赵然 ⊙ 主编

綫装書局

图书在版编目（CIP）数据

植物百科全书/赵然主编．－－北京：线装书局，2013.1
ISBN 978-7-5120-0792-5

Ⅰ.①植… Ⅱ.①赵… Ⅲ.①植物－普及读物 Ⅳ.①Q94-49

中国版本图书馆CIP数据核字（2012）第279899号

植物百科全书

主　　编：	赵　然
责任编辑：	高晓彬
封面设计：	博雅圣轩藏书馆 Boyashengxuan Cangshuguan
出版发行：	线装书局
地　　址：	北京市西城区鼓楼西大街41号（100009）
	电话：010-64045283
	网址：www.xzhbc.com
印　　刷：	北京德富泰印务有限公司
字　　数：	1360千字
开　　本：	710×1040毫米　1/16
印　　张：	112
彩　　插：	8
版　　次：	2013年1月第1版第1次印刷
印　　数：	1-3000套
书　　号：	ISBN 978-7-5120-0792-5

定　　价：598.00元（全四册）

竞艳人间的花卉植物

凌霜傲雪——梅花

　　梅花可以露地栽培，北方多做室内盆栽。花色主要有大红、桃红、粉色、白色等，清雅芳香，核果近球形，果期为6至7月。

总领群芳——牡丹

　　牡丹被人们誉为"花中之王"，它是中华民族兴旺发达、美好幸福的象征。牡丹以山东菏泽、河南洛阳为栽培中心，园艺品种约有500余个。

独立冰霜——菊花

　　菊花是我国传统名花，按植株形态可分为3种类型，一为独本栽菊，二为切花菊，三为地被菊。菊花独立冰霜、坚贞不屈，格外受到人们青睐。

从容优雅——兰花

　　兰花，素有"花中君子"、"王者之香"的美誉。按其形态，可分为春兰、蕙兰、建兰、墨兰、寒兰等。我国中原、南方地区及华北山区均有野生。

硕果累累的瓜果世界

热带水果皇后——菠萝蜜

菠萝蜜是世界著名的热带水果，在热带潮湿地区广泛栽培。现在盛产于中国、印度、中南半岛、南洋群岛、孟加拉国和巴西等地。

人生健康的保护神——无花果

无花果是一种稀有水果，在新疆阿图什地区栽培品质最优。无花果是无公害绿色食品，被誉为"21世纪人类健康的守护神"。

果中皇后——草莓

草莓是一种红色的水果，属多年生草本植物。草莓的外观呈心形，鲜美红嫩，果肉多汁，含有特殊的浓郁水果芳香，营养价值极高。

爱情之果——芒果

芒果为著名热带水果之一，因其果肉细腻，风味独特，深受人们喜爱，所以素有"热带果王"之誉称。芒果果实含有糖、蛋白质、粗纤维。

生活必需的经济植物

地上开花、地下结果——花生

花生被人们誉为"植物肉"，含油量高达50%，品质优良，气味清香。除供食用外，还用于印染、造纸工业，花生也是一味中药。

风行世界的油料作物——向日葵

向日葵外型酷似太阳，花朵明亮大方，它的种子更具经济价值，不但可作成受人喜爱的葵瓜子，更可榨出低胆固醇的高级食用葵花油。

"绿色金子"——茶叶

茶叶属双子叶植物，是指用茶树的叶子加工而成，可以用开水直接泡饮的一种饮品。约30属，500种，分布于热带和亚热带地区。

造纸原料——芦苇

芦苇，多年水生或湿生的高大禾草，生长在灌溉沟渠旁、河堤沼泽地等，世界各地均有生长，芦叶、芦花、芦茎、芦根、芦笋均可入药。

种类繁多的木本植物

"三年平檐头"——桉树

桉树属常绿植物，一年内有周期性的老叶脱落现象，树冠形状有尖塔形、多枝形和垂枝形等，叶子可分为幼态叶、中间叶和成熟叶三类。

"林海珍珠"——银杉

银杉是松科的常绿乔木和水杉、银杏一起被誉为植物界的"国宝"，国家一级保护植物。主干高大通直，挺拔秀丽，枝叶茂密。

"千年开花"——铁树

铁树属常绿植物，因为树干如铁打般的坚硬，喜欢含铁质的肥料，所以得名铁树。茎干都比较粗壮，喜强烈的阳光、温暖湿润的环境。

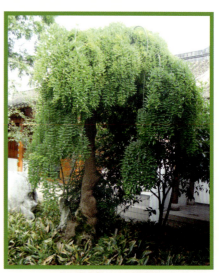

行道树——槐树

槐树是一种重要的蜜源植物，树型高大，喜光、根深，生长迅速。刺槐的叶略透明，槐树的花为淡黄色，可烹调食用，也可作中药或染料。

净化空气的环境植物

万年青

万年青又称红果万年青,是我国的传统观赏植物。叶片四季常绿,秋后结果,果实呈串状,人们将其作为万古长青、吉祥如意的象征。

富贵竹

富贵竹为多年生常绿草本,是一种插在水里养的竹子,属多年生常绿小乔木观叶植物,极具观赏价值,而且较易养殖,可以净化室内空气。

仙人球

仙人球为仙人科多年生肉质多浆草本植物,有吸收电磁辐射的作用,也是天然的空气清新器,还具有吸附尘土,净化空气的作用。

君子兰

君子兰是多年生草本植物,宜盆栽室内摆设,为观叶赏花,也是布置会场、装饰宾馆环境的理想盆花,还有净化空气的作用和药用价值。

弥足珍贵的珍稀植物

冬虫夏草

冬虫夏草是著名的滋补强壮药，具有补虚损、益精气等功效，还具有平喘、抗菌、抗病毒、抗炎等作用，更有增强及调节免疫力的功效。

胡杨

胡杨是杨柳科杨属胡杨亚属的一种植物，常生长在沙漠中，它耐寒、耐旱、耐盐碱、抗风沙，有很强的生命力，被人们誉为"沙漠守护神"。

人参

人参是多年生草本植物，喜阴凉、湿润的气候，被人们称为"百草之王"，是闻名遐迩的"东北三宝"之一，是驰名中外、老幼皆知的名贵药材。

灵芝

灵芝是多孔菌科植物赤芝或紫芝的全株，具备很高的药用价值，对于增强人体免疫力，控制血压，保肝护肝，促进睡眠等方面均具有显著疗效。

前　言

在创世纪神话中,上帝造了亚当和夏娃,又为他们在东方造了伊甸园,一个植物繁茂的世界。日升月落,沧海桑田,在生命诞生后的数十亿年间,植物经历不断的生长、进化,像一件绿色的大衣覆盖了我们的地球。据统计,在人类居住的地球上,生存着50多万种植物,千姿百态,丰富多彩,自成一个生机盎然的植物王国。植物王国的成员们各有特点,有的历经沧桑,弥足珍贵;有的身处劣境,却能随遇而安;有的鲜香能食,奉献美味;有的专做寄生者,危害四邻;有的善舞翩然,讨人喜爱;有的巧设机关,诱虫上当;有的刁钻古怪,与众不同;有的独一无二,成为世界之最。可以说,无论是绚烂的夏花,还是静美的秋叶,都用深奥幽玄的密码编写着生命的奇迹。

植物是大自然赋予人类最宝贵的财富,堪称生命之源。人们的衣、食、住、行都离不开植物,植物世界是公开的,也是封闭的,植物世界千姿百态,让人们难以理解,植物究竟有没有一个特定的共性？现在,对植物感兴趣的人越来越多了,对植物的研究也开始不仅限于一个方面了,而是从方方面面综合考虑。

植物在进行光合作用时,吸收二氧化碳来制造氧气,供动物呼吸使用;其他对人们有益的分子,通过叶片的蒸散作用产生负离子,具有杀菌的效果,并能使空气湿度增加,植物也是最伟大的,能把人类不能直接利用的光能转化为植物所需的营养成分。

除了为人类提供衣、食、住、行的帮助之外,植物还可以营造空间气氛,阻挡风沙等等。所以说,植物是人类生活生产中必不可少的一部分。了解植物的世界也是非常有意义的,这样不仅能够让人类更加清楚明了地了解自然界,还能够促使人们对植物世界多一分关心和照顾！

植物王国为人类做出的贡献不胜枚举,难以言喻,也正因如此,人类对植物王国仍然充满了迷惑,例如:有些植物的根怎么会向上长？为什么树叶在秋天要换颜色？一种植物的基因怎么会跑到另一种植物的细胞中……如此众多的植物之谜等待着解答,而深入探索神奇的植物王国,使之更好地为人类服务,是人类的使命,也是不少有志之士的理想所在。

本套《植物百科》通俗易懂,语言组织流畅,结合了当代各种科普类百科全书编著而成,可以给爱好植物的读者朋友带来不一样的感受。

目　录

第一章　走进植物王国 …………………………………… (1)
　一、什么是植物 ………………………………………… (1)
　二、植物的起源 ………………………………………… (3)
　三、植物的基本分类 …………………………………… (4)
　四、植物的结构 ………………………………………… (5)
　五、植物与光照的关系 ………………………………… (10)
　六、植物与温度的关系 ………………………………… (13)
　七、植物与水的关系 …………………………………… (16)
　八、植物与空气的关系 ………………………………… (19)
　九、植物与风的关系 …………………………………… (21)
　十、植物与土壤的关系 ………………………………… (23)
　十一、植物与生物的关系 ……………………………… (25)
　十二、植物的细胞 ……………………………………… (28)
　十三、植物的多样性 …………………………………… (30)
　十四、植物的视觉 ……………………………………… (31)
　十五、植物的触觉 ……………………………………… (32)
　十六、植物的味觉 ……………………………………… (33)
　十七、植物的体温 ……………………………………… (33)
　十八、植物的血液 ……………………………………… (34)

十九、植物的脉搏 ··· (36)

二十、植物的神经 ··· (37)

二十一、植物的记忆 ·· (38)

二十二、植物的睡眠 ·· (39)

二十三、植物的感情 ·· (40)

二十四、植物分辨上下的本领 ······································· (44)

二十五、植物的自卫术 ·· (45)

第二章　植物的生长地带 ··· (48)

一、森林 ··· (48)

二、神秘的热带雨林 ·· (50)

三、红树林 ·· (52)

四、辽阔的草原 ··· (56)

五、高山、陆地、极地植物 ·· (58)

六、湿地 ··· (61)

第三章　竞艳人间的花卉植物 ··· (64)

一、花的世界 ··· (64)

二、花的色彩 ··· (67)

三、花的气味 ··· (68)

四、花的结构 ··· (69)

五、花的种类 ··· (76)

六、花与人类文明 ··· (90)

七、远古人类心目中的花 ·· (90)

八、花是人类社会的灵魂 ·· (91)

九、花的作用 ··· (94)

十、花中十二神 ·· (110)

十一、花中的十二姐妹 ·· (112)

十二、花婢、花师、花友 ·· (116)

十三、传情达意的鲜花 ………………………… (117)
十四、丰富多彩的花节 ………………………… (119)
十五、中国传统十大名花 ……………………… (119)
十六、木本花卉 ………………………………… (137)
十七、草本花卉 ………………………………… (159)
十八、多肉类花卉 ……………………………… (180)
十九、国花拾趣 ………………………………… (183)
二十、花与城市 ………………………………… (191)
二十一、送花的艺术 …………………………… (200)
二十二、购花小窍门 …………………………… (204)
二十三、花的鉴赏 ……………………………… (206)
二十四、花的故事 ……………………………… (214)
二十五、花语解读 ……………………………… (222)

第四章 硕果累累的瓜果世界 ……………………… (229)
一、瓜果趣谈 …………………………………… (229)
二、林林总总的瓜果 …………………………… (241)
三、色、香、味俱佳的瓜果 …………………… (245)
  "罐头之王"菠萝 …………………………… (305)
  "热带水果皇后"菠萝蜜 …………………… (307)
  "人生健康的保护神"无花果 ……………… (308)
  "果中皇后"草莓 …………………………… (309)
  "爱情之果"芒果 …………………………… (312)
  "果中玛瑙"杨梅 …………………………… (314)
四、世界四大干果 ……………………………… (315)
  核桃 ………………………………………… (315)
  榛子 ………………………………………… (317)
  杏仁 ………………………………………… (318)

　　　　腰果 ……………………………………………………………… (319)
第五章　不可缺少的特色蔬菜 ……………………………………………… (321)
　　一、减肥美容的黄瓜 …………………………………………………… (321)
　　二、能够食用的野菜 …………………………………………………… (322)
　　三、富含营养的蔬菜胡萝卜 …………………………………………… (322)
　　四、"营养辣袋"辣椒 ………………………………………………… (323)
　　五、"保健蔬菜"萝卜 ………………………………………………… (324)
　　六、"乡村蔬菜"南瓜 ………………………………………………… (325)
　　七、最好的"大众化蔬菜"马铃薯 …………………………………… (326)
　　八、"高纤维食物"芹菜 ……………………………………………… (327)
　　九、"蔬中良药"大蒜 ………………………………………………… (327)
　　十、"洋白菜"卷心菜 ………………………………………………… (328)
　　十一、"美味佳菜"茄子 ……………………………………………… (329)
　　十二、"辛辣蔬菜"大葱 ……………………………………………… (329)
　　十三、"菜中之王"菠菜 ……………………………………………… (330)
　　十四、"苦味蔬菜"苦瓜 ……………………………………………… (330)
　　十五、"金色苹果"番茄 ……………………………………………… (331)
第六章　生活必需的经济作物 ……………………………………………… (333)
　　一、"地上开花、地下结果"的花生 ………………………………… (333)
　　二、风行世界的油料作物之一向日葵 ………………………………… (334)
　　三、"衣料之源"棉花 ………………………………………………… (335)
　　四、"造纸原料"芦苇 ………………………………………………… (336)
　　五、在亚洲广泛种植的植物水稻 ……………………………………… (337)
　　六、"五谷之首"小麦 ………………………………………………… (338)
　　七、"饲料之王"玉米 ………………………………………………… (338)
　　八、越藏越甜的甘薯 …………………………………………………… (340)
　　九、"绿色金子"茶叶 ………………………………………………… (341)

十、世界饮料植物之一可可 …………………………………… (342)

十一、独特的"生物碱饮用植物"咖啡 ………………………… (342)

十二、"香料植物"八角 …………………………………………… (343)

十三、种植历史悠久的油菜 ……………………………………… (344)

十四、"世界油王"油棕 …………………………………………… (344)

十五、油料作物的佼佼者芝麻 …………………………………… (345)

第七章 种类繁多的——木本植物 ……………………………… (346)

一、中华大地上的千岁古木 ……………………………………… (346)

  黄陵古柏 …………………………………………………… (346)

  周柏齐年 …………………………………………………… (347)

  千年古松 …………………………………………………… (347)

  千岁巨柏 …………………………………………………… (347)

二、树木中的"大个子" …………………………………………… (348)

  雌雄同株的铁坚杉 ………………………………………… (348)

  百木之长的柏树 …………………………………………… (349)

  最大木本植物的榕树 ……………………………………… (349)

三、长相奇特的树木 ……………………………………………… (351)

  马褂木 ……………………………………………………… (351)

  光棍树 ……………………………………………………… (351)

  铜钱树 ……………………………………………………… (352)

  长翅膀的树 ………………………………………………… (352)

  灯笼树 ……………………………………………………… (353)

  羽毛球树 …………………………………………………… (354)

四、爱"流血"的树 ………………………………………………… (354)

  麒麟血藤 …………………………………………………… (354)

  龙血树 ……………………………………………………… (355)

  胭脂树 ……………………………………………………… (356)

五、材貌双全的楸树 ……………………………………… (357)
六、"三年平檐头"的桉树 ………………………………… (358)
七、"勇斗"大火的木荷 …………………………………… (359)
八、"吐汁"灭火的梓柯树 ………………………………… (360)
九、"臭名远播"的臭椿 …………………………………… (361)
十、木质柔滑的牙刷树 …………………………………… (362)
十一、树大年高的茶树 …………………………………… (363)
十二、有"天然涂料"之称的漆树 ………………………… (364)
十三、贵妃最爱的荔枝树 ………………………………… (365)
十四、有"七绝"之称——柿树 …………………………… (367)
十五、绮丽的"生命之树"椰子树 ………………………… (368)
十六、"哈哈大笑"的笑树 ………………………………… (370)
十七、生命力顽强的樟树 ………………………………… (370)
十八、名贵的"中华第一材"楠木 ………………………… (371)
十九、有"林海珍珠"之称银杉 …………………………… (373)
二十、傲世独立的普陀鹅耳枥 …………………………… (374)
二十一、"千年开花"的铁树 ……………………………… (375)
二十二、个大体轻的轻木 ………………………………… (377)
二十三、植物界的"硬汉"版纳黑檀 ……………………… (378)
二十四、生产粮食的"米树" ……………………………… (379)
二十五、奇特的面条树 …………………………………… (379)
二十六、树高叶茂的面包树 ……………………………… (380)
二十七、能分泌"奶液"的树木 …………………………… (381)
二十八、挂满"香肠"的香肠树 …………………………… (382)
二十九、含油量丰富的流油树 …………………………… (382)
三十、天然的"酿酒师"酒树 ……………………………… (383)
三十一、"制盐高手"木盐树 ……………………………… (383)

三十二、形似马褂的鹅掌楸 ……………………………… (384)
三十三、城市中的"行道树"槐树 ………………………… (384)
三十四、"半寄生植物"檀香树 …………………………… (385)
三十五、城市中常见树种柳树 ……………………………… (386)
三十六、速生林木泡桐 ……………………………………… (387)
三十七、可防干旱的胡杨树 ………………………………… (388)
三十八、自然界中剧毒的箭毒木 …………………………… (388)
三十九、中国"鸽子树"珙桐 ……………………………… (389)
四十、有"万木之王"之称的巨杉 ………………………… (390)

第八章 赏心悦目的观赏植物 ……………………………… (391)
一、木本植物观赏 ……………………………………………… (391)
    木棉 ……………………………………………………… (391)
    刺槐 ……………………………………………………… (392)
    迎春花 …………………………………………………… (393)
    红果仔 …………………………………………………… (393)
    火炬树 …………………………………………………… (394)
    小檗 ……………………………………………………… (395)
    紫叶李 …………………………………………………… (395)
    红瑞木 …………………………………………………… (396)
    灯台树 …………………………………………………… (396)
    柠檬桉 …………………………………………………… (397)
    樱花 ……………………………………………………… (398)
    金钟花 …………………………………………………… (398)
    乌桕 ……………………………………………………… (399)
    黄连木 …………………………………………………… (400)
    鸡树条荚蒾 ……………………………………………… (401)
    鸡爪槭 …………………………………………………… (401)

小叶锦鸡儿 …………………………………… (402)

花楸 …………………………………………… (403)

千头柏 ………………………………………… (403)

银芽柳 ………………………………………… (404)

小叶丁香 ……………………………………… (405)

假朝天罐 ……………………………………… (405)

琼花 …………………………………………… (406)

鸡麻 …………………………………………… (407)

紫珠 …………………………………………… (408)

茶条槭 ………………………………………… (408)

山梅花 ………………………………………… (409)

醉鱼草 ………………………………………… (409)

碧桃 …………………………………………… (410)

洋金凤 ………………………………………… (411)

贴梗海棠 ……………………………………… (411)

西府海棠 ……………………………………… (412)

木芙蓉 ………………………………………… (412)

美蔷薇 ………………………………………… (413)

棣棠 …………………………………………… (414)

代代 …………………………………………… (415)

蒲葵 …………………………………………… (416)

火棘 …………………………………………… (416)

石楠 …………………………………………… (417)

皂荚 …………………………………………… (418)

臭椿 …………………………………………… (418)

紫丁香 ………………………………………… (419)

白刺花 ………………………………………… (420)

梨树	(420)
山桃	(421)
榆叶梅	(422)
紫薇	(422)
接骨木	(423)
白兰	(424)
八仙花	(425)
锦带花	(425)
南天竹	(426)
太平花	(427)
含笑	(428)
瑞香	(428)
蜡梅	(429)
毛泡桐	(430)
梓树	(431)
柿树	(431)
白蜡树	(432)
紫荆	(433)
椰子	(433)
栾树	(434)
山茱萸	(435)
台湾相思	(435)
柽柳	(436)
香椿	(437)
丝棉木	(437)
洋紫荆	(438)
桦叶荚蒾	(439)

杜仲	(439)
悬铃木	(440)
紫玉兰	(441)
白玉兰	(442)
文冠果	(443)
云杉	(443)
枇杷	(444)
女贞	(445)
珍珠梅	(445)
美人松	(446)
胡桃	(447)
板栗	(447)
金露梅	(448)
海州常山	(449)
金合欢	(449)
鹅掌楸	(450)
广玉兰	(450)
白桦	(451)
山楂	(452)
黄槐	(452)
枫香树	(453)
紫杉	(454)
流苏树	(455)
黄栌	(455)
苏木	(456)
厚朴	(456)
凤凰木	(457)

红果树	(457)
珊瑚树	(458)
马尾松	(458)
香花槐	(459)
野蔷薇	(460)
珊瑚朴	(460)
桑树	(461)
白皮松	(462)
柏木	(462)
栀子花	(463)

二、草本植物观赏 (464)

石竹	(464)
鸢尾	(465)
福禄考	(466)
石蒜	(467)
六出花	(467)
石莲花	(468)
矮牵牛	(468)
满天星	(469)
黄花菜	(470)
石碱花	(470)
蜀葵	(471)
半支莲	(471)
君子兰	(472)
番红花	(473)
铃兰	(474)
梭鱼草	(474)

珊瑚花	(475)
文殊兰	(475)
异果菊	(476)
火炬花	(477)
葱莲	(477)
小苍兰	(478)
长春花	(479)
诸葛菜	(480)
高山积雪	(480)
待霄草	(481)
报春花	(482)
勿忘草	(482)
花菱草	(483)
勿忘我	(484)
风铃草	(484)
金鱼草	(485)
吉祥草	(486)
紫茉莉	(486)
蒲包花	(487)
万寿菊	(488)
波斯菊	(489)
瓜叶菊	(489)
地肤	(490)
飞燕草	(491)
翠雀	(491)
醉蝶花	(492)
一串红	(493)

三、藤本植物观赏 …………………………………… (493)
　　紫藤 ………………………………………………… (493)
　　葡萄 ………………………………………………… (494)
　　金银花 ……………………………………………… (495)
　　爬山虎 ……………………………………………… (496)
　　常春藤 ……………………………………………… (497)
　　南蛇藤 ……………………………………………… (497)
　　络石 ………………………………………………… (498)
　　凌霄 ………………………………………………… (499)
　　铁线莲 ……………………………………………… (499)
　　旱金莲 ……………………………………………… (500)
　　文竹 ………………………………………………… (501)
　　叶子花 ……………………………………………… (502)
四、观赏竹 …………………………………………… (503)
　　佛肚竹 ……………………………………………… (503)
　　紫竹 ………………………………………………… (503)
　　斑竹 ………………………………………………… (504)
　　孝顺竹 ……………………………………………… (505)
　　刚竹 ………………………………………………… (506)
　　淡竹 ………………………………………………… (506)
　　青皮竹 ……………………………………………… (507)
五、花卉的栽培养护 ………………………………… (508)
　　栽培养护常识 ……………………………………… (508)
　　常见花卉养护 ……………………………………… (516)
　　植物的家居摆放与搭配 …………………………… (572)
第九章　净化空气的环境植物 ………………………… (575)
　一、花草与室内环境 ………………………………… (575)

花草的存在价值 …………………………………… (575)
花草让人心情好 …………………………………… (575)
充满玄机的植物 …………………………………… (576)
自然的空气加湿器 ………………………………… (577)
最自然的"空气滤净机" …………………………… (578)
释放水分的室内植物 ……………………………… (578)
绿色植物可调节室温 ……………………………… (579)
绿色植物吸收二氧化碳 …………………………… (580)
选择适合自己的植物 ……………………………… (581)
正确认识植物的作用 ……………………………… (582)
二、客厅的健康植物 ………………………………… (583)
客厅花草的摆放 …………………………………… (583)
万年青 ……………………………………………… (584)
发财树 ……………………………………………… (584)
滴水观音 …………………………………………… (585)
平安树 ……………………………………………… (586)
酒瓶兰 ……………………………………………… (586)
铁树 ………………………………………………… (587)
蝴蝶兰 ……………………………………………… (587)
垂叶榕 ……………………………………………… (588)
鹅掌柴 ……………………………………………… (589)
千年木 ……………………………………………… (590)
橡皮树 ……………………………………………… (591)
七里香 ……………………………………………… (592)
花叶芋 ……………………………………………… (593)
龙血树 ……………………………………………… (593)
非洲菊 ……………………………………………… (594)

万寿菊 ………………………………… (595)
　　大花蕙兰 ……………………………… (596)
　　山茶花 ………………………………… (596)
　　一叶兰 ………………………………… (597)
　　棕竹 …………………………………… (598)
　　蔷薇 …………………………………… (598)
　　百合 …………………………………… (599)
　　蜀葵 …………………………………… (600)
三、卧室的健康植物 ……………………… (601)
　　文竹 …………………………………… (602)
　　吊兰 …………………………………… (603)
　　富贵竹 ………………………………… (604)
　　金鱼草 ………………………………… (605)
　　仙人掌 ………………………………… (605)
　　常春藤 ………………………………… (607)
　　薰衣草 ………………………………… (607)
　　芦荟 …………………………………… (608)
　　姬凤梨 ………………………………… (609)
　　驱蚊草 ………………………………… (610)
　　仙人球 ………………………………… (611)
　　合果芋 ………………………………… (611)
　　龙舌兰 ………………………………… (612)
　　落地生根 ……………………………… (613)
　　散尾葵 ………………………………… (614)
　　龟背竹 ………………………………… (614)
　　孔雀竹芋 ……………………………… (615)
四、书房的健康植物 ……………………… (616)

君子兰 …………………………………………………………… (617)
　　　玫瑰 ……………………………………………………………… (618)
　　　罗汉松 …………………………………………………………… (619)
　　　蟹爪兰 …………………………………………………………… (620)
　　　水仙 ……………………………………………………………… (621)
　　　绯牡丹 …………………………………………………………… (621)
　　　薄荷 ……………………………………………………………… (622)
　　　吊竹梅 …………………………………………………………… (623)
　　　石莲花 …………………………………………………………… (624)
　　　马蹄莲 …………………………………………………………… (624)
　　　扶桑花 …………………………………………………………… (625)
　　　雏菊 ……………………………………………………………… (626)
　　　红掌 ……………………………………………………………… (627)
　　　长寿花 …………………………………………………………… (627)
　　　杜鹃 ……………………………………………………………… (628)
　　　红背桂 …………………………………………………………… (629)
　　　紫罗兰 …………………………………………………………… (630)
　　　虎尾兰 …………………………………………………………… (631)
　五、厨房的健康植物 ………………………………………………… (632)
　　　铃兰 ……………………………………………………………… (633)
　　　袖珍椰子 ………………………………………………………… (633)
　　　鸭跖草 …………………………………………………………… (634)
　　　冷水花 …………………………………………………………… (635)
　六、卫生间的健康植物 ……………………………………………… (635)
　　　卫生间花草的摆放 ……………………………………………… (636)
　　　卫生间常见污染 ………………………………………………… (636)
　　　绿萝 ……………………………………………………………… (636)

白鹤芋 …………………………………… (637)
　　　波士顿蕨 ………………………………… (638)
　七、庭院的健康植物 …………………………… (639)
　　　棕榈 ……………………………………… (639)
　　　榆树 ……………………………………… (639)
　　　幌伞枫 …………………………………… (641)
　　　刺桐 ……………………………………… (642)
　　　龙吐珠 …………………………………… (642)
　　　垂柳 ……………………………………… (643)
　　　秋枫 ……………………………………… (644)
　八、观叶植物的养护 …………………………… (645)
第十章　打造阳台植物园 ………………………… (711)
　一、阳台格局与阳台绿化 ……………………… (711)
　　　几种阳台的特点 ………………………… (711)
　　　阳台的基本功能 ………………………… (713)
　　　阳台养花的特点 ………………………… (714)
　　　创造阳台养花环境 ……………………… (717)
　　　阳台绿化的基本方法 …………………… (718)
　　　阳台绿化美化的类型 …………………… (721)
　　　选购盆栽花卉的注意事项 ……………… (722)
　　　阳台养花基质的选择 …………………… (724)
　　　阳台花盆要注意垫底 …………………… (725)
　　　阳台花木的摆放技巧 …………………… (725)
　　　阳台养花要正确利用光照 ……………… (726)
　　　阳台上的花盆应经常转动方向 ………… (727)
　　　阳台养花的浇水方法 …………………… (727)
　　　阳台养花的施肥方法 …………………… (728)

阳台植物栽培的注意事项 …………………………………… (729)
　二、阳台植物园花卉品种 ……………………………………… (730)
　　　山茶花 …………………………………………………… (730)
　　　长春花 …………………………………………………… (735)
　　　大丽花 …………………………………………………… (737)
　　　杜鹃 ……………………………………………………… (741)
　　　君子兰 …………………………………………………… (747)
　　　四季秋海棠 ……………………………………………… (752)
　　　万年青 …………………………………………………… (755)
　　　仙客来 …………………………………………………… (758)
　　　蟹爪兰 …………………………………………………… (764)
　　　紫鸭跖草 ………………………………………………… (768)
　　　长寿花 …………………………………………………… (771)
　　　瓜叶菊 …………………………………………………… (774)
　　　含羞草 …………………………………………………… (777)
　　　鸡冠花 …………………………………………………… (781)
　　　菊花 ……………………………………………………… (784)
　　　茉莉 ……………………………………………………… (788)
　　　三色堇 …………………………………………………… (792)
　　　石榴 ……………………………………………………… (795)
　　　睡莲 ……………………………………………………… (799)
　　　大花马齿苋 ……………………………………………… (802)
　　　五色椒 …………………………………………………… (805)
　　　夜来香 …………………………………………………… (809)
　　　一串红 …………………………………………………… (812)
　　　虞美人 …………………………………………………… (816)
　　　月季 ……………………………………………………… (818)

矮牵牛	(823)
百日草	(826)
雏菊	(831)
龙舌兰	(837)
芦荟	(839)
天门冬	(842)
仙人掌	(844)
栀子花	(847)
紫罗兰	(852)
常春藤	(855)
吊兰	(858)
龟背竹	(860)
绿萝	(863)
肾蕨	(867)
铁线蕨	(871)
文竹	(875)
玉簪	(878)

第十一章 功效奇特的药用植物 (883)

丁香	(883)
十大功劳	(884)
辛夷	(885)
鸡冠花	(885)
侧柏叶	(886)
枇杷叶	(887)
艾叶	(888)
红花	(888)
芫花	(889)

谷精草	(890)
大青叶	(890)
石楠叶	(891)
泽兰	(891)
玫瑰花	(892)
夏枯草	(893)
菊花	(893)
金银花	(894)
卷柏	(895)
洋金花	(895)
凌霄花	(896)
款冬花	(897)
人参	(897)
儿茶	(899)
了哥王	(899)
三七	(900)
三棱	(901)
山慈菇	(901)
川芎	(902)
贝母	(903)
干姜	(903)
千年健	(904)
马齿苋	(904)
土茯苓	(905)
大蓟	(906)
大黄	(907)
山豆根	(907)

山药	(908)
山柰	(909)
川乌	(909)
土荆皮	(910)
马鞭草	(910)
木香	(911)
乌药	(912)
丹参	(913)
五加皮	(914)
升麻	(914)
天门冬	(915)
天花粉	(916)
天南星	(917)
天麻	(918)
太子参	(919)
巴戟天	(919)
木贼	(920)
牛膝	(920)
仙茅	(921)
沙参	(922)
半夏	(922)
玄参	(923)
玉竹	(923)
甘松	(924)
甘草	(925)
甘遂	(925)
地黄	(926)

白及	(927)
白术	(929)
白芍	(929)
白芷	(930)
白附子	(931)
白茅根	(932)
白前	(932)
白薇	(933)
白鲜皮	(935)
石斛	(936)
石菖蒲	(937)
龙胆	(937)
关木通	(938)
地榆	(939)
延胡索	(940)
当归	(940)
灯心草	(941)
百部	(942)
羊蹄	(942)
肉苁蓉	(943)
防己	(943)
防风	(944)
何首乌	(945)
忍冬藤	(946)
沉香	(946)
羌活	(947)
苍术	(948)

苏木	(949)
赤芍	(949)
远志	(950)
鸡血藤	(951)
麦门冬	(952)
佩兰	(952)
刺五加	(953)
明党参	(954)
泽泻	(954)
知母	(955)
苦参	(956)
虎杖	(957)
贯众	(957)
郁金	(958)
降香	(959)
青黛	(959)
前胡	(960)
威灵仙	(961)
独活	(962)
穿心莲	(963)
络石藤	(964)
茜草	(964)
香附	(965)
党参	(966)
射干	(966)
拳参	(967)
莪术	(967)

鸭跖草	(968)
淫羊藿	(969)
黄芩	(970)
黄芪	(970)
黄连	(971)
黄精	(972)
紫草	(973)
萹蓄	(974)
豨莶草	(975)
薄荷	(975)
大腹皮	(976)
女贞子	(977)
连翘	(978)
小茴香	(979)
栀子	(980)
山茱萸	(980)
川楝子	(981)
马兜铃	(981)
乌梅	(982)
五味子	(983)
巴豆	(984)
木瓜	(985)
火麻仁	(985)
牛蒡子	(986)
丝瓜络	(987)
冬虫夏草	(987)
白豆蔻	(989)

石榴皮	(989)
龙眼肉	(990)
合欢皮	(991)
地肤子	(991)
地骨皮	(992)
百合	(993)
杜仲	(993)
牡丹皮	(994)
皂荚	(995)
芫荽	(996)
苍耳子	(996)
苏合香	(997)
补骨脂	(997)
诃子	(998)
刺蒺藜	(999)
金樱子	(1000)
厚朴	(1001)
益智仁	(1001)
黄柏	(1003)
棕榈	(1003)
楮实子	(1004)
蔓荆子	(1005)
千金子	(1005)
马钱子	(1006)
木蝴蝶	(1007)

第十二章 弥足珍贵的珍稀植物 (1009)

| 紫荆 | (1009) |

长白松 ……………………………………… (1009)
冬虫夏草 …………………………………… (1012)
连香树 ……………………………………… (1013)
崖柏 ………………………………………… (1014)
蒜头果 ……………………………………… (1015)
冷杉 ………………………………………… (1017)
大王花 ……………………………………… (1018)
四合木 ……………………………………… (1019)
胡杨 ………………………………………… (1021)
夏蜡梅 ……………………………………… (1022)
栓皮栎树 …………………………………… (1023)
银杏 ………………………………………… (1025)
四数木 ……………………………………… (1026)
凤凰木 ……………………………………… (1027)
喜树 ………………………………………… (1027)
珙桐 ………………………………………… (1029)
华盖木 ……………………………………… (1030)
天目铁木 …………………………………… (1031)
天麻 ………………………………………… (1032)
珊瑚菜 ……………………………………… (1033)
猪笼草 ……………………………………… (1034)
秃杉 ………………………………………… (1036)
白鹭花 ……………………………………… (1037)
峨眉含笑 …………………………………… (1038)
罗汉松 ……………………………………… (1040)
人参 ………………………………………… (1041)
羽叶点地梅 ………………………………… (1042)

樟树	(1043)
七子花	(1044)
灵芝	(1045)
跳舞草	(1046)
瓣鳞花	(1047)
含羞草	(1049)
云南石梓	(1050)
鹤望兰	(1051)
百岁兰	(1052)
香果树	(1053)
箭毒树	(1055)
半日花	(1056)
黄山梅	(1057)
光叶蕨	(1058)
雪莲	(1059)
银杉	(1060)
膝柄木	(1060)
金花茶	(1061)
星叶草	(1063)
铁锤兰	(1064)
莼菜	(1065)
楠木	(1066)
菱	(1067)
蛇头菌	(1068)
滇桐	(1069)
王莲	(1070)
东方杉	(1071)

坡垒 …………………………………… (1073)
普陀鹅耳枥 …………………………… (1074)
紫椴 …………………………………… (1075)
海椰子 ………………………………… (1076)
猴面包树 ……………………………… (1077)
桫椤 …………………………………… (1078)
报春苣苔 ……………………………… (1080)
蝴蝶树 ………………………………… (1082)
翠柏 …………………………………… (1083)
望天树 ………………………………… (1084)
独叶草 ………………………………… (1085)
紫杉 …………………………………… (1086)
羊角槭 ………………………………… (1087)

第十三章 令人畏惧的致命植物 ……… (1089)

夹竹桃 ………………………………… (1089)
海芒果 ………………………………… (1090)
羊角拗 ………………………………… (1091)
黄蝉 …………………………………… (1092)
木本曼陀罗 …………………………… (1092)
颠茄 …………………………………… (1093)
一品红 ………………………………… (1094)
"坏女人" ……………………………… (1095)
蓖麻子 ………………………………… (1096)
麻风树中的致命汁液 ………………… (1097)
大茶药 ………………………………… (1097)
相思豆 ………………………………… (1098)
大黄 …………………………………… (1099)

狸藻 …………………………………………… (1099)

博落回 ………………………………………… (1100)

八角枫 ………………………………………… (1100)

曼珠沙华 ……………………………………… (1101)

水仙花 ………………………………………… (1102)

铃兰 …………………………………………… (1102)

万年青 ………………………………………… (1103)

山菅兰 ………………………………………… (1104)

萱草 …………………………………………… (1104)

海芋 …………………………………………… (1105)

杜鹃花 ………………………………………… (1106)

附子花 ………………………………………… (1106)

马利筋 ………………………………………… (1107)

舟形乌头 ……………………………………… (1107)

箭毒木 ………………………………………… (1108)

水毒芹 ………………………………………… (1109)

银杏 …………………………………………… (1109)

凤眼莲 ………………………………………… (1110)

白蛇根草 ……………………………………… (1112)

植物生物碱 …………………………………… (1112)

罂粟 …………………………………………… (1114)

第十四章 含有各种毒素的植物 …………… (1116)

菊花 …………………………………………… (1116)

花烛 …………………………………………… (1116)

山谷百合 ……………………………………… (1116)

八仙花 ………………………………………… (1117)

毛地黄 ………………………………………… (1117)

　　　　柴藤 …………………………………………………… (1117)
　　　　一枝黄花 ………………………………………………… (1118)
　　　　奇异的叶 ………………………………………………… (1119)
　　第十五章　令人惊叹的神奇植物 ……………………………… (1121)
　　　　瓶子草 …………………………………………………… (1121)
　　　　含羞草 …………………………………………………… (1122)
　　　　捕蝇草 …………………………………………………… (1122)
　　　　凤眼莲 …………………………………………………… (1123)
　　　　肉苁蓉 …………………………………………………… (1124)
　　　　菟丝子 …………………………………………………… (1125)
　　　　鸡血藤 …………………………………………………… (1126)
　　第十六章　特别的植物 ………………………………………… (1127)
　　　　不怕冷的植物 …………………………………………… (1127)
　　　　顽强的旱生植物 ………………………………………… (1129)
　　　　会睡觉的植物 …………………………………………… (1130)
　　　　会探矿的植物 …………………………………………… (1131)
　　　　能预测风雨的植物 ……………………………………… (1132)
　　　　使人产生幻觉的植物 …………………………………… (1132)
　　　　能预测地震的植物 ……………………………………… (1133)
　　　　会纵火的植物 …………………………………………… (1134)
　　　　会发热的植物 …………………………………………… (1134)
　　　　吃人的植物 ……………………………………………… (1135)
　　　　长手的植物 ……………………………………………… (1136)
　　　　会搬家的植物 …………………………………………… (1136)
　　　　令老鼠胆寒的植物 ……………………………………… (1137)
　　　　会发射子弹的植物 ……………………………………… (1137)
　　　　能产糖的树 ……………………………………………… (1138)

"摇钱树"——桑树	(1139)
皂荚树与洗衣树	(1140)
能治病的植物金鸡纳树	(1141)
会指示方向的树	(1142)
会笑的树	(1142)
能改变味觉的植物神秘果	(1143)
长"鸡蛋"的鸡蛋树	(1143)
产药的阿斯匹林树	(1144)
产酒的树	(1145)
有保镖的蚁栖树	(1145)
会奏乐的树	(1146)
不凋谢的二色补血草	(1146)
会指示方向的野莴苣	(1147)
长鞭炮的植物毛子草	(1147)
巧设陷阱的食虫植物瓶子草	(1148)
食虫的水生植物狸藻	(1149)
有趣的"潜水高手"苦草	(1150)
巧设牢狱的植物马兜铃	(1150)
会怀胎的珠芽蓼	(1151)
会骗婚的兰科植物角蜂眉兰	(1151)
会测温度的植物三色堇	(1152)
只有一片叶的植物独叶草	(1153)
"天然钻头"针茅	(1154)
"水中的清洁工"水浮莲	(1154)
"攻占海滩的尖兵"大米草	(1155)
蛇惧怕的植物复草	(1156)
喜吃细菌的植物天麻	(1156)

情系太阳的半支莲	(1157)
真菌养育的蔬菜茭白	(1158)
"东北一宝"乌拉草	(1158)
"春天的使者"报春花	(1159)
"植物杀虫能手"除虫菊	(1160)
"植物舞蹈家"舞草	(1160)
伪装巧妙的植物龟甲草	(1161)
长有铁锚的植物菱	(1162)
"沙漠中的活水壶"旅人蕉	(1162)
"草原上的流浪汉"风滚草	(1163)
懂得翻身的植物长生草	(1164)
"有生命的石头"生石花	(1164)
"花中的变色能手"木芙蓉	(1165)
"抗旱固沙的先锋"沙拐枣	(1166)
"沙漠英雄"梭梭	(1166)
"无影的林中仙女"杏仁桉	(1167)
"佛教圣树"菩提	(1168)
"岸边卫士"木麻黄	(1169)
种子最大的植物复椰子树	(1170)
本领高强的紫穗槐	(1170)
最能贮水的纺锤树	(1171)
不长叶子的光棍树	(1171)
"雕刻的好材料"缅茄	(1172)
名贵的半寄生植物檀香	(1173)
怕痒的紫薇	(1173)
鸟儿不敢光顾的枸骨	(1174)
花序最大的木本植物巨掌棕榈	(1175)

在叶子上开花结果的青荚叶 …………………… (1175)

第十七章　植物界中的"变色龙"……………… (1177)

　　以花似蜂的牛角眉兰 …………………………… (1177)

　　模仿植物形态的"高手" ………………………… (1178)

　　天然的减噪器 …………………………………… (1178)

　　九死还魂草 ……………………………………… (1179)

第十八章　妙趣横生的植物 ……………………… (1181)

　　800岁古樟树上孕育出的朴树 ………………… (1181)

　　绞杀王 …………………………………………… (1182)

　　最高的树种 ……………………………………… (1182)

　　桫椤 ……………………………………………… (1183)

　　与鸟结缘的花 …………………………………… (1185)

　　冒牌"椰子" ……………………………………… (1187)

　　天堂的种子 ……………………………………… (1188)

　　中国鸽子树 ……………………………………… (1189)

　　植物界中的"猴头" ……………………………… (1191)

　　传说中的"黎王头" ……………………………… (1193)

　　仙人掌中的老大 ………………………………… (1195)

　　含淀粉最多的树干 ……………………………… (1196)

　　丝兰 ……………………………………………… (1196)

　　菠萝蜜 …………………………………………… (1197)

第十九章　性格怪僻的植物 ……………………… (1199)

　　竹中之王 ………………………………………… (1199)

　　不怕紫外线的植物 ……………………………… (1200)

　　"海绵"植物 ……………………………………… (1201)

　　大王花 …………………………………………… (1202)

　　枫叶 ……………………………………………… (1204)

神奇的花时钟 …………………………………… (1207)
巨菜谷 …………………………………………… (1208)
白刺 ……………………………………………… (1209)
无茎无叶的大花草 ……………………………… (1210)
"神机妙算"的"花神仙" ……………………… (1211)
植物演奏家 ……………………………………… (1211)
喜爱握手的花 …………………………………… (1212)
具有辨识能力的植物 …………………………… (1212)
懂得舞台特效的花 ……………………………… (1212)
植物界的"催眠大师" ………………………… (1213)
芳香四溢的"花信封" ………………………… (1213)
朝雄暮雌的印度天南星 ………………………… (1214)
择地而居的"奔跑者" ………………………… (1214)
沉睡千年的古莲子 ……………………………… (1215)
植物界的木乃伊 ………………………………… (1216)
植物界的天然"发电机" ……………………… (1217)
令人发笑的植物 ………………………………… (1217)
会发光的植物 …………………………………… (1218)
能"解毒"的植物 ……………………………… (1218)
植物界的"地动仪" …………………………… (1219)
不会长胖的竹子 ………………………………… (1220)

第二十章 趣味无穷的植物世界 …………… (1222)

你知道这些植物的老家吗 ……………………… (1222)
你知道这些植物的"化学武器"吗 …………… (1223)
植物也有血型 …………………………………… (1224)
植物晚上也要睡觉 ……………………………… (1224)
音乐能促进植物生长 …………………………… (1225)

植物的运动 …………………………………… (1225)

海拔越高植物长得越矮 ………………………… (1226)

高山植物是指生长在高海拔处的植物吗 ………… (1227)

热带地区的植物颜色鲜艳 ……………………… (1227)

会螯人的植物 …………………………………… (1228)

水生植物的根茎不易腐烂 ……………………… (1229)

大多数植物在白天开花 ………………………… (1229)

植物的花为什么那样绚丽多彩 ………………… (1230)

花粉传播谁为媒 ………………………………… (1230)

为什么虫媒花有鲜艳的花被 …………………… (1231)

为什么风媒花没有鲜艳的花被 ………………… (1232)

植物叶子上的叶脉有什么用 …………………… (1233)

秋天的红叶 ……………………………………… (1233)

植物也会进行相互沟通 ………………………… (1234)

人能通过观察树干辨别方向 …………………… (1235)

玉米穗上的怪现象 ……………………………… (1235)

向日葵大花不结子 ……………………………… (1237)

假叶树的叶是枝 ………………………………… (1238)

不怕淹的植物 …………………………………… (1239)

水稻也有听觉 …………………………………… (1240)

树剥皮与树开甲 ………………………………… (1241)

空心老树仍能活 ………………………………… (1242)

海带使人延年益寿 ……………………………… (1243)

植物出汗 ………………………………………… (1244)

植物也会运动 …………………………………… (1245)

千年古莲能开花 ………………………………… (1245)

竹子开花难得一见 ……………………………… (1246)

无子果实 …………………………………………（1247）
庄稼一枝花，全靠肥当家 …………………………（1248）
试管植物 …………………………………………（1250）
植物工厂 …………………………………………（1251）

第二十一章 神秘莫测的植物谜团 …………………（1252）

人形何首乌之谜 …………………………………（1252）
"人参精"之谜 ……………………………………（1253）
"相思草"起源之谜 ………………………………（1254）
"奇怪的侵略者"松茸 ……………………………（1255）
奇特的年轮 ………………………………………（1257）
阿司匹林树 ………………………………………（1258）
神奇的地下兰花 …………………………………（1259）
固定不变的开花时间 ……………………………（1260）
"短命"的鲜花 ……………………………………（1261）
雪莲能在冰雪中开放的原因 ……………………（1262）
菊花不凋的原因 …………………………………（1263）
生命力顽强的蔓草 ………………………………（1265）
植物"出汗"之谜 …………………………………（1266）
特殊的"证人" ……………………………………（1267）
长翅膀的植物 ……………………………………（1268）
植物的"眼睛" ……………………………………（1269）
植物指示矿藏之谜 ………………………………（1270）
植物在春季生长的原因 …………………………（1271）
植物的免疫功能 …………………………………（1272）
植物种子的寿命 …………………………………（1274）
植物的变性现象 …………………………………（1275）
奇特的植物血型 …………………………………（1277）

会自我调节体温的植物 …………………………（1278）
植物也有"分身术" ………………………………（1279）
植物也有爱、恨、情、仇 ………………………（1280）
植物辨别"敌友"的方法 …………………………（1281）
植物神经系统之谜 ………………………………（1283）
植物的喜、怒、哀、乐 …………………………（1284）
植物的"保护伞" …………………………………（1286）
植物的根总是朝下生长 …………………………（1287）
植物也能做手术 …………………………………（1288）
植物间的"生化大战" ……………………………（1289）
植物设计师 ………………………………………（1291）
天麻无根无叶的原因 ……………………………（1292）
斑竹竹斑的形成 …………………………………（1293）
神秘的海底之花 …………………………………（1295）
冰藻也有自卫能力 ………………………………（1296）
带刺的玫瑰 ………………………………………（1297）
落叶背朝天的原因 ………………………………（1299）
风景树"皇后""生子"之谜 ……………………（1299）
合欢树预测地震之谜 ……………………………（1301）
无花果的花之谜 …………………………………（1302）
香蕉树不是树 ……………………………………（1303）
梨的果心很粗糙的原因 …………………………（1304）
"指南草"指南之谜 ………………………………（1304）
无叶之树的秘密 …………………………………（1305）
春笋雨后生长最快 ………………………………（1307）
生长最快的植物 …………………………………（1308）
竹子不常开花的原因 ……………………………（1309）

荷叶能凝聚水滴的原因	(1310)
玉米头顶开花腰间结实	(1311)
耐寒植物的花朵也能发热	(1312)
植物的辐射也能治病	(1313)
植物生长与地球自转的关系	(1314)
花开花落各有其时的原因	(1316)
叶与花的秘密	(1317)
植物幼苗向太阳"弯腰"的原因	(1318)
植物会发光的原因	(1320)
路灯旁的树木掉叶晚的原因	(1321)
水生植物不腐之谜	(1322)
灵芝与仙草	(1323)
防火树防火之谜	(1325)
植物气象员	(1326)
百岁兰叶子百年不凋之谜	(1327)
植物追踪太阳之谜	(1328)
植物也要睡觉	(1329)
植物也有语言	(1330)
分批收获的蓖麻	(1331)
碧桃只开花不结果之谜	(1332)
"不死"的洋葱	(1332)
食用发芽土豆会中毒的原因	(1334)
树干呈圆柱形的原因	(1335)
草原上很少见到乔木的原因	(1335)
掌状分裂的植物叶子	(1336)
红色的嫩芽、新叶	(1337)
红叶的形成	(1338)

花儿会散发香气的原因 …… (1339)
高山地区花儿颜色鲜艳的原因 …… (1339)
花儿盛开之谜 …… (1340)
"花中花"之谜 …… (1341)
中午不能浇花的原因 …… (1342)
花香能治病的原因 …… (1343)
高原上多紫花的原因 …… (1344)
春天萝卜会出现空心的原因 …… (1344)
高原上植物生长的奥秘 …… (1345)
植物的"针灸疗法" …… (1346)
水果皮上的白霜之谜 …… (1347)

第二十二章 植物之最 …… (1349)
　一、树之最 …… (1349)
　　最早的树 …… (1349)
　　生长最慢的树 …… (1350)
　　体积最大的树 …… (1350)
　　最粗的树 …… (1351)
　　最粗的药用树 …… (1351)
　　树冠最大的树 …… (1352)
　　最古老的种子植物 …… (1353)
　　最矮的树 …… (1353)
　　最高的树 …… (1354)
　　最重的生物 …… (1355)
　　木材最轻的树 …… (1355)
　　树干最美的树 …… (1356)
　　叶子最长的树 …… (1357)
　　对火最敏感的树 …… (1357)

根扎得最深的树 …………………………………… (1358)
最凶猛的树 ………………………………………… (1358)
最容易对人造成伤害的树 ………………………… (1359)
最毒的树 …………………………………………… (1359)
最长寿的树 ………………………………………… (1360)
最坚硬的树 ………………………………………… (1360)
贮水本领最强的树 ………………………………… (1361)
最能忍受紫外线照射的树 ………………………… (1362)
最有希望的石油树 ………………………………… (1362)
世界上含盐最多的树 ……………………………… (1363)
世界上含糖最多的树 ……………………………… (1363)
世界上含酒最多的树 ……………………………… (1363)
世界上含淀粉最多的树 …………………………… (1364)
世界上含食用油量最多的树 ……………………… (1364)
出木材最多的树 …………………………………… (1365)
世界上唯一一棵标在地图上的树 ………………… (1365)
最耐盐碱的树 ……………………………………… (1366)
最耐干旱的树 ……………………………………… (1366)
最不怕冷的种子植物 ……………………………… (1367)
最怕痒的树 ………………………………………… (1368)
最会预报天气的气象树 …………………………… (1369)
最具贵族气派的树 ………………………………… (1369)
最亮的树 …………………………………………… (1370)
最会走路的树 ……………………………………… (1371)
最小的灌木 ………………………………………… (1371)
最稀有的树 ………………………………………… (1372)
形状最奇特的树 …………………………………… (1372)

最珍稀的树种 …………………………………（1373）
　　　最大的蔷薇 ……………………………………（1373）
　二、草与叶之最 …………………………………（1374）
　　　陆地上最长的植物 ……………………………（1374）
　　　最大的草本植物 ………………………………（1374）
　　　最孤单的植物 …………………………………（1375）
　　　最顽强的植物 …………………………………（1376）
　　　最能贮水的草本植物 …………………………（1376）
　　　感觉最灵敏的植物 ……………………………（1377）
　　　最会跳舞的植物 ………………………………（1378）
　　　花序最大的草本植物 …………………………（1378）
　　　最能预测地震的植物 …………………………（1379）
　　　寿命最短的种子植物 …………………………（1379）
　　　吸水能力最强的植物 …………………………（1380）
　　　最著名的灭虫植物 ……………………………（1380）
　　　最精巧的食虫植物 ……………………………（1381）
　　　世界上价格最贵的草 …………………………（1381）
　　　最名贵的草药 …………………………………（1382）
　　　生长最快的植物 ………………………………（1383）
　　　世界上分布最广的草 …………………………（1383）
　　　世界上最耐盐碱的草 …………………………（1384）
　　　最耐干旱的植物 ………………………………（1384）
　　　世界上最大的圆叶 ……………………………（1385）
　　　世界上最宽大的叶子 …………………………（1385）
　　　世界上最小的叶子 ……………………………（1386）
　　　最甜的叶子 ……………………………………（1386）
　三、花之最 ………………………………………（1387）

世界最早的花 ………………………………………… (1387)
世界上最大的花 ……………………………………… (1387)
世界上最香的花 ……………………………………… (1388)
最臭的开花植物 ……………………………………… (1389)
开花最晚的植物 ……………………………………… (1389)
最小的有花植物 ……………………………………… (1390)
寿命最长和最短的花 ………………………………… (1390)
颜色变化最多的花 …………………………………… (1391)
最罕见的花 …………………………………………… (1391)
世界上最不怕冷的花 ………………………………… (1392)
颜色和品种最多的花 ………………………………… (1393)
飘得最远的花粉 ……………………………………… (1393)
降落最快的花粉 ……………………………………… (1394)
花粉最大的花 ………………………………………… (1394)
花粉最小的花 ………………………………………… (1395)
最有名气的毒花 ……………………………………… (1396)
最昂贵的郁金香 ……………………………………… (1396)
最小的玫瑰 …………………………………………… (1397)
四、果实与种子之最 …………………………………… (1397)
最大的水果 …………………………………………… (1397)
最大的荚果 …………………………………………… (1398)
最甜的果实 …………………………………………… (1398)
最有力气的果实 ……………………………………… (1399)
最小的种子 …………………………………………… (1400)
最大的种子 …………………………………………… (1400)
最小的果实 …………………………………………… (1401)
世界上寿命最短、发芽最快的种子 ………………… (1401)

世界上最长寿的种子 …………………………………… (1402)
消费量最大的水果 ……………………………………… (1402)
含维生素C最多的水果 ………………………………… (1403)
含热量最高的水果 ……………………………………… (1403)
最大的苹果 ……………………………………………… (1404)
世界上最早的方形西瓜 ………………………………… (1404)
含维生素C最多的蔬菜 ………………………………… (1405)
含热量最低的蔬菜 ……………………………………… (1405)

五、农作物之最 …………………………………………… (1406)
含植物蛋白质最多的农作物 …………………………… (1406)
最古老的农作物 ………………………………………… (1407)
世界上最早的水稻样本 ………………………………… (1407)
品质最好的纤维植物 …………………………………… (1408)
最耐旱的农作物 ………………………………………… (1408)
播种面积最大的农作物 ………………………………… (1408)
栽种茶树最早的地区 …………………………………… (1409)
产椰枣最多的国家 ……………………………………… (1410)
产丁香最多的地区 ……………………………………… (1410)
产橡胶最多的国家 ……………………………………… (1411)
最大的蕉麻生产国 ……………………………………… (1412)
棕油产量最高的国家 …………………………………… (1412)
可可产量最高的国家 …………………………………… (1413)
玉米、大豆、棉花产量和出口量最高的国家 ………… (1413)
咖啡产量最高的国家 …………………………………… (1413)
最早栽培金针菜的国家 ………………………………… (1414)
食用菌产量和出口量最大的国家 ……………………… (1415)
世界上最大的桃园 ……………………………………… (1415)

六、其他植物之最 ································ (1416)
　　　　植物界的最大家族 ······························ (1416)
　　　　最大的植物细胞 ································ (1417)
　　　　最大的孢子 ···································· (1417)
　　　　最早出现的绿色植物 ···························· (1418)
　　　　最早的陆生植物 ································ (1418)
　　　　含蛋白质最多的植物 ···························· (1419)
　　　　最大和最小的苔藓植物 ·························· (1419)
　　　　最大和最小的蕨类植物 ·························· (1420)
第二十三章　植物标本的巧妙制作 ···················· (1421)
　　一、种子植物标本的采集与制作 ······················ (1421)
　　　　植物标本的采集与制作综述 ······················ (1421)
　　　　前期准备工作 ·································· (1423)
　　　　植物标本采集的工具 ···························· (1425)
　　　　植物标本采集的原则 ···························· (1428)
　　　　在野外采集植物标本 ···························· (1431)
　　　　植物标本的制作方法 ···························· (1439)
　　　　植物标本的保存 ································ (1451)
　　二、孢子植物标本的采集与制作 ······················ (1454)
　　　　蕨类植物标本的采集与制作 ······················ (1454)
　　　　苔藓植物标本的采集与制作 ······················ (1459)
　　　　苔藓植物的种类和分布 ·························· (1459)
　　　　地衣植物标本的采集与制作 ······················ (1462)
　　　　大型真菌标本的采集与制作 ······················ (1464)
　　　　藻类植物标本的采集与制作 ······················ (1469)
　　　　藻类植物标本的制作与保存 ······················ (1475)
第二十四章　各国货币上的植物 ······················ (1481)

一、亚洲国家 …………………………………………… (1481)

  中华人民共和国货币及货币上的植物 ……………… (1481)

  阿拉伯联合酋长国货币及货币上的植物 …………… (1499)

  巴林国货币及货币上的植物 ………………………… (1504)

  菲律宾共和国货币及货币上的植物 ………………… (1508)

  格鲁吉亚货币及货币上的植物 ……………………… (1514)

  大韩民国货币及货币上的植物 ……………………… (1519)

  柬埔寨王国货币及货币上的植物 …………………… (1524)

  黎巴嫩共和国货币及货币上的植物 ………………… (1530)

  马尔代夫共和国货币及货币上的植物 ……………… (1536)

  马来西亚货币及货币上的植物 ……………………… (1540)

  蒙古国货币及货币上的植物 ………………………… (1546)

  孟加拉国国货币及货币上的植物 …………………… (1550)

  缅甸联邦货币及货币上的植物 ……………………… (1554)

  尼泊尔王国货币及货币上的植物 …………………… (1560)

  日本国货币及货币上的植物 ………………………… (1564)

  文莱达鲁萨兰国货币及货币上的植物 ……………… (1570)

  新加坡共和国货币及货币上的植物 ………………… (1575)

  伊朗伊斯兰共和国货币及货币上的植物 …………… (1583)

  以色列国货币及货币上的植物 ……………………… (1586)

  印度共和国货币及货币上的植物 …………………… (1589)

  印度尼西亚共和国货币及货币上的植物 …………… (1593)

二、非洲国家 …………………………………………… (1598)

  阿尔及利亚民主人民共和国货币及货币上的植物 … (1598)

  阿拉伯埃及共和国货币及货币上的植物 …………… (1603)

  埃塞俄比亚联邦民主共和国货币及货币上的植物 …… (1611)

  贝宁共和国货币及货币上的植物 …………………… (1616)

博茨瓦纳共和国货币及货币上的植物 …………………………（1620）
冈比亚共和国货币及货币上的植物 …………………………（1625）
几内亚共和国货币及货币上的植物 …………………………（1629）
科摩罗伊斯兰联邦共和国货币及货币上的植物 ……………（1634）
卢旺达共和国货币及货币上的植物 …………………………（1642）
马达加斯加共和国货币及货币上的植物 ……………………（1645）
马拉维共和国货币及货币上的植物 …………………………（1648）
马里共和国货币及货币上的植物 ……………………………（1650）
毛里求斯共和国货币及货币上的植物 ………………………（1652）
摩洛哥王国货币及货币上的植物 ……………………………（1657）
莫桑比克共和国货币及货币上的植物 ………………………（1660）
纳米比亚共和国货币及货币上的植物 ………………………（1664）
南非货币及货币上的植物 ……………………………………（1666）
尼日利亚联邦共和国货币及货币上的植物 …………………（1671）
塞舌尔共和国货币及货币上的植物 …………………………（1673）
圣赫勒拿货币及货币上的植物 ………………………………（1675）
斯威士兰王国货币及货币上的植物 …………………………（1676）
苏丹共和国货币及货币上的植物 ……………………………（1678）
索马里共和国货币及货币上的植物 …………………………（1681）
赞比亚共和国货币及货币上的植物 …………………………（1683）
中非共和国货币及货币上的植物 ……………………………（1685）

三、欧洲国家 …………………………………………………（1686）
爱沙尼亚共和国货币及货币上的植物 ………………………（1686）
德意志联邦共和国货币及货币上的植物 ……………………（1689）
荷兰王国货币及货币上的植物 ………………………………（1693）
马耳他共和国货币及货币上的植物 …………………………（1698）
瑞士联邦货币及货币上的植物 ………………………………（1699）

罗马尼亚共和国货币及货币上的植物 …………………（1702）
　　挪威王国货币及货币上的植物 ……………………………（1706）
　　意大利共和国货币及货币上的植物 ……………………（1709）
　　葡萄牙共和国货币及货币上的植物 ……………………（1712）
四、美洲及大洋洲国家 ………………………………………（1716）
　　古巴共和国货币及货币上的植物 ………………………（1716）
　　加拿大货币及货币上的植物 ……………………………（1718）
　　尼加拉瓜共和国货币及货币上的植物 …………………（1721）
　　汤加王国货币及货币上的植物 …………………………（1723）

第一章　走进植物王国

地球上自有生物以来已经经历了至少30多亿年,经过长期的演变,植物的世界变得更加色彩缤纷,人们对植物也充满了兴趣,对植物的探索越来越广泛。植物不仅仅给人类提供了充足的氧气,还给人类带来了不一样的神秘感。到底植物的世界是什么样呢？植物给人类带来的影响如何呢？

一、什么是植物

什么是植物？这个问题很容易让人联想到植物就是不会动的生物。是的,植物就是一种不会动的生物。植物不仅仅给人类带来氧气,供人类进行呼吸,还可以给人的生活添上浓墨重彩的一笔:植物的利用价值也比较高,人们还可以在居家、工作中将植物合理利用,在日常生活中享受到植物带来的惬意与舒适。

植物的定义

植物的定义有很多,比较完整的解释就是:植物,是百谷草木等的总称,是生物中的一大类,这类生物的细胞多具有细胞壁,一般含有叶绿素,多以无机物为养料。

植物世界里色彩缤纷,人类对植物的研究范围也越来越广泛,植物的世界充满了想象。在2004年统计时,植物的种类就多达287655种,其中有258650种是开花植物,还有15000种是苔藓类植物。

美轮美奂的植物园

植物是生物界中的一大类。植物不仅种类繁多,而且用途广泛。人们常说植物是呆板的、没有生命的。而且植物通常被人们用来比喻有生命但是已经呆滞的人或物。其实,植物也是有生命的,植物也可以呼吸,植物也有脉搏。可以说,植物也是一种有灵魂的物种。

现在植物的用途越来越广泛了,植物不仅可以提供氧气,在现实生活中还可以用作赏玩、编织、园艺、造纸等等。植物越来越被人们重视,许多地区还设有专门的植物展、植物的节日,比如洛阳的牡丹,日本的樱花等。

植物是人类生活中不可或缺的一部分。人类在利用植物的同时,也需注意不要过分地利用植物,大量砍伐植物。如果人类在利用植物的同时不懂得保护植物,就会破坏生态平衡,招致大自然的报复。只有人与自然和谐相处,才能共同发展与进步。

二、植物的起源

人类对植物的认识和利用,最早可以追溯到远古的旧石器时代。这些认识都是人类在寻找食物的过程中,通过采集不同植物的种子、根、茎和果实慢慢累积起来的。在希腊、埃及、巴比伦、中国、印度等文明古国中,有很多有关植物知识的记述。如中国《论语》就记载了古人"多识于鸟兽草木之名"。

植物的演变

距今25亿年前,地球上主要的植物还是菌类和藻类的形态,但是随着时代的变迁,藻类生物发展得非常繁盛。直到四亿三千800万年前的志留纪时期,有的藻类生物摆脱了水域的束缚,首次登陆大地,进化为蕨类植物,这也就标志着大地开始出现植物了。到了三亿六千万年前的石炭纪,蕨类植物开始大量地绝种,但还是有一部分生存了下来,但是这时的大地已经是石松类、楔叶类、真蕨类和种子蕨类的世界了,这些种子形成的沼泽森林遍布大陆的每一个角落。

古生代的主要植物于两亿四千800万年前(三叠纪)几乎全部灭绝。而裸子植物开始兴起,进化出花粉管,并完全摆脱对水的依赖,形成了茂密的森林。到了一亿四千500万年前的白垩纪时代,被子植物开始出现,并在白垩纪晚期迅速发展,取代了裸子植物在陆地上的主导地位,形成被子植物时代,并一直延续到现在。例如现在的松、柏,甚至像水杉、红杉等植物,都是在这一时期出现的。

植物的进化经历了漫长的岁月,几经演变,几经兴衰,由最初的无生命力到今天的生命力活跃,由低级到高级,由简单到复杂,由水生到陆生,经过这样复杂的发展历程,才出现了今天这些形形色色的植物种类。

三、植物的基本分类

根据植物体的结构和进化,现代植物分类学将植物分为低等植物和高等植物两大类。

低等植物也叫叶状体植物,是最早出现在地球上的一群古老的植物生命体。

低等植物的植物体不存在根、茎、叶的分化,也没有中柱。包含了单细胞、群体、多细胞3种类型。

低等植物的有性繁殖器官很简单,大多数是由单细胞构成。

低等植物在营养方式上分为自养和异养两大类型:

①自养植物含叶绿素,能进行光合作用。

②异养植物不含叶绿素,无法进行光合作用。

高等植物是由原始的低等植物经过长期演化而来的,是对陆生生活长期适应的结果。

高等植物在体形结构、生理特性上都要比低等植物复杂得多。高等植物一般都具有根、茎、叶的分化,且有中柱。

高等植物在其通常的发育周期中,会有两个不同的世代:

①无性世代。这类植物的植物体被称为孢子体,能产生孢子进行无性繁殖。由孢子发育成的植物体,被称为配子体。

②有性世代。植物配子体产生精子和卵细胞进行有性繁殖,精子和卵细胞

结合成合子,合子再发育成为孢子体,这个过程被称为有性世代。

这种无性世代与有性世代的相互交替现象,叫作世代交替。

四、植物的结构

植物生命的依托——根

大多数的植物都是具有根的,尤其是陆生植物。

虽然植物的根通常位置"最低",且通常处在暗无天日的地下,但其肩负的任务却是最重的。

植物的根主要起到固持植物体、吸收水分以及储藏养分将水与矿物质输导给茎的作用。植物根系还有合成和转化有机物的能力,可以有效地改善其生存土壤的局部结构,为自身的更好生长创造合适的土壤环境。

根的结构

植物的根通常都是圆锥形的,其顶端是由根冠、分生区、伸长区和根毛区的根尖组成。其中根毛区密生的根毛具有非常强的吸水能力,植物生长所需的水分和养分几乎都是靠这个区域吸收来的。

根的类型

植物根并不是只有一种的,生存在不同环境中的不同植物,其根部样式也是有所区别的。

①不定根，指的是由植物其他营养器官长出来的根，如茎、叶中长出的根。

②假根，苔藓等较原始的陆生植物没有维管组织，只有由单细胞或多细胞组成的假根。这些假根可以帮助它们吸收水分、固定植物体。

③变态根，指由于功能改变引起的形态和结构都发生变化的根。根变态是一种可以稳定遗传的变异。主根、侧根和不定根都可以发生变态。

变态根主要有以下几种：

支柱根 有些植物能从茎干上长出一些柱状的不定根，向下伸入土中，辅助主根对植物体进行支持，这些便是支柱根。如榕树、玉蜀黍等就经常会生长出一些支柱根。

板根 许多生长在热带雨林中的树木个体都非常巨大，一般幼小的根是无法完成支撑任务的。所以这些树木都生长着非常特殊的根——板根。

气生根 有些植物的茎能长出不定根，暴露于空气中，称为气生根。植物的气生根除了能够吸收空气中的水分之外，还能攀缘在其他物体上。

附生根 有些植物的主根柔弱，必须从茎节上长出不定根攀附在其他的物体上，称为附生根。

贮藏根 植物贮藏根的外形肥大，有时又被称作块根或球根。植物的贮藏根内含有丰富的养料和水分，能够在不良季节维持植物的生长。

有些贮藏根是由植物的主根膨大而成的，如萝卜；有些则是从植物的侧面根或不定根膨大而成，如番薯。

呼吸根 生长在沼泽或者近海地带的植物，由于不能从土壤中获得充足的氧气，于是其支根冲出地表暴露在空气中，以协助植物体进行呼吸，这种根被称为呼吸根。

寄生根 槲寄生、菟丝子等植物经常寄生在其他植物体上，并以根部吮吸寄主的营养物质，这类的根就是寄生根。

植物的身体主干——茎

茎是植物的营养器官之一,也是大多数植物可见的主干。

茎下接根,通过木质部将根部吸收到的水分和矿物质向上运输到各营养器官,通过韧皮部将光合作用的产物向下运输。

茎来源于植物胚胎的胚芽。准确地说作为胚轴组成部分的茎就是子叶下的部分。

有些植物的茎可以高达几十米,有些小草茎则仅有几厘米。

植物的根、叶、花全部要靠茎。虽然植物的茎并非都挺拔笔直,但它却跟人体的脊椎一样,是植物体的支柱。

茎的结构

在植物茎的顶端,生长着由分生区、伸长区和成熟区组成的茎尖,茎都是由茎尖分生组织不断分化形成的。每一个茎上通常都生有芽、节和节间。

高等植物的营养器官——叶

叶是高等植物的营养器官,发育自植物茎侧边的叶原基。

叶内含有叶绿体,是植物进行光合作用的主要器官。同时,植物的蒸腾作用也是通过叶的气孔来实现的。

叶只出现在真正的茎上,即只有维管植物才有叶。蕨类、裸子植物和被子植物等所有高等植物都有叶。相对的,苔藓植物、地衣等则不具有叶。在这些扁平体中虽然能找到与叶相似的结构,但只能作为类似物。

从广义上来说,所有能进行光合作用的植物组织结构都可以称之为叶。也有一部分植物的茎为了不让水分被蒸散掉,演变成了如仙人掌般针状的叶子。

叶的结构

植物的叶包含了叶片、叶柄和托叶3部分。

叶片 指的是完全叶上扁平的主体结构,它会尽可能地吸收阳光,并通过气孔调节植物体内的水分多少和温度高低。

在叶片的纵切面可见3种主要结构:表皮组织(即上、下表皮)、叶肉组织(包括栅栏组织和海绵组织)及维管束组织。

叶柄 是连接叶片与茎节的部分。

托叶 则着生于叶柄基部两侧或叶腋处。托叶具有细小、早落等特点。

被子植物的生殖器官——花

花是被子植物繁衍后代的生殖器官,一般都由花萼、花冠、雄蕊和雌蕊等几个基本部分组成。

雄蕊与雌蕊是繁殖器官,花萼和花冠是用来保护它们并吸引昆虫前来传播花粉的。有些花虽然没有花瓣,但雌蕊和雄蕊是必具其一的。

花的类型

整齐花

呈辐射对称形状的花就是整齐花。

罂粟、郁金香、蔷薇、玫瑰都是整齐的、呈辐射对称的花,它们以不同的方式分为相等的两半。

整齐花的构造形式最简单。最早进化的花的花冠就是按这种方式排列的。

不整齐花

两侧不对称的花,就是不整齐花。

兰花便是一种不整齐花,它只能按一种方式分为相等的两半,而不是像梅花、菊花、月季的花朵那样规则,可以按不同方式分为相等的两半。

不整齐花通常会通过某些特殊种类的昆虫或其他动物为其传粉。

植物的果实与种子

植物果实

植物的果实同植物的花一样,也属于被子植物的生殖器官,通常在开花授粉之后,以受精的子房为主体而形成,其中包含有种子。某些植物也可以通过单性结实形成果实,这样形成的果实在外形上与正常果实相似,但其中的种子没有生殖能力,且通常会发生不同程度的褪化,甚至完全消失。

果实的结构通常可分为种子和果皮两部分。果皮又可分为外果皮、中果皮和内果皮,其中外果皮的表面通常会生有不同形态的附属物,如腺毛、钩、翅等。

果实对于种子有保护功能,并能帮助种子传播。由于不同植物在长期的演化中形成了多种多样传播种子的方式,所以各种植物果实不仅在外观上具有极丰富的多样性,而且彼此的发育史也相差很大。

植物种子

种子是裸子植物和被子植物特有的繁殖体,它由胚珠经过传粉受精形成。

被子植物的种子包被在由子房中胚珠长成的,子房发育成果实。这种种子根据在其发育过程中胚乳是否被吸收而分为有胚乳种子(如稻、麦、蓖麻等)和无胚乳种子(如豌豆、花生、蚕豆等)。

裸子植物的种子裸露在外、无包被。

种子一般由种皮、胚和胚乳等组成。胚是种子中最主要的部分，包括胚芽、胚根、胚轴和子叶，萌发后长成新的个体。胚乳含有营养物质。

五、植物与光照的关系

光是植物的生长能源，它可以促使植物体中的叶绿素产生自由电子与电位差，进行光合作用，放出氧气，并促进植物的蒸腾作用。

光照对植物生长的影响

一般说来，绿色植物只有处在阳光的完全光谱下才能正常生活；植物缺光，就会逐渐黄化、死亡。许多现象和试验表明，光质、光照强度、光照方向等差异对植物的生态影响也存在着差别。

光质对有机物的合成和绿色植物的生长都有影响。在太阳辐射的7种可见单色光中，以红光和蓝紫光的利用率最高。

科学研究证明，植物在红光下合成糖类较多，在蓝紫光下合成蛋白质较多。因此用有色塑料薄膜控制光照条件、改变光质，可以在一定程度上影响植物生长过程中经光合作用产生的产物。

此外，红外线有促进植物种子萌发和延长生长的作用；而紫外线则能抑制植物茎的伸长，但会促进花青素的形成和引起植物向光性的敏感。

光量和光照方向对植株的生长发育也有一定影响。对树木的影响最为明显，这是由于植物生长有趋光的特性，植物结实尤其需要充分的光照。

不同地区、不同种类的植物,由于长期处在不同的光照条件下,所以对光照强度形成了不同的生态适应性。按照植物对光照强度的不同需要,一般可划分为3种类型:

阳性植物

喜光 在较强的光照下才能生长发育良好,无法适应长期的荫蔽环境,光合作用补偿点较高。

阳性植物的主要受光器官是叶片。

阳性植物的叶子一般表皮较厚,颜色较浅,角质层或蜡质层比较发达,气孔通常小且密集,栅栏组织较发达,一般呈平行排列、能转动受光。

这类树木,还有树冠稀疏、透光度大、自然整枝良好、林冠下更新不良等特征,典型的有落叶松、油松、华山松、马尾松、桉、杨、桦、柳等。

阴性植物

耐荫 在较弱的光照下比在强光下生长发育良好,生长初期无法忍受过强的光照,光合作用补偿点较低。

阴性植物的叶子一般表皮较薄,颜色较深,角质层或蜡质层不甚发达,气孔大且稀疏,海绵组织发达,一般呈镶嵌排列,叶面向光。

这种树木,还有树冠浓密、透光度小、自然整枝不良、林冠下更新良好等特征,典型的有云杉、冷杉、铁杉、常绿槠栲、阿丁枫等。

中性植物

介于喜光和耐荫之间 中性植物既能在较强光照下生长,又能在较荫蔽的环境中生长,其特性居中。

这种树木被称为中性树种,典型的有杉木、麻栎、樟树等。

阳性、阴性、中性植物的划分,反映了光对植物生长和形态构造的作用,以及植物需光程度的差别,对于造林树种的选择和配置等都有重要意义。

当然,这种划分只是相对的,植物的需光度并非一成不变,而是与年龄、气候、土壤等条件有密切关系的:

①从年龄上看,同种植物一般幼年比成年耐荫;随着年龄的增长,植物的需光程度会逐渐增加。

例如,广东松幼苗期能耐庇荫,在天然状态下能更新成林;但到成年阶段,则呈现明显的阳性特征。

栲树

②就气候而论,植物在湿润、温热的条件下,耐荫程度要高一些;随着海拔或纬度的增加,植物的耐荫程度要低一些。

例如,栲树在广东、广西丘陵,一般表现为中性偏阴;而在闽北山地,则往往表现为中性偏阳。

③土壤条件对植物的需光程度也有影响。同种植物在肥沃疏松的土壤中生势旺盛,耐荫程度也大一些;在瘠薄干硬的土壤中则生长不良,耐荫程度较差。

例如,榛树在肥沃土地上树冠浓密,在贫瘠土地上则树冠稀疏。

植物对光质、光量的反作用

我们都知道,环境和植物之间是可以互相影响的。所以,在光对植物产生影响的同时,植物也能改变光质、光量。这种反作用的影响在森林中尤为显著。

据统计,太阳投射到森林上的光线,约被林冠吸收35~70%、反射20%~25%,而林下光量则只有5~45%。

树叶吸收的是对光合作用有用的光,如红、蓝光,反射的是无用的甚至是有害的光,如红外线及绿光等。

因此,通过林冠到达林地表面的光,无论光量和光质都发生了很大的改变,甚至会影响林下植物的种类、数量和幼树的生长。光因子的变化又会牵连许多生态因子的改变,例如空气温度、湿度和土壤温度、湿度等。

六、植物与温度的关系

一定的温度是植物生命活动的保证。

原生质的活性需要一定的温度才能维持,各种酶的生物催化作用也需要一定的温度才能进行。呼吸作用、光合作用、蒸腾等生理作用都只能在一定的温度范围内进行。另外,温度对植物发芽、抽叶、开花、种实成熟都有明显的影响。

在温度条件中,与植物生长发育最密切相关的就是气温与土温。

气温 的高低直接影响着植物的生理活动和生理作用。

土温 的变动则具有一定的间接作用。例如土层吸热、散热时发生的冷热变化,可以促进土壤内和地面上的空气交流;土温在一定幅度内升高,还有利于微生物对土壤中有机质的分解和某些无机盐的溶解。

温度三基点

植物对温度有一定的适应范围。温度保持在适应范围内,植物生长发育正常;若温度超过了植物所能忍受的最高或最低范围,植物生长发育就会受到妨碍,出现温度伤害,甚至全株死亡。

根据不同温度对植物生长发育作用的效果,可以将植物温度划分出最高点、最低点和最适点,称为植物温度三基点。

不同植物的温度三基点也有相同,特别是生长在不同地带的植物,对温度的要求差异也会不同。热带树木如橡胶树、椰子等,要求日平均温度在18℃以上才开始生长;而许多温带树木,则要求当日平均温度只要达到10℃,甚至不到10℃就开始生长。

同一植物的不同发育时期的温度三基点也有区别,特别是在花粉母细胞减数分裂期和开花受精期波动最大、最敏感。

温度对植物生长的影响

如果植物生存环境的温度不合理,就会对植物造成伤害。这其中包括了高温伤害和低温伤害两种。

高温伤害

所谓植物的高温伤害,就是迫使植物加强呼吸作用,增大蒸腾强度,进而大量消耗植物体内的有机物和水分,影响酶的活性、破坏新陈代谢,最终妨碍到植物的正常生长发育。

超过最高点的持续高温,还会引起植物细胞原生质胶体大量失水,出现蛋白质变性。

过高温度的为害症状有:枝叶暂时蔫萎、幼苗根茎倒伏、皮层灼伤灼裂、树皮坏死流脂等。其中对幼嫩部分伤害最大,严重时可以导致全株死亡。

对植物的高温危害一般出现在夏季。因此当天气开始变热时要及时利用遮荫、灌溉等措施来为植物进行有效的降温。

低温伤害

低温对植物的伤害可分为两类:

● 温度不低于 0℃ 时,引起的喜温植物的低温伤害被称为"寒害"。常见表现是顶芽、嫩叶和幼茎的枯萎。

寒害产生的原因,主要是低温条件下 ATP(腺嘌呤核苷三磷酸)的减少、酶活性的减弱,从而引起植物生理活动的活性降低,正常代谢平衡受到扰乱。

● 温度下降到 0℃ 以下时,植物组织内部发生冰冻而引起的伤害被称为"冻害"。

植物组织结冰时,细胞间的水膜首先结冰(细胞外结冰),因此细胞壁及细胞内的水分被吸到细胞之外冻结,原生质大量失水,造成生理干旱和机械压力。

植物对环境温度的反作用

植物对局部温度也有一定的影响,尤其是森林对温度的影响。

森林的蒸腾较大,消耗太阳辐射的热能较多,林冠的荫蔽,又能反射、阻挡一部分太阳辐射,所以一天之内,白天的最高温度低于旷野,特别在林冠下更是如此;入夜以后,又因林冠的阻挡,散热较慢,因而最低温度又高于旷野,形成日温差较小的特点。

由于同样的原因,一年之内,森林中的温度夏季低于旷野,而冬季则高于旷野,又形成年温差较小的特点,起到了一定的调节作用。

同时,又由于森林中湿度较高,这些影响综合起来,便使林区特别是林冠下的小气候得到改善,形成特殊的森林气候。

七、植物与水的关系

水是植物生命活动的必要条件,植物的一切生理功能都要有水的参与才能完成。

水在植物体的营养物质吸收和运输及光合作用、呼吸作用、蒸腾作用的进行中都起到了至关重要的作用。水就像是植物的血液一样,如果没有了水,植物的生命就会停止。

水分对植物生长的影响

水分的多少,对植物生长发育影响很大。树木的高度生长、直径生长、材积生长、根系生长,都在一定程度上受到其生长环境中水分、水质的影响。

植物体内有吸收水分和消耗水分的两个既矛盾又紧密相关的生理过程。只有植物水分的获得和消耗数值相对合理,植物体内的水分含量才能达到基本平衡。

水分缺失对植物的危害

不管什么种类的植物,如果其体内水分的蒸腾消耗大于水分吸收,就会引起植物体水分亏缺。

植物体水分亏缺最直接的后果就是植物细胞失去膨压、组织丧失紧张状态。其外在表现为植物叶、茎的幼嫩部分出现下垂,植物整体呈现"萎蔫"状态。

我们经常会看到公路两边的装饰花朵在午后的烈日照晒下出现萎蔫的状态。但是第二天我们去晨练时,又可以看到萎蔫消失的花朵。这是因为一般晚上的气温会下降,植物的蒸腾作用减弱,吸水作用补充了植物水分,萎蔫自动消失。这种萎蔫属于暂时萎蔫。

而我们看到因为大量失水而导致的不能恢复活力的植物,则一般属于永久萎蔫。

植物发生萎蔫主要是由于干旱,所以防旱、抗旱就成为防止植物萎蔫的重要工作。

水分过多对植物的危害

植物同人类一样,在缺水的时候会出现病状甚至死亡,同样在水分过多的时候也会出现个体伤害。通常水分过多对植物的伤害主要体现为涝害。

涝害的形成并不在于水分本身,而是因为植物根系的正常代谢有一定的规律和承受能力,当土壤孔隙充满水分时,植物根部就会出现缺氧,植物体有氧呼吸受到抑制,进而影响了植物根系的正常代谢。时间一久就会造成植物因窒息或生长恶化而死亡。

另外,值得注意的是,当土壤中的水分过于饱和的时候,就会使好气分解受到抑制、嫌气细菌异常活跃,导致土壤中积累过多的有机酸和二氧化碳,甚至会产生有毒产物,影响植物根系呼吸,令植物在无氧呼吸下产生过多的酒精,最终中毒死亡。植物因涝害死亡以后,其根系常腐烂发臭,就是这个原因。

为了防止涝害,根本的办法就是排水。

植物对水分量的适应程度

不同种类的植物,不但对水分的需要量不同,对水分的适应性也不同。

按照植物对水分的适应程度,可以分成4个不同的生态类型:

●水生植物

所谓的水生植物就是能够长期在水中完成生长发育的植物。

水生植物对水生环境具有长期适应性,其根系和输导组织一般已经在不断地进化过程中衰退,机械组织相对软弱。

水生植物的茎、叶都有发达的通气组织和多量的叶绿体,这就使其个体能够最大限度地有效利用水中微弱的氧气和光照。

根据水生植物在水层中生长的深浅,又可分为挺水植物(如芦苇、香蒲等)、浮水植物(如浮萍、菱角等)、沉水植物(如金鱼藻等)3种类型。

●湿生植物

所谓湿生植物就是能够在水分经常饱和的土壤中正常生长的植物。

湿生植物的抗旱能力一般都很弱。典型的代表有水稻、水芋、水松、红树等。

湿生植物的根、茎生有通气组织,能通过上部的叶、茎吸收氧气来供应根部的需要。

●旱生植物

所谓旱生植物就是能够在大气和土壤长期干旱的情况下正常生长的植物。

旱生植物的抗旱能力相对较强。典型的代表有麻黄、骆驼刺、仙人掌、金合欢等。

旱生植物除了有细胞的渗透压很高的生理生化特性外,还有一定的旱生构造。

旱生植物一般都具有发达的根系、输导组织和保护组织、叶子变小或褪化成刺状、鳞状等;旱生植物的气孔较少,通常深藏于表皮层内,借以加强吸水和减少蒸腾;一些肉质旱生植物的茎、叶薄壁组织发达并发展为贮水组织,能在植物体内积贮大量的水分,以供应其在干旱时期的生长需要。

● 中生植物

所谓中生植物就是适应在水分条件中等的土壤中生长的植物。中生植物的耐水性介于旱生植物和湿生植物之间。自然界中的大部分植物都属于中生植物。

中生植物在生理、生化方面没有旱生植物的超强适应性,也没有湿生植物适应环境的通气组织。所以中生植物的抗旱能力远比不上旱生植物,抗涝能力也不及湿生植物。

水生、湿生、旱生和中生植物的划分是相对的,不存在绝对的界限。

植物对水分的反作用

在水分对植物产生影响的同时,植物也反作用于其生长环境中的水。这种反作用在森林中尤为明显。

森林由于树冠阻留、地被吸收和林地透水作用,能减少地表径流约50%~80%,削弱了冲刷,滞蓄了洪水。尤其在较为严寒的地区,冬季积雪被截留,对涵养水源和保持水土有显著效果,于是形成了"山青才能水秀"的关系。

八、植物与空气的关系

空气对植物生长、生存也有着极为重要的意义。

按容积计算,空气主要是由78%的氮、21%的氧和0.03%的二氧化碳所组成。此外，还有少量的惰性气体以及组成不稳定的水汽和粉尘微粒、工业废气等。

空气对植物生长的影响

在空气中占有一定比重的氧和二氧化碳是植物呼吸、光合作用所必需。如果没有空气，绿色植物就无法生存；同时空气中的大量粉尘、废气的污染对植物的生长则极为有害。

空气中有益气对植物的重要性

空气中的氧对于植物极其重要，空气中的氧足够植物需要，而土壤中有时氧气缺乏，会影响植物生命的活动。

二氧化碳为光合作用所必需，空气中含量不多的二氧化碳稍有变动，对植物光合生产率就有很大影响。在大多数情况下，当空气中二氧化碳的浓度增高到平常的10~20倍甚至更高时，光合作用强度也会出现相应的增加。

另一方面，在生物呼吸和工业生产过程中，会释放出大量的二氧化碳。据研究，空气中二氧化碳浓度达到0.1%时，就会妨害到人体健康；达到2%时，人类和动物就会出现呼吸困难的状况。而植物恰好是天然的二氧化碳消耗者和氧气制造者。据统计，1万平方米的阔叶林每天约可吸收1吨左右的二氧化碳，同时释放出约0.73吨氧气。

空气中有害气体对植物的危害性

空气中除了对植物有用的气体外，还有对人类和所有生物都有害的粉尘、废气。

烟尘微粒会堵塞、遮盖叶面气孔，导致水、气进出植物体的通道不畅；同时还会减少叶面的受光。出现上述情况的时候,植物的蒸腾、呼吸、光合作用也都会受到妨碍,引发植物体内水分失调、新陈代谢受影响。

废气中主要的污染物质能严重危害植物。它们进入叶内,使植物出现脱水的状况。另外,具有强酸的废气,会使原生质、叶绿素、酶受到毒害,因而破坏植物正常的新陈代谢协调性。

植物对空气环境的反作用

植物可以在其生长环境中起到滞尘和降尘作用。树木有高大茂密的树冠,能够减低风速,随着风速的降低,空气中携带的大粒灰尘下降。另外,由于叶子表面一般都不平滑、多绒毛或会分泌黏性油脂及汁液,这也能吸附大量的灰尘。

蒙尘植物经雨水冲洗后,又可以恢复滞尘作用。自然界中的植物就像天然的空气过滤器,时刻起着空气净化的作用。

丁香酚、柠檬醛等植物还能分泌出被称为植物杀菌素的具有极强的杀菌和杀死原生动物能力的挥发性物质。

夹竹桃、丁香、珊瑚树、厚皮香、大叶黄杨、女贞、洋槐、榕、构树、木麻黄等树种,还对二氧化硫等有害气体有较高的抗性和吸收能力,可供工业城市用来抗空气污染之用。

九、植物与风的关系

空气流动会形成风。风虽然不是植物必需的生长因素,但它有吹散污染空气、调节气温、影响降水和土壤中水分蒸发等一系列作用,这些都会间接地对植物生长发育产生不同性质和程度的影响。

风对植物生长的影响

风对植物的影响主要决定于风的性质和风速。

●强度不大的风对植物有利。可以完成风媒传粉（如松、杉等）、传播种子（如松、杉、桉、槭等）等；吹走叶面附近蒸腾放出的水汽，有利于枝叶的散热降温，促进蒸腾和输导作用；吹走植物周围含二氧化碳较少的空气，换来二氧化碳较多的空气，提高植物光合作用的效率。

●强度很大的干风对植物有害。会增加植物的蒸腾，使植物个体发生缺水状况，导致气孔关闭，影响气体交换，阻碍光合作用，甚至引起枯梢；大风还能摇动枝条，影响树液流动，吹落大量花果，甚至断枝折干，拔倒树木；长期的强风，会削弱树木的高生长和直径生长；长期的单向强风，则会造成树冠偏斜、材心不正、树干畸形等。

植物对风的反作用

森林是空气水平运动的强大障碍，对风能起减速消能作用。当气流遇到森林的阻挡时，一部分在森林前面向上升起，在森林上空前进，越过林冠后才逐渐下降；另一部分穿入林内，风力消散在林木的枝叶摆动上，风速很快减低。

植物有抗风的能力，这种能力的强弱因树种、年龄、密度、林木所处的环境条件、风的性质和风力大小而异。一般浅根性的树种、木材软脆的树种、老残林、疏林抗风能力较弱。在风害严重的地方，最好不要种植浅根和易折的树种，或用枝干坚韧的深根性树种进行混交和防护。

十、植物与土壤的关系

土壤是植物扎根的地方,供给植物所需的大量水分、养分和根系所需的空气、温度。

土壤在很大程度上决定着森林或作物的生产力,也影响着它们的更新、生长和发育。同时,植物也对其生长环境中的土壤的形成、发育和肥力产生影响。

土壤理化性质对植物生长的影响

土壤水分过少时,不但不能满足植物正常生长的需要,还会由于好气性细菌的氧化分解过于强烈,使土壤有机质含量迅速减少;但如土壤水分过多,尤其是地下水位过高时,就会与空气互相消长而造成土壤缺氧,同时导致嫌气性细菌的还原作用活跃,某些无机盐被还原成不能利用的状态,并产生某些有毒的还原产物,使根系和种子容易腐烂。

土壤空气中的二氧化碳含量,要比大气中高几十倍甚至成百倍,这对植物是有利的;但土壤中氧的含量则低于大气,特别是积水或板结时可以不及大气中的一半,这就会影响根系呼吸和种子发芽。

土壤温度的变化,对于土壤中气体交换、水分蒸发和微生物活动的强度以及无机盐溶解和有机物分解的速度都有影响。土壤反应不但影响着土壤微生物的种类和数量,而且直接影响土壤溶液的性质、成分。在碱性土中,磷、硼、锰等常因溶解度很低而显得缺乏,但钠盐却含量很高;在酸性土中,磷、钾、钙等缺乏而活性铁、铝过多。

由此可见，土壤的理化性质，对植物生长有显著影响。

土壤的理化性质与植物分布的关系

土壤的理化性质与植物的分布也存在着密切的关系。

每种植物都有一定的选择适应性，对土壤条件也有一定的要求。

例如，沙质土适于旱生植物生长，沼泽地适于湿生植物生长；马尾松、油茶等宜于酸性土而不耐钙质土，但油桐在石灰性土壤中却生长良好；红树、木麻黄、黄槿等可以在滨海盐土中正常生长。

掌握好不同植物对土壤的不同要求，就可以"适地适树"，并将一些适应性狭窄的植物作为特定土壤环境中的"指示植物"。

土壤的理化性质对于植物根系的影响

土壤的肥沃度、松紧度、厚度、地下水位、砾石层和新生体等，对植物根系的分布和生长都有着明显的影响。

同一种植物，种植在肥沃程度不等的土地上，其根量也会有较为明显的不同。

在密实土壤与疏松土壤上种植的同种、同龄的植物的呼吸强度也是所有区别的。

植物对土壤理化性质的反作用

植物是重要的成土因子。

在岩石风化的作用上,植物根系穿插的机械作用及其酸性分泌物的化学溶解作用,都是风化的重要动力。

寒温带针叶林

在土壤发育的过程中,不同的植物覆被,可以形成不同的土壤类型。这是因为植物可借根系从土壤深层选择吸收某些无机养分,又以"死地被物"的形式归还土壤表层,造成了这些元素和有机质的重新积累和分布,加上在各地的水、温条件下,分解淋溶也不一样所致。所以,在寒温带的针叶林下常形成灰化森林土,在暖温带的常绿阔叶林下常形成棕色森林土和褐土;我国南方山地黄壤、山地红壤的分布,也是与一定的森林带密切相关的。

十一、植物与生物的关系

无论在什么地方,植物都是在其他有机体——植物和动物的包围之中的,植物与植物之间、植物与动物之间都有着极为错综复杂的关系。

动物对植物生长的影响

动物对植物的影响,是多种多样的,有有害的一面,也有有利的一面。

动物对植物的有害影响

有些动物会危害植物生长、生存,如鹿、兔等喜欢吃树叶、幼苗、嫩枝或树皮,从某种程度上使森林的更新受到阻碍,甚至不能更新。

另外,某些植食性动物会经常性伤害某种或几种树木,这就非常容易改变森林的组成。

鸟、鼠等则喜欢吃或贮藏各种果实、松柏类的种子、树木的幼芽;而冬季缺食时,鼠类还会啃食幼树的树皮。这些对植物正常生长的危害都是很大的。

有些动物吃食浆果或核果,但因种壳坚硬或有蜡质,不能被动物消化,仍随粪便排出体外,堆积在植物附近或植株上,使其丧失发芽力。

无处不在的小型昆虫更是对植物为害严重。如豆象会使植物的种子品质变坏;根蝶类的幼虫会食害寄主植物的叶;有些昆虫还伤害木材。受了昆虫伤害的植物,也容易感受病菌或病毒的传染。

动物对植物的有益影响

动物是植物种子传播、植株授粉的媒介者之一。

鸟类啄食浆果时,植物的种子常会粘在其喙上,又因擦喙运动等原因而掉下,随后发芽、生长。许多草本植物的种子有刺、钩、芒、黏液或类似的构造,当动物在草丛中行走时,就会附在它们身上,令其帮助完成种子散布。

昆虫是许多植物传播花粉的媒介。一般说来,昆虫的躯体上通常有毛,在花中爬行时,雄蕊上的花粉,就擦到昆虫身上,当这只昆虫飞到另一朵花中爬行时,又把花粉授到柱头上,这样便完成了虫媒授粉的过程。

此外,啄木鸟、寄生蜂和两栖类的青蛙、蟾蜍和爬行类的蜥蜴等,都能大量消灭害虫,减少昆虫对植物的破坏;蚯蚓能翻动土层,使土壤疏松、加速有机质的分解,间接地促进植物的生长发育。

植物对动物类群的反作用

植物群落的组成、分布和变化,对动物也有影响。

例如,低山丘陵区大面积营造松类纯林,往往会导致松毛虫大量发生;而西双版纳的森林曾因部分遭受破坏,引起大象成群结队地迁徙。

植物对植物类群的影响

植物相互间的关系,可分直接关系和间接关系两类。直接关系是一种植物对另一种植物,直接发生有益或有害的作用;间接关系则是通过环境条件的改变,对一种或多种植物发生影响。

●藤本植物的茎软而细长,必须缠绕或攀缘在支持植物的身体上才能上升。有些藤本植物能把支持植物的茎束缚得很紧,影响它的生长,严重的可致其死亡,因此称为森林中的"绞杀植物",在热带雨林中较为常见。

●附生植物在热带、亚热带阴湿的森林中最为繁茂,其中蕨类和兰科植物很多。它们附着在高大树木的枝、干、叶或岩石上,虽然与附生的树木之间并不存在营养上的依附关系,但如果生长太多时,特别是地衣,也可妨碍树木通气,致使树木死亡。

●寄生在树木上的种子植物种类很多,它们依靠从寄主体内吸取营养为生,不同程度地为害寄主的生长发育。

●共生植物则是相互有利的,特别值得重视的是根瘤细菌和豆目植物的根的共生关系。

根瘤细菌生活所需的有机物质取自豆目植物,又固定大气中的游离氮素供豆目植物利用,大大增强了豆目植物的氮素营养,互利作用非常显著。

其他植物如胡颓子、杨梅、罗汉松、木麻黄等的根上,也有类似的根瘤,不过这些植物的根瘤,是和放线菌共生的。不仅在种子植物的根里,九节木、紫金牛等热带植物的叶上也可以形成叶瘤。

除了上述直接关系以外,通过改变环境条件而相互影响的间接关系也不容忽视,例如幼林郁闭以后,引起林内光照条件改变,湿度、温度等各方面也发生相应的变化,林冠下的阳性植物就逐渐减少,阴性植物逐渐增多,进一步还可能对原有树种的天然更新产生影响,甚至能引起树种的更替。

十二、植物的细胞

植物的身体是由众多形状和大小各不相同的细胞组成的,其不同部位细胞的形状和大小与它们行使的功能密切相关。

植物细胞的外貌

直径在10~200微米之间的细胞是组成高等植物的重要因子,不同的植物,其组成细胞的大小差异也很大。细胞一般必须在显微镜下才能看到。在组成种子植物的细胞中,这些细胞的直径一般都是在10~100微米之间,也有少数植物的细胞较大,通过人类的肉眼就可以分辨出来,例如番茄果肉、西瓜瓤的细胞,这些植物的细胞直径可达1毫米;有的细胞极长,如苎麻纤维细胞可长达55厘米,还有最长细胞体的长度可达到数米,甚至是数十米,例如橡胶树的乳汁管,但这些细胞的横向直径很小。植物细胞的大小是由遗传因素所控制,其中主要是细胞核的作用。

细胞核的特征

(1)细胞核控制能力的限制。细胞核与细胞质是掌握细胞生长、发育和保持细胞正常代谢活动的重要因素,细胞核对于细胞质数量的生长有一定的限制,细胞核是影响细胞生长大小的重要因素。

(2)细胞表面积的限制。细胞中,细胞质不停地进行着植物的代谢活动,并与周围环境以及相邻的细胞体不断地进行物质交换。物质在进入细胞体后,在其内部会有一个扩散传递的问题。由于细胞核的体积小,相对物质在细胞体中的活动空间就比较大,这为物质的迅速交换和转运都创造了很好的条件。此外,细胞的大小受细胞内代谢速率的影响。在自然界中,新陈代谢速度快的植物的细胞体一般都比较小,而拥有较大细胞体的植物其新陈代谢速度相对较慢。

植物细胞的形体

组成植物体的细胞形状非常多样,常见的有球形、椭圆形、多面体、纺锤形和柱状体等。

组成植物的细胞,尽管其形状、大小、种类多种多样,但是它们的基本结构都是一样的。如所有活细胞都含有原生质和细胞壁。坚硬的细胞壁可以保护细胞体内部的原生质体,维持细胞体的形状,细胞壁的主要成分是纤维素。细胞壁是植物细胞独有的一层保护体,动物细胞则没有细胞壁的保护。植物细胞中包含的质体是植物细胞生产和储存营养物质的重要场所,常见的细胞质体就是叶绿体,叶绿体是专门进行光合作用的细胞器官。在动物的细胞体中同样没有质体的存在。大多数植物的细胞体中都含有一个或几个液泡,液泡中充满了液体,其主要的功能就是转运和储藏养分、水分以及植物体的代谢副产物和代谢废物,在植物体中起到仓库和中转站的作用。此外,植物细胞中还包括了线粒体、内质网、高尔基体、核糖体、圆球体、溶酶体、微管、微丝等细胞器。植物细胞中最重要的部分就是细胞核,据研究证明,细胞核由核膜、核仁和核质3部分组成的。细胞核中的核质是控制和影响植物体遗传和新陈代谢的中心。

十三、植物的多样性

通俗来说,植物的多样性指的就是地球上的植物及其与其他生物、环境所形成的所有形式、层次、组合的多样化。就植物来说,它是有多样性的,植物的遗传多样性也称作基因多样性,是指种群内个体之间或一个群体内不同个体的遗传变异的总和。

对于植物的多样性一般我们可以从如下三个方面来理解,即植物的物种多样性、植物生态习性和生态系统的多样性。

所谓植物的物种多样性,指的是植物在物种水平上的多样性,这不仅是指一个地区内物种的多样化,而且也指全球范围内物种的多样化。中国的高等植物约有3万余种,占世界总数的10.5%左右。保存了许多特有的植物类群,有银杏科、杜仲科、珙桐科、独叶草科、芒苞草科、伯乐树科和大血藤科等7个特有科,243个特有属,15000多个特有种。这些物种中有可能某些具有对人类有用的潜在价值。如素有水果之王美称的猕猴桃原产我国,目前已在新西兰成为主要的出口水果。猕猴桃属的主要分布地是我国,全世界共有54种猕猴桃,我国就有52种。我们现在不能预测哪种猕猴桃的生理、生态特性是人类所急切需要的,所以一定要保护这些物种和它的生存条件。

所谓植物生态习性和生态系统的多样性,指的就是植物长期进化过程中和生态环境之间所形成的多种多样的生态适应性以及植物群落、生态过程变化的多样化。植物生态适应性使得它们在各自的生态系统中占据了一定的生态地位,让它们能够稳定地生存在各自特定的环境条件中。如寄生植物、腐生植物、共生植物、食虫植物以及热带雨林中的绞杀植物等。植物作为生态系统中的生产者,一般生态系统都是以植物的物种来命名的,所以生态系统的多样性和植物息息相关。

我国疆域广阔,气候和地貌类型较复杂,南北跨越热带、温带和寒带三带,高原山地约占4/5,河流纵横,湖泊星罗棋布,海岸线漫长,多种自然条件使得我国的生态系统极其复杂,相应的植物种类也丰富多样。例如菊花是常见的观赏花卉,目前已形成近3000多个品种;辣椒的品种也很多,果实形态相差很大。由上述可知,一个物种的遗传多样性是很丰富的,人类可以诱导、积累并丰富栽培植物的遗传多样性。

十四、植物的视觉

很多植物都具有很强的趋光性,仿佛长了眼睛能够同人类一样辨识日升日落一般。那么植物真的有眼睛吗?它们的视觉器官是什么呢?

植物学家曾经对植物细胞进行了研究,发现几乎所有植物的细胞中都有一种非常独特的色素——视觉色素。这是一种带染色体的蛋白质分子,虽然在植物细胞中含量甚微,却具有吸收光的能力。它不像一般色素如叶绿素把光作为能源,只对一定波长的光做出反应,它可以把光作为信息源,对不同波长的光做出反应。也就是说,它们使每一个细胞都成为一个光感受器,这些光感受器不仅能"看见"光,还能识别光的强度和光照时间的长短。吸收到清晨淡黄色的光时显得活跃,犹如植物睁开眼睛;吸收到黄昏暗红色的光就变得迟钝,就像植物闭上了眼睛。根据色素分子结构的细微变化,植物就能知道是旭日东升、还是夜幕降临了。

植物的这些"眼睛"不仅可以辨识是否有光,还能够对植物体做出准确及时地指示,例如花开花闭等,令植物可以随时把自己调整到适于生长繁衍的最佳位置。

虽然人们已经发现了植物的"眼睛",但对其认识并不深。更为细致的东西还有待生物学家们不懈的探索总结。

十五、植物的触觉

虽然与动物相比,植物看上去有些"木讷",但是同动物一样,植物也是具有触觉的。

最为典型的例子就是食肉植物捕蝇草,这种草的"触觉"非常的灵敏,一旦有昆虫掠过它的"触须"时,它的"下巴"就会合上,将昆虫收入囊中。达尔文就曾针对捕蝇草的这种行为做出过描述,认为其是模仿了动物的神经系统反应的学者之一。

触觉非常灵敏的植物还有我们非常熟悉的含羞草。当人们碰触到含羞草的叶子的时候,它会立刻做出反应,将叶子合拢缩成一团。

在植物家族中,触觉敏感的成员还有很多。植物学家们通过不断的实验和观察,发现大约有17个不同科的千余种植物是有触觉的。

植物对触摸做出的反应,实际上是一种自我保护。

北卡罗来纳州韦克福雷斯特大学的植物研究者们曾经通过实验发现,每天只要对植物的茎进行几秒钟的抚摸和敲击就可以使植物枝干的密度加强。这就说明,植物"觉得"它必须提高强度来抵御外力的伤害。

十六、植物的味觉

"品尝"营养物质的能力对于大部分植物都是至关重要的。

一些植物学研究者发现,植物体内有一种特殊的基因,可以使它们的根部生来就有"品尝"土壤的能力,并向营养物质和植物用来固氮的铵盐最丰富的地方移动。

植物的味觉还有助于其对外界的伤害做出及时的防御。

美国农业部的詹姆斯·图姆林森先生曾进行研究并得出结论,当甜菜夜蛾毛虫开始蚕食玉米、甜菜和棉花叶时,植物能"尝"出幼虫唾液中一种特殊的物质,并快速制造一种挥发性化合物,用此引来雌性寡毛土蜂。寄生的寡毛土蜂在甜菜夜蛾毛虫体内产卵,当幼蜂孵化时,就会把甜菜夜蛾毛虫活活吃掉。

十七、植物的体温

我们知道,人和许多动物都有一个大致稳定的体温,那么植物也具有体温吗?

科学研究表明,植物体和人体一样也有一定温度。但与人体的温度基本维持稳定不同,植物体的温度通常接近于大气温度,且会随环境温度的变化而变化。

当植物温度低于外界环境温度时,它就会吸收大气中的热量或吸收太阳辐射能,使自己的体温升高;当植物体的温度高于气温时,植物就会利用蒸腾作用和对光线的反射来使体温降低。

同时,植物体各部分的温度也是有所差别的。以对温度反应最为敏感的叶片为例:白天因为受太阳的照射,在强烈阳光的照射下,叶温可以高出气温10℃以上;到了夜间,植物的叶片温度就会比气温低,特别是叶缘和叶尖部分,表现得更为明显。而植物的根部温度与其他部分的温度也会略有差别,更接近地温。

十八、植物的血液

人类和动物都有血液,并且血液所占的比例很大,是维系生命所必须。那么植物是否也具有血液呢?

近年来,支持植物具有血液说法的人越来越多,同时有些人还提出了植物具有血型的观点。

英国威尔士有一座公元6世纪建成的古建筑物,它的前院耸立着一株已有700年历史的杉树。这棵树高7米多,它有一种奇怪的现象,长年累月流着一种像血液一样的液体,这种液体是从这株树的一条2米多长的天然裂缝中流出来的。这种奇异的现象,每年都吸引着数以万计的游客。

植物血型的发现在生物界引起了非常大的轰动。植物血型的发现者是日本科学警察研究所的研究室主任山本。他也是在偶然的机会中获得这项发现的。

在山本负责的一个案子中,有一位日本妇女夜间在她的居室中死去。警察一时还无法确定是自杀还是他杀,于是对现场收集到的血迹样本进行了化验。经化验死者的血型为O型,可枕头上的血迹为AB型,于是便怀疑是他杀。可后来一直未找到凶手作案的其他佐证。这时候有人提出,枕头里的荞麦皮会不会是AB型呢?这句话提醒了山本,他取来荞麦皮进行化验,果然发现荞麦皮是AB型。

这件事促进了山本对植物血型的研究。他先后对500多种植物的果实和种子进行了观察、化验。发现植物和动物从生命的起源来看,具有同祖同宗的血型。例如,苹果、草莓、南瓜、山茶、辛夷等60种植物是O型;珊瑚树等24种植物是B型;葡萄、李子、荞麦、单叶枫等是AB型。但是山本并没有找到A型植物。

根据对动物界血型的分析,山本认为,当糖链合成达到一定的长度时,它的尖端就会形成血型物质,然后合成便停止了。也就是说血型物质起了一种信号的作用。正是在这时候,才检验出了植物的血型。山本发现,植物的血型物质除了担任植物能量的贮藏外,由于本身黏性大,似乎还担负着保护植物体的任务。

植物有体液循环,植物体液也担负着运输养料、排出废物的任务,体液细胞膜表面也有不同分子结构的型别,这就是植物也有血型的秘密所在。但植物体内的血型物质是怎样形成的,至今还没有弄清。植物血型对植物生理、生殖及遗传方面的影响,尚有待科学家的进一步探索。

十九、植物的脉搏

最近,一些植物学家在研究树木增粗速度时惊异地发现,活的树干有类似人类脉搏一胀一缩跳动的现象,且具有明显的规律性。

难道植物也同人类和动物一样具有脉搏的跳动吗?

植物学家通过长期的观察研究,给出了确定的答案,认为这是植物的正常生理现象,只不过以前一直没有被人注意到罢了。

科学家还进一步指出,每逢风和日丽的时候,太阳刚从东方升起时树干就开始收缩,一直延续到夕阳西斜。到了夜间,树干就会反过来开始膨胀,直到第二天早晨。树干这种日细夜粗的搏动,每天周而复始,但每一次搏动,膨胀总略大于收缩,所以树干会随着其生长时间的延长而增粗。

遇到下雨天,树干的"脉搏"就会处在几近停滞的状态,这时它总是不分昼夜地持续增粗。直到雨后转晴,树干才重又开始收缩,这种情况被认为是植物"脉搏"中的一个特例。

植物学家在解释植物奇特的"脉搏"现象时指出,植物"脉搏"是由植物体内水分运动引起的。当植物根部吸收的水分与叶面蒸腾的水分一样多时,树干几乎不发生粗细变化;如果吸收的水分超过蒸腾的水分,树干就要增粗;相反在缺水时,树干又会收缩。

当然,并不是所有的植物都有典型的"脉搏"现象的,例如竹子等就不具备典型的植物脉动。

仅是推测,应当说,关于植物记忆的问题,在目前还是一个没有被彻底解开的谜。

二十、植物的神经

20世纪60年代以来,许多科学家围绕着一个有趣的问题——植物是否具备神经系统而争论不休。

这场争论的根源起于全世界最著名的进化论者,也是研究食肉植物的最早权威——查尔斯·达尔文。他发现捕蝇草的叶片上有6根特殊的"触发毛",而且只有当其中一根或几根被弯曲过来时叶片才猛然关闭。于是他提出一个大胆的假设:这种行为的发生,一定是由于某种信号极快地从"触发毛"传到捕蝇草叶内部的运动细胞,快得简直像动物神经中的电脉冲。

查尔斯·达尔文

为了给这种假说提供证据,伦敦大学的著名生理学教授桑德逊在皇家植物园中对捕蝇草的电特性进行了仔细的观察研究,并在这种植物的叶片上纪录到电脉冲。

与此同时,加拿大卡林登大学的学者雅可布森,也在"触发毛"内检测出一些非常不规则的电信号。

后来,沙特阿拉伯凯尼格·富塞尔大学农业系生物学的富塞尔·阿·塞尔教授经过6个月的研究发现,植物有一个"化学神经系统",而且当有人想要对其造成伤害的时候,它就会做出防御反应。同时,富塞尔·阿·塞尔教授还指出,植物还有类似动物的感觉,两者唯一的区别是:动物能表达这种感觉,植物的感觉则是由化学反应产生的。这种化学反应,从某种意义讲,与人的神经系统很相似。

最近,美国圣路易州的华盛顿大学组织了一个由著名学者皮卡德领导的专门研究小组,皮卡德和其学生威廉斯以及另一名研究生理的切纳发现:反复轻拂捕蝇草的"触发毛",除了能记录到电信号外,也能刺激微小的、位于"触发毛"表面的消化腺释放消化液。他们推测,这也许是动作电位在此时起了作用,然而据此仍无法确定植物体内是否具备神经组织。

到目前为止,无数的证据已经表明,所有的植物由于某种原因都会应用电信号,那么能不能说它们已经具备了神经系统呢?对此还是有很多植物学家持反对意见。

看来关于植物神经是否存在的争论,还将持续很久。

二十一、植物的记忆

科学家们曾经在一种名叫三叶鬼针草的植物身上,进行了一项有趣的实验。结果证明,有些植物不仅具有接收信息的能力,而且还有一定的记忆能力。

这项实验是法国克累蒙大学的科学家设计的。他们选择了几株刚刚发芽的三叶鬼针草,整个幼小的植株,总共只有两片形状很相似的子叶。

科学家们用4根细细的长针,对右边一片子叶进行穿刺,使植物的对称性受到破坏。数分钟后,他们用锋利的手术刀,把两片子叶全部切除,然后再把失去子叶的植株放到良好的环境条件中,让它们继续生长。

数天之后,意想不到的有趣情况发生了,那些没受过针刺的一边萌发的芽生长很旺盛,而受过针刺一边的芽生长明显缓慢。

这个结果表明,植物依然"记得"以前破坏对称性的针刺,以及其带来的痛苦。

之后,科学家们又反复实验,验证了他们得出的结论,并进一步发现,植物的记忆力大约能保持13天。

二十二、植物的睡眠

如果仔细观察你就会发现,合欢树每到夜晚就会把镰刀样的小叶子成双成对地合抱在一起,就像是蜷起身子在睡觉一样。难道说植物也会睡觉吗?

的确,植物也有睡眠的,并很多植物的睡眠是很容易就能观察到。例如我们刚刚提到的合欢。另外,花生的叶子也会在夜晚的时候向上关闭,且小枝都有气无力地耷拉下来,显然它已经进入"梦乡"了。

除合欢树、花生以外,会"睡觉"的植物还包括红三叶草、酢浆草、白屈菜、羊角豆等,它们的叶子也都是晚上合闭,白天伸开。

在植物界里还有许多昼伏夜出的"夜猫子",这些植物睡觉的时间不是在晚上,而是在白天。例如,晚香玉一到晚上就精神十足,白天却无精打采。

另外,烟草花是白天闭合夜间开放。随着季节的变化,当严冬到来的时候,植物的叶子就开始枯黄凋落,整个植株全部进入了休眠状态,各部分都停止生长,在酣睡中度过寒冷的冬天。

也有的植物可以像人类一样"假寐",即只是部分在睡眠,如腋芽。

二十三、植物的感情

从外在和生命活动情况来看,我们总是误解植物是无感情的"冷血生物",但其实植物也是有感情的。

植物的情绪表达

1966年2月的一天上午,有位名叫巴克斯特的情报专家正在给庭院的花草浇水,这时他脑子里突然出现了一个古怪的念头,他竟异想天开地把测谎仪器的电极绑到一株天南星植物的叶片上,想测试一下水从根部到叶子上升的速度究竟有多快。结果,他惊奇地发现,当水从天南星的根部徐徐上升时,测谎仪上显示出的曲线图形,居然与人在激动时测到的曲线图形极为相似。他不禁疑惑,难道植物也有情绪?

为了寻找植物是否具有情绪的答案,巴克斯特做了更多的实验。接着他试图用火去烧叶子,就在他刚刚划着火柴的一瞬间,记录仪上出现了明显的变化。燃烧的火柴还没有接触到植物,记录仪的指针已剧烈地摆动,甚至超出了记录纸的边缘。但在植物感到并不会受到伤害的时候,记录仪上反映出的曲线变得越来越平稳。

之后,巴克斯特又设计了另一个实验。他把几只活海虾丢入沸腾的开水中,这时,植物马上陷入极度的刺激之中。且多次试验都有同样的反应。

实验结果变得越来越有趣,这令巴克斯特也感到越来越兴奋。他甚至怀疑实验是否正确严谨。为了排除任何可能的人为干扰,保证实验绝对真实,他用一种新设计的仪器,不按事先规定的时间,自动把海虾投入沸水中,并用精确到1/10秒的记录仪记下结果。巴克斯特在3间房子里各放一株植物,让它们与仪器的电极相连,然后锁上门,不允许任何人进入。第二天,他去看试验结果,发现每当海虾被投入沸水后的6~7秒钟后,植物的活动曲线便急剧上升。根据这些,巴克斯特指出,海虾死亡引起了植物的剧烈曲线反应,这并不是一种偶然现象。几乎可以肯定,植物之间能够有交往,而且,植物和其他生物之间也能发生交往。

植物也会有压力

在现代社会中,许多因素会使人神经紧张,比如忙碌、噪声、考试等等。

科学家们发现,植物同样也会因生命受到威胁而感到压力,并会做出"释压行为"。

科学家通过实验发现,当空气严重污染、空气湿度太大或太小、火山喷发、动物啃吃植物的树叶或大量昆虫蚕食植物时,植物都会倍感压力。这种时候,它们就会释放出极少量的乙烯气体,一次来为自己"减压";并且压力越大,释放的乙烯量越多。

科学家还发现,经常受到威胁而紧张的植物,其生长速度也会因受影响而减慢,甚至会枯萎。

植物的心理

当在巴克斯特关于植物情绪的实验引起植物学界的巨大反响时,也有人认为那不过是哗众取宠的谬论。对"植物有情绪"论点反对声最大的就是麦克博士。

为了找出有力的反驳证据，麦克做了很多实验。有趣的是，他在得到实验结果后，态度出现了180°转变。

这是因为他在实验中发现，当植物被撕下一片叶子或受伤时，会产生明显的反应。于是，麦克大胆地提出了更进一步的观点：植物具备心理活动。

麦克认为，植物会思考，也会体察人的各种感情。他甚至认为，可以按照不同植物的性格和敏感性对植物进行分类，就像心理学家对人进行的分类一样。

这又引发人们对植物情感研究的兴趣更趋浓厚。科学家们开始探索"喜怒哀乐"对植物究竟有多少影响。为了能更彻底地了解植物如何表达"感情"的奥秘，日本中部电力技术研究所的岩尾宪三和其同伴，特意制造出一种别具一格的仪器——植物活性翻译机。

这种仪器非常奇妙，只要连接上放大器和合成器，就能够直接听到植物的声音。研究人员根据对大量录音记录的分析发现，植物似乎有丰富的感觉，而且在不同的环境条件下会发出不同的声音。

例如，有些植物的声音会随着房间中光线明暗的变化而变化，当它们在黑暗中突然受到强光照射时，能发出类似惊讶的声音。有些植物遇到变天、刮风或缺水时，会发出低沉、可怕和混乱的声音，仿佛表明它们正在忍受某种痛苦。

在研究植物感情的过程中，科学家们发现了越来越多的有趣问题，于是，一门新兴的学科——植物心理学便由此诞生了。现在，在这门学科中，还有无数值得深入了解的未知领域，等待着科学家们去探索、去揭晓。

植物与人类的感情

苏联科学家维克多做过一个有趣的实验。

他先用催眠术控制一个人的感情,并在附近放上一盆植物,然后用一个脑电仪,把人的手与植物叶子连接起来。

当所有准备工作就绪后,维克多开始说话,说一些愉快或不愉快的事,让接受试验的人感到高兴或悲伤。这时,有趣的现象出现了。植物和人不仅在脑电仪上产生了类似的图像反应。

而更使人惊奇的是,当试验者高兴时,植物便竖起叶子,舞动花瓣;当维克多在描述冬天寒冷,使试验者浑身发抖时,植物也出现相应的变化,浑身的叶片会沮丧地垂下"头"。

植物的"乐感"

我们现在经常能够看到或听到有关于科学家用用音乐来刺激植物生长的报道,这说明植物是有"乐感"的。

有一位科学家每天早晨都为一种叫加纳菇茅的植物演奏25分钟音乐,然后在显微镜下观察其叶部的原生质流动的情况。结果发现,在奏乐的时候原生质运动得快,音乐一停止即恢复原状。

他对含羞草也进行了同样的实验,发现听到音乐的含羞草在同样的生长条件下比没有听到音乐的含羞草高1.5倍,而且叶和刺长得满满的。

另外,还有科学家在经过反复的试验后发现,大多数的植物都喜欢听古典音乐,而对爵士音乐却不太喜欢。

美国科学家史密斯对着大豆播放"蓝色狂想曲"音乐,20天后,每天听音乐的大豆苗质量要比未听音乐的大豆高出1/4。

二十四、植物分辨上下的本领

我们看到植物中大多数都是茎部向上、根向下生长的。即使我们有意将它们倒置,过不了多久它们的根仍会向下弯曲,而茎又向上弯曲生长了。

难道说植物具有分辨上下方向的本领吗?许多植物生理学家一直感兴趣的问题。

牛顿万有引力的发现,给植物学家带来启发,人们认识到,地球的吸引力是影响植物生长方向的重要因素。

著名生物学家达尔文曾观察到,植物的根和芽在改变生长方向时,各部位细胞的生长速度是不同的。但达尔文并没有给出出现这种不同的原因。

1926年,美国植物生理学家弗里茨·温特第一次发现了植物生长素的秘密。他通过实验证明植物的生长素总是爱聚集到遮荫的一侧,因而使植物的遮荫部分生长加快;而相对缺少生长素的受光部分则生长较慢,这就导致植物发生弯曲。

温特还指出,植物茎叶的弯曲是由生长素在组织内分布不均造成的。植物的生长素在重力作用下会向植物下部积累,使植物的根向下长、茎向上长。

温特的发现,吸引了众多科学家竞相对植物生长素展开研究。美国俄亥俄州立大学的植物学家迈克尔·埃文斯和他的同事在研究中还获得了意外的收获。他们发现植物在弯曲生长的过程中,无论根冠下侧还是芽的上侧,都含有大量的无机钙。由此,他们提出一个新理论:无机钙在植物生长方向上起举足轻重的作用。对此,埃文斯是这样解释道,根冠中有极为丰富的含淀粉体的细胞,淀粉体在贮存淀粉的同时也贮存大量无机钙。在重力的作用下,淀粉体会把内部贮存的钙送到根冠下侧,使根向下生长。

当然了,这些研究结果都证实了一点,那就是植物根下、茎上的生长方式与地球重力是密切相关的。

二十五、植物的自卫术

在人们的想象中,植物生来就是供人类及其他动物吃、穿、用的,丝毫没有什么抵抗或自卫能力。可是,你知道吗？通过长期的自然选择和人工培育,很多植物都练就了一套抗寒、抗涝、抗旱、抗盐和抗病的本领；而有的却有祖传的自卫能力。

对植物自卫能力的研究,有着巨大的潜在实用价值,它为我们提供了掌握植物进化方式的一些重要线索。

理化防御法

化学防御法

美国科学家通过多年考察后发现,某些柳树在当地毛虫即将来袭以前,叶片中会分泌出一种生物碱,使叶子变得异常苦涩,难以下咽；同时还会产生一种使毛虫无法消化的蛋白质。于是,以此为生的毛虫被饿得"头昏眼花",寒风一吹,便滚落在地,一命呜呼了。

有一种长在沙漠中的灌木,叶片中含有酚树脂,能和植物蛋白质及淀粉形成动物不易消化的络合物。贪吃的动物见了这种灌木,只得摇头离去。

槭树和橡树在遭受虫害后叶片中单宁酸含量大增,昆虫只有另寻新叶。

雏菊和毛茛可产生一种对昆虫有毒的多重氮乙烷。

胡萝卜则产生一种呋喃香豆素,以破坏昆虫细胞中的脱氧核糖核酸,这样昆虫就不敢来犯了。

甘蓝、芥菜等能合成各种细菌、昆虫及动物讨厌的芥子糖苷,来犯者闻到后,只好退避三舍。

野生马铃薯遭到蚜虫侵害时,便散发出一种酷似害虫用来发警报信号的化学物质,从而把蚜虫吓跑。

生长在南美洲原始森林里的马勃菌,如果人不小心碰着它,它会像炸弹一样爆炸,冒出一股浓烟,弄得人咳嗽、流泪,喉咙奇痒难受。

最奥妙的是,科学家们发现落叶松、太平洋水松、美洲梅中含有保幼酮,昆虫吃了会变成既不像虫又不像蛹的怪物,从而导致昆虫死亡。

日本科学家发现蕨类和万年青等植物中含有大量类似蜕皮激素的物质,昆虫吃了就会加速蜕皮,提早化蛹,最后因发育不良而死亡。

物理防御法

玫瑰、仙人球、仙人掌等植物长了很多刺,这样和动物就不敢随便触动它们了。

仙人掌

稻、麦穗子上的长芒也能抵抗麻雀等鸟类的侵犯。

有的植物体上长了许多毛,这也是谋求自卫的有力武器。有人发现,谷物叶甲虫在毛状体密度较高的小麦品种上产卵要比密度较低的品种上少得多。叶蝉则会遭到棉花软毛的排斥。如果蚕豆甲虫或叶蝉等昆虫爬到蚕豆叶上,就会被下表面钩状毛牢牢地缠住,以致饿死。

英国科学家发现,野生的玻利维亚马铃薯能靠叶子的茸毛分泌一种粘胶来捕捉害虫。用这种野生马铃薯和英国的一种马铃薯杂交得到的一种新品种,如果蚜虫、螨、蓟马和某些甲虫去伤害它,就会被叶子上的胶液粘住而送命。

理化防御法的结合

虽然单独使用物理防御法或化学防御法的植物很令人惊奇,但其实最厉害的要算那些能把物理武器和化学武器结合起来使用的植物。

例如各种蝎子草和荨麻科植物,它们的叶子背面布满了含有蚁酸、醋酸、酪酸等混合毒液的刺毛,如果人和动物的皮肤碰到刺尖,这些刺毛便扎进皮肉,把管子里的毒汁随即注入,好像被蝎子或马蜂蜇一样难受,并且久久不能消肿。

伪装躲避法

有些植物长出不同形状的叶子,造成一种模糊的外表,从而在敌人面前蒙混过关。

有的植物喜欢和其他植物混生在一起,而这些植物所产生的特殊气味能使某些昆虫不愿接近,从而免遭侵食。

喜马拉雅山上有一种"眼镜草",其样子活像一条昂首吐舌的眼镜蛇,使"敌人"望而生畏,而它却达到生存的目的。

第二章　植物的生长地带

植物的生长地带十分广泛,由于其生活习性不同,致使同种植物生活在不同的地方就有不一样的特点。植物的适应能力极强,在不同的地方可以适应不同的生存环境。本章将带你走进神秘的植物生长地带。

一、森林

森林是植物分布最密集的区域,各种植物群落覆盖着地球上一个很大的面积,对气候调节起着重要的作用。植物的呼吸过程是一个消耗二氧化碳释放氧气的过程,对于动物来说,这是个很关键的生态环节,同时也是水流调节、土壤巩固不可缺少的物质条件,在地球生物圈中占据着不可替代的位置。

森林包括乔木林和竹林

俄国林业专家 G·F·莫罗佐夫 1903 年提出森林是林木、伴生植物、动物及其与环境的综合体。森林群落学、地植物学、植被学称之为森林植物群落,生态学称之为森林生态系统。在林业建设上森林是需保护、发展,并可再生的一种自然资源。对于人类来说,其生态效益、经济效益与社会效益都是很大的。

森林作为一个庞大的地表生物群落,其主体生物就是树木。森林里的物种极其丰富,结构复杂,其功能也是数之不尽。森林与所在空间的非生物环境有机地结合在一起,构成完整的生态系统。森林是地球上最大的陆地生态系统,是全球生物圈中重要的一环。它是地球上的基因库、贮碳库、蓄水库和能源库,森林所提供的这些资源和环境是人类赖以生存的物质基础。森林对地球上整个生态系统的平衡有着举足轻重的作用。

如今,中国境内的原生森林已经为数不多了,其中很大一部分都在东北、西南天然林区。按森林外貌划分,针叶林和阔叶林面积约各占一半,前者占49.8%,后者占47.2%,其余3%为针阔叶混交林。

中国的针叶林分布范围很广,但地带性的针叶林却主要分布在东北地区、西南两隅以及西南、西藏东南的亚高山。其余的则多为次生性针叶林,如各种次生松林,更多的是人工营造而成,如杉木林等。在这些针叶林中,由于植物种类丰富,从而为很多动物提供了很好的栖息与避难场所,使这里的动植物种群异常庞大。

森林的价值

郁郁葱葱的森林为地球默默奉献了数亿年,它是自然界一笔巨大而珍贵的"绿色财富",其价值也是无法估量的。人类祖先最初就是生活在森林里的,他们靠采集野果、捕捉鸟兽为食,用树叶、兽皮做衣,在树枝上架巢做屋。人类的起源和发展都离不开森林,这里是人类的老家。

直到现在,人类生产生活所需的很多原材料仍然是从森林中获取的。人类造房子、开矿山、修铁路、架桥梁、造纸、做家具……都离不开木材,森林为数百万人提供了就业机会。中国和印度使用药用植物已有5000年的历史,今天世界上大多数的药材仍旧依靠植物和森林取得。

应该说,森林就像大自然的调节师。它保持了自然界中空气与水循环的平衡,对地球气候的影响也很深远,使土壤不受风雨的侵害,缓解环境污染带来的危害。

森林在大自然水循环的过程中发挥着重要的作用,因为它涵养水源的能力很强。"青山常在,碧水长流",树总是同水联系在一起。降下的雨水,一部分被树冠截留,大部分落到树下的枯枝败叶和疏松多孔的林地土壤里被蓄留起来,有的被林中植物根系吸收,有的通过蒸发返回大气。森林植被茂密,能防止水土流失,还能防风固沙。当遇到大风时,庞大浓密的树冠能使风力大大减弱,风速减小,同时又长又密的树根能牢牢抓住土壤,不让它被大风吹走。大雨降落到森林里,渗入土壤深层和岩石缝隙,以地下水的形式缓缓流出,就不会冲走土壤。

二、神秘的热带雨林

地球上神秘的热带雨林主要分布于赤道附近,具体位置是南北纬5°~10°以内的热带气候区。这里全年高温多雨,没有显著的季节变化,常年平均气温都在25℃~30℃之间,最冷月的平均温度也在18℃以上,极端最高温度多数在36℃以下。年降水量一般都在2000毫米以上。甚至还会达到6000毫米,全年雨量分配均匀。气候常年湿润,空气相对湿度在90%以上。热带雨林是热带雨林气候及热带海洋性气候的典型植被。

热带雨林生态

热带雨林也是一个森林种类,只不过它的构成要比一般意义上的森林更复杂，也更茂盛。进入到热带雨林之中，你仿佛来到了一个神话世界。在这里抬头不见蓝天，低头满眼苔藓，热带雨林内密不透风、潮湿闷热，脚下到处湿滑。这里光线暗淡，蛇虫出没，人们在其间行走，不仅困难重重，而且也很危险。但在这冒险的旅途中，你会发现热带雨林简直就是个生物乐园，这里的很多植物和动物都是陆地上其他地方见不到的，而且要比人们平时所见的动植物神奇很多。

热带雨林分布的地区年降雨量很高，通常高于1800毫米，有些地方达3500毫米。这里无明显的季节变化，白天温度一般在30℃左右，夜间约20℃。

雨林地区的地质形态复杂多变，从散布着岩石小山的低地平原，到溪流纵横的高原峡谷，多样的地貌造就了形态万千的雨林景观。热带雨林中植物种类繁多，其中乔木具有多层结构。上层乔木高过30米，一般都是典型的热带常绿树和落叶阔叶树。乔木的树皮薄而光滑，颜色很浅，树基常有板状根，老干上可长出花枝。热带雨林里有很发达的木质大藤本和附生植物，叶面附生某些苔藓、地衣，林下有木本蕨类和大叶草本。

典型代表

与世界上的同类地形相比，亚马孙平原地区的热带雨林发育的是最完善和典型的，而且其分布面积也是最大的。这是由于亚马孙平原所在的地理位置和地形结构，使它具有特别有利于该类型发育的气候条件，另一方面也与它发育历史悠久、在形成过程中自然地理条件相对比较稳定有关。南美的热带常绿雨林一般也称为希列亚群落，其植物种类成分极其丰富，而且相互杂生，很少形成纯林，其中三分之一是南美特有种。它们生长绵密无间，植物终年葱绿繁茂。乔木、灌木以及草本、藤本、附生植物组成的多层次郁闭丛林，一般有4~5层，多者可达11~12层，树冠呈锯齿状，参差不齐。很多乔木就是为了能接触到更多的阳光而拼命往上长,树干基本上不会有分支,有些乔木能长到80~100米。

典型土壤与动物

砖红壤和有灰化现象的红壤是热带常绿雨林中发育典型的土壤。其中砖红壤的排水性很好,一般分布在地势比较高并且雨季较少的地区。而灰化红壤一般分布在各季节降水丰沛、森林郁闭、草本植被缺乏的地区。

雨林中的动物的一个特点是种类繁多,其中主要是小型、树栖等类型的动物。另一特点就是种类多而单种个体较少。尤其是雨林中的昆虫,人们很容易在雨林中找到100种不同的昆虫,而很难找出100只同种类的昆虫。科学家们断定,雨林中仍然有很多昆虫没有被人们发现或认识到。

大象、河马等大型动物一般仅活动于雨林边缘或稍开阔的河谷地区。

热带雨林是人类乃至整个地球上所有生物不可或缺的生存条件,其一旦从地球上消失,地球上的气候就会发生很大的变化,使得很多生物无法适应新的环境而走向灭绝,对于每一个种群来说无疑是一个毁灭性的打击。目前,全世界都在为保护热带雨林而努力,中国的雨林面积虽然不大,但同样可以为保护雨林尽一分力,比如,中国为保护雨林而大声疾呼,倡议杜绝使用由雨林资源制造的产品,相信经过人类的共同努力,地区上这道美丽的风景线会永远保持原有的魅力。

三、红树林

红树林是热带地区特有的一种海岸带植物群落,因主要由红树科的植物构成而得名，包括的物种有草本、藤本红树等。红树林一般分布在海洋与陆地相交的浅滩地带，是由陆地向海洋过渡的一个特殊生态系统。

红树林的生态效益

地球上物种多样化特征明显的生态系统并不是很多，而红树林就是少数中的一种，它的生态资源很丰富，例如，中国广西山口红树林区有111种大型的底栖动物，104种鸟类，133种昆虫。广西红树林区还有多种藻类，其中4种为我国新纪录。这是因为红树以凋落物的方式，通过食物链转换，为海洋动物提供了良好的生长发育环境，同时，由于红树林区内潮沟发达，吸引深水区的动物来到红树林区觅食栖息，生产繁殖。红树林地处亚热带或温带，而且有丰富的鸟类食物资源，因此，这里不仅是候鸟冬季的生活场所或迁徙的中转站，还是各类海鸟觅食栖息、交配繁殖的理想场所。

红树林

红树林还有一个重要的生态功能，它能防风、消浪、化瘀、保滩、固岸、护堤、净化海水和空气等。盘根错节的发达根系能有效地滞留陆地来沙，减少近岸海域的含沙量；茂密高大的枝体宛如一道道绿色长城，有效抵御风浪袭击。1958年8月23日，福建厦门曾遭受一次历史上罕见的强台风袭击，12级台风由正面向厦门沿海登陆,随之产生强大而凶猛的风暴潮,几乎吞没了整个沿海地区,人民生命财产损失惨重。在距离厦门不远的一个乡镇的海滩上,由于有高大茂密的红树林的保护,这里的堤岸和农田村舍几乎没有什么损失。但凡是堤外分布有红树林的地方,海堤就不易冲垮,经济损失也会随之大幅下降。很多人从实际的例子中认识到红树林就是他们的保护神。

红树林的生态适应性

红树林有一个很奇怪的特征就是"胎生现象",即很多红树植物在母体中的时候就能在果实中开始萌发,长成棒状的胚轴。胚轴发育到一定程度后脱离母树,掉落到海滩的淤泥中,几小时后就能在淤泥中扎根生长而成为新的植株。即使还来不及扎根生长就被吹到大海中随着海水漂泊,几个月后飘到几千里以外的海岸还能扎根生长。

红树林最引人注目的就是发达的支柱根,这种特殊的根自树干的基部长出,牢牢扎入淤泥中形成稳固的支架,使红树林可以在海浪的冲击下屹立不动。这些根系不但支持着植物本身,还保护着这个海岸不受风浪的破坏,因此人们有把红树林称为"海岸卫士"。

由于红树植物经常处于被海水浸泡的状态,使之不能接触空气进行呼吸,因此很多植物就形成了呼吸根,呼吸根外表有粗大的皮孔,内有海绵状的通气组织,满足了红树植物对空气的需求。到了海水退去的时候,各种各样的支柱根和呼吸根就会露出地面,纵横交错,使人难以通行。

泌盐现象——热带海滩阳光强烈,土壤富含盐分,红树植物多具有盐生和适应生理干旱的形态结构,植物具有可排出多余盐分的分泌腺体,叶片则为光亮的革质,利于反射阳光,减少水分蒸发。

我国红树林分布情况

我国红树林共有37种,分属20科、25属。主要分布于广西、广东、海南、台湾、福建和浙江南部沿岸。

印度洋海啸再一次向人类敲响了警钟。专家指出,人类必须吸取教训,提高防灾意识,除加强沿海地区的防波堤建设外,应尽快恢复沿海的红树林。红树林是公认的"天然海岸卫士",树木抵消波浪的作用非常大。现如今,我国已经认识到红树林的重要意义并开展了很多保护工作。国内90%以上的红树林都已经被纳入了保护范围。据中国生态学会红树林学组执委会介绍,我国目前已建立了以红树林为主要保护对象的海南东寨港、广西山口、深圳福田等5个国家级保护区。海南东寨港、广西山口、广西北仑河口、深圳福田、香港米浦和台湾淡水等红树林湿地还被列入了国际主要湿地名录。为了人类以及其他生物的生存和各种族的延续,红树林应该被完好地保留下来,给地球的接班人留一个优美的环境和宜人的气候。

红树林的保护工作

红树林被列为我国的保护物种,近年来,先后建立了一大批国家级、省级、县级红树林保护区,并为此制订了相应的法律法规。然而,受10多种国家和地方法律、法规保护的红树林并未幸免于难。近40年来,特别是最近10多年来,由于围海造陆、围海养殖、砍伐等人为因素,我国红树林面积由40年前的4.2万公顷减少到1.46万公顷,不及世界红树林面积170亿公顷的百万分之一。

四、辽阔的草原

草原是一种多功能的土地类型,可分为热带草原、温带草原等多种类型。草原上生长的多是草本和木本饲料用植物。草原是世界所有植被类型中分布最广的。

草原的分类

草原的一大特点是,连绵不绝的禾草覆盖植物组成了一个植被密集的区域。草原环境不利于高大植物的生长,但为禾草植物的生长提供了很好的环境。在地球表面,草原比其他任何一种植被的分布都要广泛。然而,这是因为人类对土地的利用已大大改变了天然植被,造成谷物、牧地等人为草原,这些地区需要某种形式的非自然重复侵扰,例如持续的栽培、密集放牧、焚烧或割刈。这里主要讲的是自然草原或者几乎自然的草原。

草原的含义有广义与狭义之分:广义的草原包括在较干旱环境下形成的以草本植物为主的植被,主要包括两大类型:热带草原和温带草原。狭义的草原则只包括温带草原,因为热带草原上有相当多的树木。根据生物学和生态特点,可将草原划分为四个类型:草甸草原、平草原、荒漠草原、高寒草原。草原上的植被很多都是天然的优良牧草,可以作为重要的畜牧业基地。另外,一些草原植被还有很高的药用价值,只要合理采收利用就能为人类带来很多效益。

草原的起源

最广阔的草原是介于环境梯度之间的生物群落,即在草原的两端分别有森林和沙漠。森林占据最有利的环境,那里水源充足,可让以乔木为主的高大密集植被生长和存活。沙漠分布在水源很缺乏的地方,无法保证植被的长久生存,而草原就在这两个极端的中间。

草原最初起源于全球气候干冷的时代,即地球新生代,与莽原、沙漠、灌丛地相似。禾草科本身在新生代早期才进化完成。草原最早出现的日期因地而异。在好几个地区,可在新生代化石中发现一系列植被类型,当时的气候逐步变迁。如在过去5000万年里,澳大利亚中部热带雨林相继被莽原、草原,最后被沙漠所取代。在某些地方,草原发展到接近现代规模的情况仅出现于200万年前极度干冷时期,即"冰期"。草原与相关植被类型之间通常会出现一种动态平衡。有的时候,干旱、火灾或者密集放牧有利于草原的形成,而在降水比较丰富和没有其他重大干扰的情况下则有利于木本植物的生长。如果影响植被种类形成的因素发生得过于频繁或出现严重的突变,就会导致整个区域植被类型的转变。

草原的植物

北美洲在被欧洲人侵占前,草原的分布是很广的,从西部的洛杉矶山脉到东部的落叶林都有分布。现在这片广阔地区里,仅有零星小片还保留在略似原先的状态环境下。最大中心区由混合草原组成,以针茅属、冰草属、格兰马草属、Koeleria 属等几个禾草种类为主。北方混合草原被以羊茅属和异燕麦属为主草原取代,西方被以格兰马草和野牛草为主的短草草原取代,东方被以大须芒草和小须芒草为主的长草草原取代。有很多种类型的草本植物与禾草共同出现,但没有灌木和乔木生长。

南美洲大陆地区的东南部分布着该洲面积最大的草原,有阿根廷的彭巴草原和乌拉圭与巴西的疏林草原。在彭巴草原的众多禾草中,针茅属是最多种多样的,而疏林草原中较常见的是雀稗属和须芒草属禾草。但是,现在这些地区的植被类型已经被近几百年的过度放牧和密集的火烧改变了。

非洲东部的草原环境是比较湿润的比萨赫勒环境,草原的类型比较多样化。在森林被摧毁之处,由狼尾草属或苞芽属组成的高草原发展起来,也可能在焚烧或被大象等食草动物啃食后无限期维持这种情况。在干燥的地方分布着三芒草属、金须茅属等其他禾草植被,而在相对比较寒冷的地方则有营草属的分布。

三齿稃草是澳大利亚各大气候比较干燥的草原的主要植被,丛生草的根部捕捉风沙,形成典型的圆丘。北方较湿的草原区以黄茅属和高粱属为主,米契尔草属广泛分布于季节性干燥地区,尤其是在东部断裂的黏土地区。其他禾草种类通常分布不多,但可能支配着某些地方。木本植物数量太多,让植被分布区不能被视为真正的草原。在家畜的密集放养之前,米契尔草原的植被类型是很单纯的,然而现在却被来自非洲的灌木刺槐大量入侵,造成一定的生态泛滥。

五、高山、陆地、极地植物

高山、陆地、极地植物顾名思义就是生长的环境为高山、陆地(受精过程中出现花粉管的植物才算是真正的陆生植物)、极地(生长于高于森林界限的高纬度地带)的植物。

具有代表性的高山植物有：垫状植物、苔状蚤缀、雪莲等。

由于高山特殊的地理环境，在高山上生长着一种体积矮小，茎叶多毛，匍匐着生长或者是像垫子一样铺在地上的植物，这就是所谓的"垫状植物"，这是适应高山环境的典型状态之一，这种植物一般都生长在海拔约为 4500~5000 米的高山地区。

雪莲

苔状蚤缀也是高山植物之一，它高 3~5 厘米，最高的也不超过 10 厘米。这种植物贴在地面上生长，能抵御大风的吹刮和寒冷的侵袭。它生长缓慢、叶子细小的特征也成了它能够适应高山缺水的恶劣环境的优势。

雪莲也是一种极具代表性的高山植物，雪莲的全身都长满了白毛，生长在海拔为 4800~5500 米的高山寒冻风化带。雪莲的身上生着厚厚的绒毛，可以抵御风寒，还能保持自身的体温，又有反射阳光辐射的功能，这也是它面对高山恶劣环境的一种独特的适应能力。

除了这些植物，还有许多的高山植物，它们都有着粗壮而坚韧的根系，在高山缺水的环境下，它们常从岩石的裂缝中吸取水分和养分，以适应高山恶劣环境下的生长需求。

陆生植物起源

关于陆生植物,许多人都有着错误的理解,认为只要是生长在陆地上的植物就是陆生植物,其实在受精过程中出现花粉管的植物才算是真正的陆生植物。能生长在陆地上的植物,除了陆生植物外,还包括一些本来是水生植物,后来转在陆地生活的植物。

原始的陆生植物生长结构比较单一,没有根,茎叶分化,植物体特别简单。已经灭绝的裸蕨植物只有茎叶和假根,但发展到今天的苔藓植物,都属原始陆生植物。关于陆生植物的起源,始终没有一个明确的定义,曾有人认为源于苔藓,苔藓则由绿藻演化而来,又有人认为褐藻起源于绿藻,而苔藓则由裸蕨退化而来。现在普遍认为苔藓植物和裸蕨很可能起源于同一祖先。但是现在仍没有找到化石证据,而且它们的祖先也可能保存不了化石,所以,关于陆生植物起源的结果还需进一步的分析和研究。

极地植物是指生长在高于森林界限的高纬度地带的植物,这些植物同寒带植物一样,生长周期短,这主要是受到温度的影响。这里常年低温,有低矮的草本植物、灌木与苔藓植物、地衣植物在这里共同生长。这样的植物一般都属叶小型植物,花多数呈红色,纬度越高,一年生植物越少,多年生植物越多。

北极和北半球亚寒带的植物一般多为灌木,除苔草属和禾本科之外,大部分是双瓶梅、草莓、日本薯蓣等属。而南极的植物,除亚寒带的植物外,还有蔷薇科、伞形科、十字花科、石竹科等属。极地植物很稀少。

据植物学家考察发现,南极洲的850种植物中只有3种开花植物属于高等植物,其他的植物都属于低等植物。

六、湿地

我们知道,湿地是陆地与水域之间的地带,这只是从狭义上来说的。湿地还有广义之说。它包括的区域也十分广泛。广义的湿地包括沼泽、滩涂、低潮时水深不超过6米的浅海区、河流、湖泊、水库、稻田等。

湿地概述

湿地的类型多种多样,通常分为自然和人工两大类。自然湿地包括沼泽地、泥炭地、湖泊、河流、海滩和盐沼等,人工湿地主要有水稻田、水库、池塘等。据有关资料显示,地球上共有自然湿地855.8万平方千米,占陆地面积的6.4%。

从湿地面积上来看,仅占地球表面面积的约6%。但是,它却为地球上20%的已知物种提供了生存环境,具有不可替代的生态功能。因此,湿地享有"地球之肾"的美誉。

中国湿地面积占世界湿地的10%,居亚洲第一位,世界第四位。在中国境内,从寒温带到热带、从沿海到内陆、从平原到高原山区都有湿地分布。一个地区,常常有多种湿地类型,同时一种湿地类型也常常分布于多个地区。

此外,由湿地的定义来讲,湿地还是位于陆生生态系统和水生生态系统之间的过渡性地带,在土壤浸泡在水中的特定环境下,生长着很多湿地的特殊植物。随着人类的发展,大量湿地被改造成农田,由于对湿地过度的资源开发和污染,使得湿地面积大幅度缩小,湿地物种也受到了严重破坏。

湿地功能

通过对湿地的了解，我们知道湿地的功能是多方面的。它不仅可作为直接利用的水源或补充地下水，又能有效控制洪水和防止土壤沙化，还能滞留沉积物、有毒物、营养物质，从而改善环境污染。它能以有机质的形式储存碳元素，减少温室效应，保护海岸不受风浪侵蚀，提供清洁方便的运输方式……正是因为湿地多种有益的功能，人们才将其称为"地球之肾"。

此外，湿地还是众多植物、动物，特别是水禽类的生长乐园，而且还为人类提供了丰富的食物（水产品、禽畜产品、谷物）、能源（水能、泥炭、薪柴）、原材料（芦苇、木材、药用植物）以及旅游场所。由此可见，湿地是人类赖以生存和持续发展的重要基础。

湿地植物

从功能上来讲，湿地有着强大的物质生产功能，而且还蕴藏着丰富的植物资源。七里海沼泽湿地是天津沿海地区的重要饵料基地和初级生产力来源。据初步调查，七里海在20世纪70年代以前，拥有水生、湿生植物群落100多种，其中具有生态价值的约40种。哺乳动物约10种，鱼蟹类30余种。芦苇作为七里海湿地最典型的植物，生长面积达7186公顷，具有很高的经济价值和生态价值。芦苇不仅是重要的造纸工业原料，还是农业、盐业、渔业、养殖业、编织业的重要生产资料，还能起到防风抗洪、改善环境、改良土壤、净化水质、防治污染、调节生态平衡的作用。此外，七里海的可利用面积约667公顷，年产河蟹2000吨，是著名的七里海河蟹的产地。

湿地植物被广泛地应用到污染处理方面,并且取得很好的效果。例如,水葫芦、香蒲和芦苇等被广泛地用来处理污水,用来吸收污水中浓度很高的重金属镉、铜、锌等。在美国的佛罗里达州,有人做了这样一个实验,将废水排入河流之前,先让它流经一片沼泽地。经测定发现,大约有98%的氮和97%的磷被净化排除了。由此可见,湿地清除污染物的能力是非常惊人的。

　　此外,在印度的卡尔喀塔市没有一座污水处理厂,而这个城市所有的生活污水都被排入东郊的一个经过改造的湿地复合体中。这些污水被用来养鱼,鱼产量每年每公顷可达2.4吨;也可用来灌溉稻田,每公顷年产水稻2吨左右。正是如此,卡尔库塔城东的湿地在处理生活污水的同时也能获得食物的事例已成为世界性的典范。

第三章　竞艳人间的花卉植物

一、花的世界

万事万物都有始终，只不过有一些来得轰轰烈烈，而有些来得默默无闻。花是美丽的仙子，飘然而至，给我们的世界增添了一道亮丽的风景线，给人们的生活带来了五颜六色的色彩，给世界带来了无限生机！

应时而生——花的起源

对于花，我们并不陌生，在我们日常生活中随处可见花的身影。它们不仅是我们生活中香味和色彩的来源，同时也是必不可少的点缀！许多植物都能开出鲜艳、芳香的花朵。这些花朵是植物种子的有性繁殖器官，可以为植物繁殖后代。花是由花冠、花萼、花托、花蕊（包括雄蕊与雌蕊）组成，颜色不一，有的花朵大，娇艳美丽，有的花朵小，但是香气浓，总之各具特色。

既然花能够带给我们这么多好处，和我们的生活也那么贴近，可是你了解花吗？你对花的知识知道多少呢？

1. 花的定义

德国著名的博物学家和哲学家歌德,是第一个为花下定义的人。18世纪90年代,他提出植物一切器官的共同性的观点和多种多样植物形态的统一性观点。他认为,植物的器官是统一的,是一种器官按不同功能的变态(指植物中的变异),于是他提出花是更适合于繁殖的变态枝。这一见解被认为是基本上正确的。当植物由营养生长转变为生殖生长时,茎尖的分生组织,不再形成叶原基和腋芽原基,而是形成花原基和花序原基。因此,从演化上看,花是变态的枝条,是不分枝的变态短枝,节间缩短,其上生着变态叶,以适应生殖功能的变态短枝。花最终发育成果实和种子,因此花是果实和种子的先导,花是植物鉴定的特征之一。

2. 花的起源

植物界中的显花植物出现在裸子植物与被子植物出现以后,因此花的起源与裸子植物、被子植物的进化是分不开的。裸子植物是种子植物中较低级的一类。它们具有颈卵器,是一种既属颈卵器植物,又能产生种子的种子植物。它们的胚珠外面虽然没有子房壁,不形成果皮,但种子是裸露的,因此被称为裸子植物。裸子植物是原始的种子植物,其发生发展历史悠久。最初的裸子植物出现在古生代,在中生代至新生代它们是遍布各大陆的主要植物。现代生存的裸子植物有不少种类出现于第三纪,后又经过冰川时期而被保留下来,并繁衍至今。

被子植物又称显花植物,是植物进化最后阶段出现的植物种类。对于被子植物而言,有明显的花和种子,它的种子藏在富含营养的果实中,果实为种子提供了生命发展良好的环境。部分显花植物的受精作用可由风来当传媒,大部分则是由昆虫或其他动物传播,这使得显花植物的分布更为广泛。被子植物在植物界中是最高级的一类,自新生代以来,它们在地球上占着绝对优势。

被子植物不仅种类多,而且适应性较广,这与它复杂而又完善的结构是分不开的,特别是繁殖器官——花的结构和生殖过程的特点,为被子植物提供了适应、抵御各种环境的内在条件,使它在生存竞争、自然选择的斗争过程中,不断产生新的变异,产生新的物种。所以,在花卉中,大部分花都是被子植物。

神秘之旅——花的形成

花起源于裸子植物与被子植物,但是花是如何在裸子植物或被子植物的植株上成花的呢?又是在植株发育到什么时候出现的呢?

植物生长发育到生殖阶段,茎干上部分或全部顶端分生组织停止发生营养叶,植株从无限生长变成有限生长,花可以在主茎的顶端或在侧枝的端上发生,或者两处都发生。许多植物的成花,也包含花序的形成。

生殖阶段开始时,体轴的迅速生长是最容易看到的现象,这在禾本科植物和具鳞茎的植物中特别明显。伸长的轴上产生单个花或1个花序。如果花是着生在分枝的花序上的,当加速产生腋芽时,也就接近成花了。

花形成的时期(或称为花芽的分化时期)以及方式是由植物内在的遗传基因决定的。植物只有完成营养生长,并在某种外界环境下,达到一定的生殖阶段时,才能形成花。植物生长到一定阶段后能否形成花,在大多数情况下,是由光照和温度等环境因素所决定的,许多植物对昼夜相对长度的变化(光周期)和温度有一定的需要范围。在这两种因素的综合影响下,进入生殖时期。

在顶端诱发成花的时候,原来营养茎端的分生组织细胞发生很大变化。这时细胞质明显变得浓厚,原来具有的大液泡,分散成为许多小液泡。其他细胞器,特别是线粒体数目大大增加,细胞的呼吸作用也得到增强。以后,小液泡又明显增多变大,且伴有细胞核的增大,核仁的体积也明显增大。这时顶端分生组织的细胞内,核糖核酸合成速度加快,随着新的核糖体的形成,总蛋白质数量也在增加。另外,由于早期受到成花因素的刺激,顶端分生组织的细胞分裂十分旺盛,有丝分裂指数随之骤然升高。

诱发期之后,也激起了脱氧核糖核酸的合成和进一步的有丝分裂活动。这样一来,细胞的数量明显增多,从而发生出花原基。上述这一发生过程,也就是人们通常所说的花形态发生时期。

在进入生长期后,顶端分生组织的形态改变相当显著。这些变化与营养阶段无限生长的停止和产生侧生附属器有密切关系。在营养生长时期,顶端分生组织在新的叶间隔期开始以前,向上生长和增宽。与之相反,在花发育时,顶端分生组织随着花器官的连续发生,面积逐渐减少。有些花在心皮发生以后,还存留一些数量的顶端分生组织,但是这些组织的活动却停止了;而有的植物,则是由顶端分生组织的顶端部分产生心皮。根据花的不同类型,花器官可呈螺旋顺序向顶端发生;或者某一种器官(例如花瓣)在同一水平上形成一轮或两轮,然后另一器官如雄蕊群,紧接着发生。

当花芽形成以后,如果不受外界环境的影响,花芽会慢慢地长大,然后直到开出美丽的花朵!在美丽的花朵绽放的那一刻,花儿的使命其实刚刚开始,它把最美好的一面展现给了人们。过了开花期就进入了凋落期,等它褪尽了华丽之后就把果实留在枝头,以此方式繁殖后代。它们就这样平凡地来平凡地去,把美好留给人类。

二、花的色彩

大自然中存在着多种多样的植物,这些植物的花也是千姿百态、万紫千红的。它们以自己斑斓的色彩点缀着如诗如画的大自然,也使我们的生活变得更加五彩缤纷。花靠着艳丽的色彩和特殊的气味吸引着人们的关注。色彩首当其冲,给人以最直接、最强烈的美感,让人难忘。花的色彩是花卉美的重要组成部分,热情似火的玫瑰、金黄灿烂的菊花、清丽洁白的兰花……

这些丰富的色彩是如何形成的呢?哪些因素影响着花的颜色呢?

我们知道,植物体是由植物细胞组成的。花作为植物体的一部分,也是由这种植物细胞组成的。花瓣看起来透明、娇嫩、鲜亮,就是细胞质里液泡在起作用。细胞液中都含有水溶性的植物色素花青素和不溶于水的类胡萝卜素、类黄酮这3种色素。这些色素与叶绿体内的葡萄糖融合后,会转变为糖苷。细胞液中的酸碱度则会令糖苷呈现出不同的颜色,从而使植物开出不同颜色的花。如花青素在酸性条件下呈红色,中性条件下呈紫色,碱性条件下呈蓝色。另外,糖苷在不同光照条件下会呈现不同的结构,从而产生不同的颜色。

花朵艳丽多彩,是由于液泡里3种色素的比重不同。这3种色素在不同的自然条件下,会调配出不同的比例,并互相作用,组合出花朵五彩缤纷的颜色。我们还经常能够看见白色或黑色的花朵,它们的颜色又是如何形成的呢?花瓣是由海绵状的细胞构成的,在这些细胞间的缝隙中,有许多细小透明的气泡,白色的花就是由这些微小的气泡组成的。黑色的花则可能是由于花瓣中窄长的细胞壁挤在一起,相互遮挡了光源,使色素处在黑暗的阴影中,从而显现出黑紫色、黑蓝色等颜色的花朵。

三、花的气味

春天,百花盛开。各种颜色的花卉不仅能给人以视觉上的享受,那不经意间飘来的阵阵芳香也常常使人沉醉其中。馥郁的花香使人精神兴奋,心情豁然开朗,并得到全身心的畅快感。这就是花香给人带来的美好感受。

花的香气也可分为许多种类型:醇香、馨香、芳香、幽香、雅香、清香、浓香……不同的花,香味也是不尽相同的。如桂花、米兰、玫瑰等为醇香型;丁香、槐花为馨香型;牡丹、月季为芳香型;兰花、玉兰为幽香型;栀子、茉莉为雅香型;梅花、菊花为清香型;蜡梅、含笑为浓香型等。这些浓淡不等的花香能带给人不同的感受。

当然,也有的花卉释放出的并不是芳香的气味。在热带的原始森林里,有一种巨大的莱佛西亚花,它15个月才开一次花,每次绽放7天。此花释放出的气体就像腐烂已久的东西散发出的异味,令人难以忍受。

无论是香味还是异味,花儿散发的气体都能对动物和昆虫起到诱惑或驱逐的作用。香气会吸引昆虫前来为其传播花粉,异味则可使一些意图伤害它们的动物或昆虫敬而远之。

鲜花绽放的时候,花蕊的花药和雌蕊的分泌液会释放出迷人的芳香气体。蜜蜂正是凭借花的香气而寻觅到美丽的花朵,为其传粉并采集花蜜。人类对花香的运用也十分广泛,将植物的精华采集起来作为香料。香水就是由这种香料中提取的香精制作而成。用花瓣制做出的糕点也十分香甜可口。

四、花的结构

当你看到各种各样的花朵时你会想到什么?是它们不同的色彩,或者不同的结构吗?那么你了解花的结构吗?不同的花在结构形态上是不是也不一样呢?

其实,一朵完整的花包括了6个基本部分,即花梗、花托、花萼、花冠、雄蕊群和雌蕊群。其中花梗与花托相当于枝的部分,其余四部分相当于枝上的变态叶,合称为花部。一朵四部俱全的花称为完全花,缺少其中的任意一个部分则称为不完全花。下图为花的总结构图:

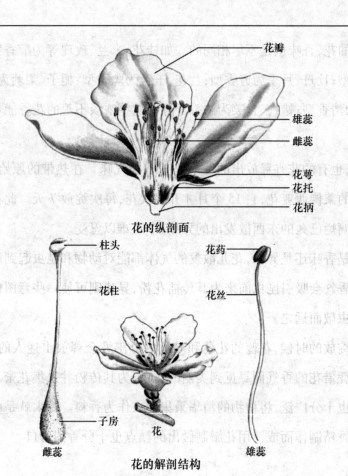

花的结构

由上面我们知道，花部包括花萼、花冠、雄蕊群和雌蕊群四个部分。那么，这四个部分都有什么特点与功能呢？

花萼

花萼在花的最外面，对花的其他部分起保护作用。可分成几个萼片，在形状和构造上十分近似叶子或苞片。绿色的萼片中含有叶绿体，表皮层上具有表皮毛，但很少像叶子那样分化出栅栏组织和海绵组织。花萼在形态学上被视为一种变形的叶子。萼片一般成轮状排列，但有些原始科，例如毛茛科为螺旋排列。它们也可成花瓣状,或与退化的花瓣结合在一起。萼片极度退化时,成为细齿、鳞片、刺毛或成小突起。受精后,花萼脱落或宿存,宿存的花萼对果实的发育有重要的保护作用。

花冠

　　花冠在花萼之内,通常可以分裂成片状,称为花瓣。花瓣一般比萼片大,在形态学中认为花瓣是一种叶性器官,花萼和花冠合称花被。花瓣的表皮层上,也可有气孔和表皮毛,花瓣的大小和形状有很大变化。有的花瓣很大,有的则相当细小,甚至退化成鳞片、刺毛或各种腺体。花冠除了对花蕊具有保护作用之外,花瓣的颜色和香味,对于吸引昆虫传粉同样起着重要作用。花冠之所以有各种鲜艳的颜色,是由于细胞中含有有色体和细胞液中的色素,并受细胞内、外各种因素变化的影响。有些风媒花的花被很不明显,呈绿色或接近无色。

　　根据花瓣分离或联合的情况、花冠下部并合而成花冠筒的长短,以及花冠裂片的形状与深浅等特征,可将花冠分为以下几个类型:筒状(向日葵的管状花)、漏斗状(甘薯)、钟状(桔梗)、轮状(番茄)、唇形(芝麻)、舌状(向日葵的舌状花)、蝶形(花生)和十字形(油菜)等。其中由于筒状、漏斗状、钟状、轮状和十字形花冠,其花瓣的形状与大小较一致,故这类花为辐射对称。而唇形、舌状与蝶形花冠,其花瓣形状、大小不一,呈两侧对称。也有些花的花是不对称的,如美人蕉的花。

雄蕊群

　　雄蕊群是指一朵花中全部雄蕊的总称。各类植物中,雄蕊的数目及形态特征较为稳定,常可作为植物分类和鉴定的依据。一般较原始类群的植物,雄蕊数目很多,并排成数轮;较进化的类群,数目较少,或与花瓣同数,或几倍于花瓣数。在一朵花中,如有四枚雄蕊,其中二枚花丝较长,二枚较短,称之为二强雄蕊,如唇形科和玄参科植物(二者均为双子叶植物菊亚纲的一科,多年生或一年生草本)。

又如一朵花中有六枚雄蕊,其中四枚花丝较长,二枚较短,称为四强雄蕊,十字花科植物是典型的一类。另外,雄蕊中花丝或花药部分,常有并连现象,假如花药完全分离,而花丝联合成一束的,称单体雄蕊,如蜀葵、棉花等;花丝并联成为两束的,称二体雄蕊,如蚕豆、豌豆等;花丝合为三束的,称三体雄蕊,如连翘;花丝合为四束以上的称多体雄蕊,如金丝桃和蓖麻等。相反,花丝完全分离,而花药相互联合,称聚药雄蕊。

雄蕊通常由花药和着生它的一个细的花丝组成,花药在花丝上的着生方式可分为以下几种:①全着药,花药全部着生于花丝上,如莲;②基着药,仅花药基部着生于花丝顶端,大多数被子植物雄蕊的花药着生属此类型;③背着药,花药的背部着生于花丝顶端,如油桐;④丁字着药,花药背部中央一点着生于花丝顶端,易于摇动,如小麦、水稻;⑤广歧药,药室完全分离成一直线,并着生于花丝顶端,如地黄;⑥"个"字药,药室基部张开,上面着生于花丝顶上。

通常情况下,每个花药由两个药瓣组成,每个药瓣有两个花粉囊,其中有花药壁和产生小孢子的药室(孢子囊)。花药壁到发育后期,可由表皮层、药室内壁、中(间)层和绒毡层等四层细胞组成。每个孢子囊中有许多小孢子母细胞,它们各自经减数分裂后,产生四个单倍体的小孢子。此后每个小孢子(核)又分裂一次,形成一个大的营养细胞(或称管核),和一个小的生殖细胞(核),这时具两细胞的花粉粒(即雄配子体)基本成熟。在成熟花药开裂以前,药室之间的分隔可能已破裂,四个孢子囊的花药即变成两个花粉囊。花粉粒即从开裂的花药中释放出来。花药开裂方式有:①纵裂,沿两个花粉囊的交界处纵行开裂,如油菜、牵牛花等;②横裂,沿花药中部横向裂开,如木槿、蜀葵等;③孔裂,在花药顶部具小孔状裂口,如茄、番茄等;④瓣裂,花药侧壁开裂成数瓣,如樟树、小檗等。

雌蕊群

一朵花中所有的雌蕊,总称为雌蕊群。雌蕊位于花的中心,由着生胚珠的心皮组成。一般认为心皮是组成雌蕊的基本单位,一朵花中可能有一个心皮或多个心皮组成雌蕊群。

心皮是叶子的变态。心皮包卷以后,相接部分所形成的一条缝线,称为腹缝线,而在相对的一边,即心皮的中肋处为背缝线。

由一个或多个心皮形成的雌蕊,常分化出子房以及子房上面不育的部分——花柱和柱头。

依据在花上着生情况的不同,子房可分为:上位子房的子房底部与花托相连,这种花称为下位花。如毛茛和金丝桃;下位子房的整个子房下陷于花托之中,并与花托完全愈合,这种花称为上位花,如南瓜;此外,还有半下位子房,子房的下半部与花托愈合,这种花称为周位花,如甜菜等;周位花的花托扩大成杯状或壶状,子房着生在中央,花被和雌蕊围着子房仍是上位子房,如桃花。

由此可见,周位花可以具有上位子房或半下位子房。此外,根据组成雌蕊的心皮数目和结合方式不同,又可将雌蕊划分为单雌蕊和复雌蕊两大类。单雌蕊又称离生心皮雌蕊,其中一朵花只有一个心皮构成的雌蕊,如大豆、桃等;也有的一朵花中有多数彼此分离的单雌蕊,如毛茛、草莓等;复雌蕊又称合生心皮雌蕊,由两个或两个以上的心皮联合形成,其中子房合生,花柱与柱头分离的,如蓖麻、石竹等;有子房与花柱合生,而柱头分离的,如棉花、向日葵等;也有子房、花柱和柱头三者全部合生,如油菜、柑橘等。如果从系统发育的观点看,单雌蕊是比较原始的类型。

柱头位于花柱的上端，其表面粗糙而带有黏液，这是接受花粉的地方。子房内着生一个或数个胚珠。胚珠着生的地方，称为胎座。胎座通常分为：①边缘胎座，单心皮、子房一室，胚珠着生在心皮的腹缝线上，如豆类；②侧膜胎座，由两个以上心皮构成的子房，胚珠着生于心皮的边缘，如油菜、黄瓜；③中轴胎座，由多心皮构成多室子房，胚珠生于子房的中轴部分，如棉花、柑橘；④特立中央胎座，由多心皮构成一室子房，胚珠着生在与子房壁分开的中轴上，如石竹科植物；⑤基生胎座，胚珠生于子房基部，如菊科植物；⑥顶生胎座，胚珠生于子房的顶部，如瑞香科植物。

胚珠由珠被和珠心组织组成。每个胚珠中，一般有一个大孢子母细胞，经减数分裂后，形成4个单倍体的大孢子，其中3个很快退化，只有1个大孢子经数次有丝分裂，产生多细胞的胚囊（即雌配子体）。

此外，花各部分的基部往往具有蜜腺，称为花内蜜腺。

一朵花，如果具有萼片、花瓣、雄蕊和雌蕊四部分，就可以称为完全花；若缺少其中一部分，则称为不完全花。一朵花中雄蕊和雌蕊都有，称为两性花；有些植物的花中只有雄蕊或雌蕊，这种花称为单性花。只有雄蕊的为雄花，只有雌蕊的为雌花，例如栎树和柳树花。如果雌花和雄花同在一株上，这种植株称为雌雄同株，例如栎树；如果雌花与雄花各自着生在不同的植株，则称为雌雄异株，例如柳树。有的植物在同一株中可以有两性花，或者同时具有雄花，或者同时具有雌花，而有的种，既有两性花的植株也有雌花植株与雄花植株，如猕猴桃。

坚强后背——枝部

在花朵的下部是和花枝相连的地方，此部分包括花梗和花托。那什么是花梗与花托呢？顾名思义，就是指能支撑花朵的主要组成部分，它是花的坚强后背。

1.花梗

花梗是指在每一朵花下面生出的小枝，一方面它可以支撑花，使花向各处展开；另一方面将各种物质由茎传运至花中，以达到汲取营养的目的。

花梗也称花柄，多为绿色，不同植物，花梗长短也不同，是花朵和茎相连的短柄。花梗长短视不同植物种类而异，例如垂丝海棠的花梗很长，而贴梗海棠的花梗相对较短，有些植物的花甚至没有花梗。花梗有分枝的，也有不分枝的。分枝的花梗称小梗，顶端着生一花。一般花梗的结构和茎的结构极为相似。

2.花托

花托指的是花与茎连接的部分，由节与节间组成，是节上着生花的附属物。这些节往往由于节间的缩短和受抑制而紧密地拥挤在一起，导致花托明显变形，因此在形状、大小和结构上并不像茎。

右图中白色花苞与花梗之间的绿色部分即为花托。

花托上所着生的不育部分（苞片、萼片、花瓣）可螺旋或轮生地紧密排列在一起。轮生排列时，上下轮之间，常成交替的排列。有些植物的同一类器官，例如花瓣，可形成两轮或多轮（重瓣花），如重瓣的茉莉花和碧桃花。

由以上我们可以清楚地了解到花的各个部分的结构及其作用。其实，我们所介绍的花的结构只是众多花中的一种，不同的研究者对花的结构分类也不一样。但是无论怎么分，花的主要结构仍然是这6个部分，缺少其中的任何一个部分都是不完整的。所以，在认识花的结构这一过程中，我们要学会用辩证的眼光去看问题。

五、花的种类

在花卉的世界里,无论是从颜色上还是从名字上来说都让人眼花缭乱。那么,面对众多的花卉,我们是不是没办法将它们分门别类呢?肯定不是。无论花卉有多少种,都属于植物大家庭的一员。因此我们可以根据不同植物的不同特点,将它们一一归类。总体而言,花卉可以分为四大类:草本花卉、木本花卉、观叶植物与多浆花卉。

美若西施——草本花卉

有些花卉的茎,木质部不发达,支持力较弱,称草质茎。具有草质茎的花卉,就叫作草本花卉。虽然草本花卉的茎部支撑能力较弱,但是草本花卉却是一种比较美丽的花,宛如古代的美人——西施!

草本花卉中,按其生长期长短不同,又可分为一年生、二年生和多年生几种。一年生草本花卉,生命期在一年以内,当年播种,当年开花、结果,当年死亡。如一串红、太阳花等。

1.一年生草本花卉

(1)一串红

一串红,别名爆竹红、炮仗红等,一年生草本花卉;茎高约80厘米,光滑;叶片卵形,顶端渐尖,基部圆形,两面无毛;花呈小长筒状,颜色红艳,轮伞花序。花开时因总体像一串串红炮仗,故又名炮仗红。苞片卵圆形,花萼钟形,绯红色,冠筒伸出萼外,外面有红色柔毛,筒内无毛环;雄蕊和花柱伸出花冠外。花谢后有小坚果,呈卵形,花期7~10月。原产巴西,目前在我国各地广泛栽培,是优良的园景植物之一。

(2)太阳花

太阳花别名半支莲、松叶牡丹、大花马齿苋等,一年生草本花卉;高10~15厘米,茎细而圆,平卧或斜生,节上有丛毛;叶散生或略集生;花顶生,基部有叶状苞片,花瓣颜色鲜艳,有白、黄、红、紫等色;蒴果成熟时盖裂,种子小巧玲珑,银灰色。品种很多,有单瓣、半重瓣、重瓣之分,原产南美巴西,目前在我国各地均有栽培。太阳花不仅花色丰富、色彩鲜艳,而且还具有良好的景观效果;它生长强健,便于管理,虽然是一年生草本花卉,但自播繁衍能力很强,大多也能够达到多年观赏的效果,是非常优秀的景观花种。

2.二年生草本花卉

二年生草本花卉,生命期为两年,一般是在秋季播种,到第二年春夏开花、结果,然后直至死亡。如:金鱼草、金盏花、三色堇等。

金鱼草

金鱼草别名龙头花、狮子花、洋彩雀,二年生草本花卉;株高20~70厘米,叶片长圆状披针形;总状花序,花冠筒状唇形,基部膨大成囊状,开展外曲;有白、淡红、深红、肉色、深黄、浅黄、黄橙等色。金鱼草对水量的要求比较高,盆土必须保持湿润,盆栽苗必须充分浇水,但盆土排水性要好,不能积水,否则根系易腐烂,茎叶枯黄凋萎。金鱼草原产地为地中海一带,后来被各国广泛栽培,主要用于盆栽和布置花坛。

3.多年生草本花卉

多年生草本花卉,生命期在二年以上,它们的共同特征是有永久性的地下部分(地下根、地下茎),常年不死。但它们的地上部分(茎、叶)却存在着两种类型：有的地上部分能保持终年常绿，如文竹、四季海棠、虎皮掌等；有的地上部分，是每年春季从地下根部萌生新芽，长成植株，到冬季枯死，如美人蕉、大丽花、鸢尾、玉簪、晚香玉等。由于多年生草本花卉的地下部分始终保持着生活能力，所以又概称为宿根类花卉。

（1）四季海棠

四季海棠为秋海棠科秋海棠属，多年生草本植物，又称秋海棠、虎耳海棠、瓜子海棠。茎直立，稍肉质，高25~40厘米，有发达的须根；叶卵圆至广卵圆形，基部斜生，绿色或紫红色；雌雄同株异花（同一株植物上既有雌花，又有雄花），聚伞花序腋生；花色有红、粉和白色等，单瓣或重瓣，品种甚多；四季海棠喜阳光，稍耐阴，怕寒冷，喜温暖，适应稍阴湿的环境和湿润的土壤，怕热及水涝，夏天要注意遮阴、通风和排水，一般为春秋两季栽培。原产巴西，现在我国各地均有栽培。因为四季海棠具有株型圆整、花多而密集、极易与其他花坛植物配植、观赏期长等优点，所以主要用来做花坛布置，并且越来越受到人们的欢迎。

（2）大丽花

大丽花又叫大丽菊、天竺牡丹、地瓜花、大理花等，菊科多年生草本；大丽花具有粗大锤状肉质块根，株高因品种不同而有高低；叶对生，叶片卵形，锯齿粗钝；花长于梗顶，大丽花的花期较长，因此受到大众的欢迎。从秋天到春天，连续发花，每朵花可延续1个月左右，花期差不多能够持续半年，在我国南方春季2~6月间开放。它的花形同国色天香的牡丹相似，色彩瑰丽多彩，惹人喜爱。

大丽花是墨西哥的国花，我国吉林省的省花，河北省张家口市的市花，绚丽多姿的大丽花象征大方、富丽，大吉大利。今天，它的身姿已遍布世界各国，成为庭园中的常客，是中外闻名的观赏花卉。

（3）鸢尾花

鸢尾花别名紫蝴蝶、蓝蝴蝶、乌鸢、扁竹花等，多年生草本花卉；高约30~50厘米，根状茎匍匐多节，根茎粗并且节短，浅黄色；叶为渐尖状剑形，淡绿色，基部互相包叠；春至初夏开花，总状花序1~2枝，每枝有花2~3朵；花蝶形，花冠蓝紫色或紫白色,花期4~6月,果期6~8月;花从叶丛中抽出,有蓝、紫、黄、白、淡红等色。鸢尾花叶片碧绿青翠,其花型大而美丽,宛若翩翩彩蝶,是庭园中的重要花卉之一,也是优美的盆花、切花和花坛用花。它原产于中国中部及日本,现在主要分布在我国中部、西南和华东一带。

(4)晚香玉

晚香玉为石蒜科多年生草本,高80厘米左右,叶基生,披针形,基部稍带红色;穗状花束顶生,每穗着花12~32朵,自下而上陆续开放,花白色,漏斗状或淡紫色,有芳香,夜晚香气更浓,因而得名;白花种多为单瓣,香味较浓;淡紫花种多为重瓣,每花序着花可达40朵左右。

露地栽植通常花期为7~11月上旬,而盛花期为8~9月,为夏季切花种类。由于其香味浓烈,花茎细长,线条柔和,栽植和花期调控容易,因而是非常重要的切花之一,另外还是花束、插花等应用中的主要配花。

晚香玉原产南美,在其原产地为常绿草本,气温适宜则终年生长,四季开花,但尤以夏季最盛;而在我国则为露地栽培时,由于大部分地区冬季严寒,故只能作春植球根栽培,春季萌芽生长,夏秋开花,冬季休眠。

形似贵妃——木本花卉

木本花卉与草本花卉不同的是它的茎部为木质,并且比较发达,支撑能力比较好,所以称为木质茎。另外,木本花卉的体态比较大,由于很多具有浓郁芳香气味的花卉差不多都属于这一类型,因此就把木本花卉比作是古代的美人杨贵妃。木本花卉主要包括乔木、灌木、藤本三种类型。

乔木花卉

乔木花卉的主干和侧枝有明显区别,由于植株较其他花卉高大,所以多数不适于盆栽,其中少数花卉如桂花、白兰、柑橘等可作盆栽。木本花卉除了这几种外,还有米兰、玫瑰、山茶等。

(1)桂花

桂花为木樨科木樨属,常绿乔木,为我国十大传统名花之一。桂花树高可达15米,树冠可覆盖400平方米。桂花分枝性强且分枝点低,密植或修剪后,则可成明显主干。树皮粗糙,呈灰褐色或灰白色,有时显出皮孔。其叶面光滑,革质,椭圆形。

桂花性喜阳光好温暖、耐高温、不怕霜冻,喜欢生长在通风良好的环境里。适宜生长于土层深厚,排水良好,富含腐殖质的偏酸性沙壤土,忌碱性土和积水。树龄较长,最长可达1000多年。其品种有金桂、银桂、丹桂、四季桂花等。它的花期甚长,从中秋节到翌年3月底陆续开放,供大家观赏闻香,深受人们喜爱。它姿态端庄挺秀,枝叶婆娑,枝干苍劲铁骨,斑驳古媚;花开时节,金粟万点,香气怡人。

桂花在我国大部分地方都有种植,主要分布在四川、云南、广西、广东和湖北等省。

(2)米兰

常绿灌木或小乔木,多分枝,幼枝顶部具星状锈色鳞片,后脱落;奇数羽状复叶,互生,叶子呈倒卵形至长椭圆形,两面无毛,全缘,叶脉明显;圆锥花序腋生,花黄色,极香;浆果,卵形或球形,有星状鳞片;种子具肉质假种皮,花期7~8月,或四季开花。

喜温暖湿润和阳光充足的环境,不耐寒,稍耐阴,土壤以疏松、肥沃的微酸性土壤为最好,冬季温度不低于10℃。原产亚洲南部,广泛种植于热带地区,中国福建、广东、广西、四川、云南均有分布,北方多数为盆栽。

(3)玫瑰花

玫瑰花,蔷薇科蔷薇属直立灌木;茎丛生,有茎刺;奇数羽状复叶互生,叶为椭圆形或倒卵形,基部圆形或宽楔形;边缘有尖锐锯齿,上面无毛,深绿色,叶脉下陷,多皱,下面有柔毛和腺体,叶柄和叶轴有绒毛,疏生小茎刺和刺毛;托叶大部附着于叶柄,边缘有腺点;叶柄基部的刺常成对着生;花单生于叶腋或数朵聚生,苞片卵形,边缘有腺毛;花冠有鲜红、紫红、黄、粉等色,并且十分芳香;玫瑰因枝多刺,故有"刺玫花"之称,诗人白居易有"菡萏泥连萼,玫瑰刺绕枝"之句。

玫瑰花可提取高级香料玫瑰油,玫瑰油价值比黄金还要昂贵,故玫瑰有"金花"之称。玫瑰原产亚洲中部和东部干燥地区,现在在我国华北、西北和西南及日本、朝鲜、东非、墨西哥、印度均有分布,在其他许多国家也广泛种植。玫瑰性喜阳光,耐旱,耐涝,也能耐寒冷,适宜生长在较肥沃的沙质土壤中。

(4)山茶

山茶别名曼陀罗树、晚山茶、茶花,山茶科常绿灌木或小乔木,株高约15米;叶互生,卵圆形至椭圆形,边缘具细锯齿;花单生或成对生于叶腋或枝顶;有白、红、淡红等色;喜温暖气候,略耐寒,喜肥沃、疏松的微酸性土壤,原产于中国,现在在浙江、江西、广西、四川及山东广泛分布。

山茶果实可用于榨油,是上好的植物油,脂肪含量低,山茶油含有维生素E和抗氧化成分,因此它能保护皮肤,尤其能防止皮肤损伤和衰老,使皮肤具有光泽。

灌木花卉

灌木花卉的主干和侧枝没有明显的区别,呈丛生状态,植株低矮、树冠较小,其中多数适于盆栽,如月季花、贴梗海棠、栀子花、茉莉花等。

1.月季花

月季花别名长春花、月月红,为常绿或落叶有刺灌木,有的呈蔓状与攀缘状,植株直立,茎具钩刺,也有几乎无刺的;小枝为绿色,叶多数为羽状复叶,宽

月季花

卵形或卵状长圆形,端渐尖,具尖齿,叶缘有锯齿,两面无毛,光滑;托叶与叶柄合生,全缘或具腺齿,顶端分离为耳状;花朵常簇生,稀单生,花色甚多,色泽各异,多为重瓣也有单瓣者;萼片尾状长尖,边缘有羽状裂片;花柱分离,伸出萼筒口外,与雄蕊等长;萼片脱落就结出果卵,呈球形或梨形;花期4~10月。

月季花种类主要有小月季、月月红、变色月季、切花玫瑰、食用玫瑰、藤蔓月季、大花月季、丰花月季、微型月季、树状月季、地被月季等。中国是月季的原产地之一,目前在我们各个城市均有分布,并且月季花还是多个城市的市花。

2.贴梗海棠

贴梗海棠别名铁脚海棠、铁杆海棠,蔷薇科木瓜属,落叶灌木,高达2米,小枝无毛,有刺;叶片卵形至椭圆形,花簇生,红色、粉红色、淡红色或白色。

贴梗海棠的果实为梨果球形或长圆形,表面呈紫红色或红棕色,有不规则的深皱纹,剖面边缘向内卷曲,果肉红棕色,中心部分凹陷,棕黄色花期3~4月,果期10月。

贴梗海棠喜光,较耐寒,不耐水淹,不择土壤,但喜肥沃、深厚、排水良好的土壤。原产我国西南地区,现在我国广泛栽培。

3.栀子花

栀子花别名枝子花、山栀花、玉荷花,常绿灌木或小乔木,高1~2米,盆栽的植株大多比较低矮,而地种的较大;树干灰色,小枝绿色,叶对生或主枝轮生,倒卵状长椭圆形,有光泽;花单生枝顶或生于叶下;花呈白色,浓香;花冠高脚呈碟状,花瓣较有肉质感;果实卵形,种子扁平;花期6~8月,果熟期10月。

栀子花的花瓣洁白,叶色浓绿,初夏时节绽放出浓郁的芳香,是著名的观赏花卉。其花有单瓣和重瓣之分,但只有单瓣能结果。其果实、根部均可入药,有清热解毒的功效。

栀子性喜温暖湿润气候,不耐寒;好阳光但又不能经受强烈阳光的照射,适宜在稍避荫处生活;适宜生长在疏松、肥沃、排水良好、轻黏性酸性土壤中,是一种典型的酸性花卉。全国大部分地区均有栽培,分布于浙江、江西、福建、湖北、湖南、四川、贵州,陕西南部等地。此外,栀子花还是湖南省汨罗市的市花。

藤本花卉

藤本花卉的枝条一般生长细弱,不能直立,通常为蔓生,在栽培管理过程中,通常要设置一定形式的支架,让藤条附着生长。如迎春花、金银花等。

1.迎春花

迎春花,别名金腰带、串串金、小黄花等,为木犀科落叶灌木,因为它是春季百花之中开花最早的花,故而得名;迎春花为落叶灌木,枝条细长,呈拱形下垂生长,长可达2米以上;侧枝健壮,四棱形,绿色。三出复叶对生,小叶为卵状椭圆形,表面光滑,全缘;花单生于叶腋间,花冠鲜黄色,花期3~5月,可持续50天之久。它与梅花、水仙和山茶花统称为"雪中四友",是中国名贵花卉之一。迎春花不仅花色端庄秀丽,气质非凡,而且具有不畏寒冷,不择风土,适应性强的特点,历来为人们所喜爱。

迎春花喜光,稍耐阴,略耐寒,怕涝,在华北地区均可露地越冬。但是生长的气候要求温暖而湿润,土壤为疏松肥沃和排水良好的沙质土,适宜酸性不适宜碱性土壤。根部具有很强的萌发力,枝条着地部分极易生根。原产中国华南和西南的亚热带地区,南方栽培极为普遍,在华北等地也可生长。

2.金银花

金银花别名忍冬、金银藤、银花,属于忍冬科,由于金银花一对一对地开花,先开者为白色,几天后变黄色,故得名。花朵呈棒状,上粗下细,略弯曲,花朵表面为黄白色或绿白色,密被短柔毛;偶见叶状苞片,花萼为绿色,先端裂片有毛,开放的花朵花冠呈筒状,气味清香,味淡、微苦。

金银花亦可在家庭栽培,是著名的庭院花卉,花叶皆美,常绿不凋,适宜作篱垣、阳台、绿廊、花架、凉棚等垂直绿化的材料,还可以盆栽。若同时再种植一些其他色彩鲜艳的花卉,相得益彰,别具一番情趣。

现在,我国大部分地区都有金银花的栽培。其中山东省临沂市平邑县是全国最大的金银花生产基地,被国家命名为"中国金银花之乡"。

外刚内柔——多浆花卉

在生活中,你看到过仙人掌开花吗?你知道仙人掌和其他花卉之间有什么区别吗?是不是感觉仙人掌有些不太像花卉呢?其实仙人掌也是花卉中的一员,只是它与其他的花卉不太一样,因为生长环境的原因,它体内比别的花卉存有更多的水分,看上去胖胖的、绿绿的,我们称它为多浆花卉。此外,还有芦荟、宽叶落地生根、耳坠草等也属这一类。

1.仙人掌

仙人掌为仙人掌科仙人掌属双子叶显花植物,主要通过种子繁殖,它的花通常形大而美丽,有红色、橙色、白色、紫色等,多为单生;花管是由花被片组成,花萼与花瓣无明显区别或很难区别,子房上生一花柱,花柱顶端有多个用以接受花粉的柱头;传粉、受精后胚珠发育成种子(种子多枚),子房发育成果实(通常为浆果);花粉借风力或鸟类传播,受粉后花管不久便从子房顶部脱离,留下一个明显的疤痕。

仙人掌体内的木质部与外表的韧皮部之间有形成层,但茎的大部分由薄壁的贮藏细胞组成,细胞内含黏液性物质,可保护植株避免水分的流失。仙人掌的茎是主要的制造养分和贮藏养分的器官。仙人掌全身长满了刺,刺内含有毒汁,人体被刺后,易引起皮肤红肿疼痛,瘙痒等过敏症状。

仙人掌原产热带、亚热带干旱地区或沙漠地带,在土壤及空气极为干燥的条件下,借助于茎叶贮藏的水分而生存。虽然仙人掌外表不好看,但是开出的花却很美,所以它不仅有"沙漠英雄"之称,而且还是墨西哥的国花!同时,它也是坚强、勇敢、不屈、无畏的墨西哥人民的象征!

2.芦荟

芦荟为常绿多浆花卉;叶簇生,呈座状或生于茎顶,叶常披针形或叶短宽,边缘有尖齿状刺;花序为伞形、总状、穗状、圆锥形等,色呈红、黄或具赤色斑点,花瓣六片、雌蕊六枚,花被基部多连合成筒状。

芦荟本是热带植物,生性畏寒,但芦荟也是一种好种易活的植物。芦荟不宜生长在寒冷的地方,长期生长在终年无霜的环境中。在5℃左右停止生长,0℃时,生命过程发生障碍,如果低于0℃,就会冻伤。生长最适宜的温度为5℃~15℃,湿度为45%~50%。和所有植物一样,芦荟也需要水分,但最怕积水。在阴雨潮湿的季节或排水不好的情况下叶片很容易萎缩、枝根腐烂以致死亡。

需要注意的是，芦荟需要充分的阳光才能生长，然而初植的芦荟还不宜晒太阳，最好只在早上见见阳光，过上十天半个月它才会慢慢适应在阳光下茁壮成长。

芦荟原产于非洲北部地区，目前在我国福建、台湾、广东、广西、四川、云南等地均有栽培。

3.宽叶落地生根

宽叶落地生根又名花蝴蝶、大叶落地生根，景天科伽蓝菜植物。多年生肉质草本，植株高50~80厘米；茎光滑无毛，中空，直立，灰褐色；叶对生，下部叶片大，长三角形常抱茎，具不规则斑纹，边缘有粗齿，花钟形，淡红色。因为它植株均呈翠绿，叶片肥厚多汁，其盆栽可用来点缀窗台，颇具雅趣。

宽叶落地生根原产于非洲马达加斯加岛，喜温暖湿润和阳光充足环境，不耐寒，耐干旱。以疏松、排水良好的酸性土壤为宜，冬季温度不低于7℃。常用不定芽扦插繁殖，茎叶生长过高时应摘心，平时应少搬动。

4.耳坠草

耳坠草别名虹之玉、玉米粒，为景天科景天属小型多年生肉质植物。植株高15~20厘米，草本或亚灌木，茎多分枝，叶肉质、互生，倒长卵圆形，有时小而覆瓦状排列；花黄色，星形，排成顶生的聚伞花序，常偏生于分枝一侧，有果实。在秋冬季节或强光照下，叶片部分或全部转为鲜红色，叶尖处略呈透明，此时叶片红绿相间，色泽鲜艳，如虹如玉，故又名虹之玉。

耳坠草原产西亚和东非的干旱地区，性喜温暖、光照，不耐寒，有较强的耐旱性。耳坠草不宜生长在水湿的环境里，耐半阴和强光暴晒。冬季温度不低于10℃，以肥沃、疏松和排水良好的沙质土壤为宜。常用扦插繁殖，在其生长期要保持盆土稍干燥，夏季高温的时候，浇水不宜过多。

形态不一——观叶花卉

在花卉的世界,有一种花卉不是以美丽的花朵获取人们欢心的,而是以自己的植株来和其他花卉争奇斗艳,它们是观叶花卉。比如:吊兰、苏铁、猩猩草、凤梨等。

1.吊兰

吊兰别名盆草、钩兰、桂兰、吊竹兰、折鹤兰,西欧又叫蜘蛛草或飞机草。吊兰为宿根草本,具簇生的圆柱形肥大须根和根状茎。叶基生,条形至条状披针形,狭长,柔韧似兰,长20~45厘米、宽1~2厘米,顶端长、渐尖;基部抱茎,着生于短茎上。吊兰的最大特点在于成熟的植株会不时长出走茎,走茎长30~60厘米,先端均会长出小植株。花茎长于叶,细长而弯垂;总状花序单一或分枝,有时还在花序上部节上簇生长2~8厘米的条形叶丛;花为白色,数朵一簇,疏离地散生在花序轴。花期在春夏间,在室内即使是冬季也可以开花。

目前,吊兰的园艺品种除了纯绿叶之外,还有大叶吊兰、金心吊兰和金边吊兰三种。前两者的叶缘为绿色,而叶的中间为黄白色;金边吊兰则与之相反,绿叶的边缘两侧镶有黄白色的条纹。其中大叶吊兰的株型较大,叶片较宽大,叶色柔和,属于高雅的室内观叶植物。吊兰原产于非洲南部,在世界各地广为栽培。其性喜温暖湿润、半阴的环境。它适应性强,较耐旱,不甚耐寒。不择土壤,在排水良好、疏松肥沃的沙质土壤中生长较佳。对光线要求不严格,一般适宜在中等光线条件下生长,亦耐弱光。生长适温为15℃~25℃,越冬温度为5℃。

2.苏铁

苏铁别名铁树、凤尾蕉、凤尾松、避火蕉,常绿乔木,高可达20米。茎干圆柱状,不分枝。苏铁的株型美丽、叶片柔韧、较为耐阴,其既可室外摆放,又可放于室内观赏。由于其生长速度很慢,因此售价较高。苏铁喜微潮的土壤环境,由于它生长的速度很慢,因此一定要注意浇水量不宜过大,否则不利其根系进行正常的生理活动。尽量保持其生长环境通风,否则植株易生介壳虫。苏铁喜温暖,忌严寒,其生长适温为20℃~30℃,越冬温度不宜低于5℃。喜光,稍耐半阴;喜温暖,不甚耐寒。由于苏铁生长速度缓慢,所以要10余年以上的植株才可开花。

苏铁的繁殖仅是在生长点破坏后,才能在伤口下萌发出丛生的枝芽,呈多头状。茎部密被宿存的叶基和叶痕,并呈鳞片状。叶从茎顶部生出,羽状复叶,大型。小叶线形,初生时内卷,后向上斜展,微呈"V"字形,边缘明显向下反卷,厚革质、坚硬、有光泽,先端尖锐,叶背密生锈色绒毛,基部小叶成刺状。雌雄异株,6~8月开花,雄球花圆柱形,黄色,密被黄褐色绒毛,直立于茎顶;雌球花扁球形,上部羽状分裂,其下方两侧着生有2~4个裸露的胚球。苏铁的种子比较大,为稍扁的卵形,每年10月成熟,熟时呈红褐色或橘红色。

苏铁雌雄异株,花形各异,雄花为长椭圆形,挺立于青绿的羽叶之中,黄褐色;雌花为扁圆形,浅黄色,紧贴于茎顶。其实铁树是裸子植物,只有根、茎、叶和种子,不具备花这一生殖器官,所以,铁树的花便是它的种子。

3.猩猩草

猩猩草别名老来娇、草本象牙红、草本一品红,大戟科大戟属,一年生草本,高60~80厘米。茎直立,光滑。单叶互生,卵状椭圆形至阔披针形,花小,有蜜腺,排列成密集的伞房花序。总苞形似叶片,也叫顶叶,基部大红色,也有半边红色半边绿色的。蒴果扁圆形,9~10月为成熟期。不耐寒,喜光照,耐干不耐湿,入秋出现红色叶。适宜生长在温暖干燥和阳光充足的环境里,不耐寒,耐半阴,怕积水,宜在疏松肥沃和排水良好的腐质土壤中生长。常用播种繁殖,4月春播,播后7~10天发芽,发芽迅速整齐。种子有自播繁衍能力。原产于南美热带地区,目前在我国各地均有栽培。

4.凤梨花

凤梨花的叶莲座状基生,硬革质,带状外曲,叶色有的具深绿色的横纹,有的叶褐色具绿色的水花纹样,也有的绿叶具深绿色斑点等。当凤梨花临近花期时,中心部分叶片变成光亮的深红色、粉色,或全叶深红,或仅前端红色。叶缘具细锐齿,叶端有刺。花多为天蓝色或淡紫红色。性喜充足阳光照射,但亦耐半阴,夏季喜凉爽、通风,也能稍耐干燥气候。常见品种有美萼水塔花、红水塔花、夜香水塔花、宫女泪等。土壤要含腐殖质丰富、排水良好的酸性沙质土壤。

凤梨花

凤梨科植物是一种观赏性很强的观花观叶植物,而且还可栽培于室内,它以奇特的花朵、漂亮的花纹,令人心生爱意。作为家庭园艺观赏是品位很高的品种。原产于墨西哥至巴西南部和阿根廷北部丛林中,大约50种,多为地生性。叶为镰刀状,上半部向下倾斜,以5~8片排列成管形的莲座状叶丛。

六、花与人类文明

6500万年前的白垩纪时代,人类从哺乳动物中分化出来,开始站立起来,迈开双脚走路。在这一时期,大陆被海洋分开,地球变得温暖、干旱,动植物都已进化到了繁盛时期。被子植物从裸子植物中分化出来,在中生代进化和分化,对整体植被产生了巨大的影响。植物界一派生机,到处都郁郁葱葱的,开花植物也首次在地球上出现。就这样,几乎在一夜之间,盛开的花朵覆盖了大地。刹那间,白、黄、粉、红、紫、蓝等缤纷的色彩取代了原来单一的绿色,将地球装点得格外美丽。这就是"被子植物突然在白垩纪大量出现,真正的花占据了植物界"的一幕。

然而,这一兴旺的生态系统被200万年前的新生代第四纪冰川所打乱。地球又开始变得寒冷,全球有1/3的大陆被冰雪覆盖,人类和动物都经受了严峻的考验,许多植物在这一时期灭绝。为了继续生存,植物界开始了大迁徙。南半球保持了热带风光,而北半球的大部分树木都脱水落叶,草本植物则把种子埋进土壤,进入冬眠状态。植物顽强地同严酷的环境做斗争,甚至还有许多草本植物在这样困难的处境中开花了,花生成了子房,以保护种子成熟,结成果实,为繁衍下一代和被子植物的继续演变打下了基础。花朵的自我保护系统也更加完善了。

七、远古人类心目中的花

当花在地球上出现的时候,人类感觉十分新奇。人们被那千姿百态、姹紫嫣红的鲜花所吸引,将那些鲜亮的、艳丽的、浓郁的花朵采摘下来,当作战利品,他们围着这些战利品兴高采烈地欢呼着、舞蹈着。美丽的鲜花被人们制成了各种不同的装饰品,有的系在身上,有的挂在脖子上,装饰着身上的树叶和兽皮。花朵迷人的香气也沾染到了人们的身上,夜幕降临之时,男人和女人被彼此身上的花香所吸引,在这迷人香气中相拥而眠。

  人类初始,花在人的心目中是神秘莫测的,是不可知的神圣的物质,被视为神的恩赐。它那幽馨的香气,甘甜的蜜汁,天然地引诱着人类的食欲,带给人类欢乐和营养,给他们以无形的享受。人们把鲜花当作神灵采集起来供奉,如向日葵等花就被当作太阳神来膜拜。红色的花朵则被看作血液的源泉,用来补充身体。还有些人因不小心误食有毒植物花卉而浮肿或死亡时,会被当作是神对他的惩罚。

八、花是人类社会的灵魂

  自从人类社会有文化记载以来,花似乎就被当成植物的代名词。其实,花只不过是植物生命过程中停留时间极其短暂的一位过客。然而,它却是人类社会不可缺少的一个组成部分,其地位随着人类社会的不断发展在提高,人们都喜欢用花将自己的生活装饰得更加美好。它从精神到物质渗透到了人类社会的各个领域,主宰着国家、民族、宗教、文化、政治、经济的内涵和外延。在现代社会,人们的社会环境、人文习俗以至衣食住行,到处都有花的位置。

  我们知道,每个国家都有自己的国花。和国徽、国旗和国歌一样,国花也代表了一个国家的政治地位和尊严,它集中了一个国家大多数民族的精神状态和风俗,甚至反映出一个国家的历史文化水平。在亚洲,中国的花文化源远流长。历史上，雍容华贵、国色天香的牡丹就是中国的国花，它代表了强大富饶的中国。如今，经人大常委会提案，坚韧不拔、百折不挠的梅花与牡丹同被列为中国的国花，它们象征着中华民族坚强的意志和自强不息的精神品质，具有极大的感染力和推动力。日本的国花是浪漫美丽的樱花，它代表了爱情与希望，整个日本列岛都布满了樱花。明媚动人的樱花是日本民族的骄傲，在很多日本人民的心中它是勤劳、勇敢和智慧的象征。在欧洲，俄罗斯的国花是象征光明的向日葵，因为俄罗斯民族向往光明，厌恶黑暗，痛恨残暴，向日葵代表了追求幸福、希望和自由的人们。鸢尾俗称金百合花，是法国的国花，其花外形如展翅飞翔的白鸽，象征着"圣灵"和纯洁，也代表了法兰西王权。荷兰的国花是代表胜利和美好的郁金香，荷兰是农业园艺大国，全国都在种植郁金香，它是国家重要的创汇产业，在世界都属一流。在美洲，美国的国花是美丽芬芳的玫瑰，它代表了热情奔放、热爱自由的美国人民。墨西哥素有"仙人掌之国"的称号，仙人掌是墨西哥的国花。相传仙人掌是神赐予墨西哥人的，它能在极其恶劣的环境中生存，有"沙漠英雄花"的美誉，仙人掌是坚强、勇敢的墨西哥人民的象征。

在宗教界，花也具有神圣的地位。一个典型的代表就是莲花在佛教中的地位。我们都知道，莲花代表佛教。相传佛祖释迦牟尼是天上的菩萨下凡，降生人间。他的生母摩耶夫人在怀孕之前，预感祥瑞之灵，听到百鸟在宫顶和鸣，看见四季花木同时开放，巨大的莲花在池中盛开。使其觉得有白象入胎，后来便生下释迦牟尼。莲花出淤泥而不染，象征圣洁，释迦牟尼的座驾就是一尊莲花。

在希腊神话中，传说美神维纳斯从贝壳中诞生的时候，满天都飘散着白色的玫瑰花。后来，她的爱人阿多尼斯被野兽咬死。她十分伤心，在跑去看爱人的途中被玫瑰花刺扎伤双脚，鲜血流到白色的玫瑰上，白色的玫瑰就被染成了红色。从此以后，西方人便视红玫瑰为爱情的象征，在情人节的时候，人们都送红玫瑰给爱人来表达心中的爱意。

传说希腊神话中的花神芙洛拉，有着十分美妙迷人的身姿，令男性可望而不可即。男人们都会为她的一颦一笑而神魂颠倒,只要想想花神的形体,即可满足一生对美的奢望。这说明了在人们的心中,花是多么的迷人。在中外的文化名著中,很多都能见到将花描绘成神仙的故事。在我国的神话传说《聊斋》中有一个脍炙人口的故事:牡丹仙子"葛巾"是牡丹名品"魏紫"的化身,"玉版"是"玉版白"的化身,她们和洛阳花癖常大用和常大器兄弟互相爱慕并终成眷属。

天主教和基督教都将罂粟花作为死亡的象征,他们认为红色的罂粟,是耶稣被钉上十字架殉难时的鲜血染红的。现在,人们用罂粟花来代表地狱之神和黑暗。

花在人类的文化历史中留下了读不尽的华章。在距今已有1600多年历史的六朝时代的《南史》记载:现代的插花艺术来源于借花献佛的宗教传说。说是"有人献莲花供佛,僧人便以铜缶盛水,以保持其华丽不枯"。后来,人们就常常将鲜花插在佛案上供奉,再后来演变成插鲜花加装饰物,还制成干花加上香料等,陈列于庭室。

生活中,人们对花的需求越来越高,人们的生活用品中也逐步出现大量与花有关的图案。在餐具、家具、服饰、车辆、建筑以及钱币等与人类生活有关的物体上,都能见到各种花卉的身影。牡丹、菊花、荷花、月季等被子植物的花朵最为常见,葡萄、石榴、佛手等果实的图案也能经常看见。人类对花的描摹历史十分悠久,在距今3000多年前的浙江余姚河姆渡文化遗址出土的陶片上,竟然有谷物植物的图案。

花在现代社会更是得到了淋漓尽致的应用,已经成为经济活动的主要产业之一。我们常用的化妆品的主要工业原料,就是从各种花卉中提取的香料。花可以用来美化城市和装点居住环境。在国际交往、会议交流中,互赠鲜花更是一种不可少的礼仪。人文习俗、婚丧嫁娶也要用花来装点,甚至两个人的情感也需要用花来表达。花在一定意义上代表了国家的国格、礼仪的风格和个人的人格。因此,花在政治领域代表最为高尚的地位;在经济领域代表最为昂贵的商品；在艺术领域则代表最为典型的形象。总之，花是人类社会文明的象征，是人类社会的灵魂，是人类精神文明和物质文明的代表。

九、花的作用

我们吃的蔬菜、粮食，穿的棉麻毛丝，住的房屋等都与我们的吃、穿、住、行有着密切的联系。花是植物界中的一员，与我们的生活有没有关系呢？如果有，都有哪些关系呢？其实，人类利用自然界万物的能力超强，因为花这种植物具有颜色和芳香，所以人们往往利用这些特点创造更美好的生活。比如用花做成各种糕点(桂花糕、玫瑰花糕等)、薰香油(薰衣草精油等)、化妆品等。其中最让人赞叹不已的是花的食疗作用。由此可见，花不仅使我们的生活更加美好，而且也给人们带来了经济效益。

健康美味——花与食疗

我国自古以来就开始用植物作药材养生治病，其中当然也包括花。现如今，随着饮食结构的改变，人们越来越关注食疗了，这也说明了人们正在开始注意花与健康的关系。花卉产品的用途多种多样，既可绿化、又可观赏，既可美容、又可食用。此外，还可用于治病和食疗。本章就花卉与食疗来谈一下花卉的食疗作用。

1.月季花汤

根据《本草纲目》《泉州本草》等记载，用开败的月季花3~5朵，洗净，加水2杯,文火煎至1杯,加冰糖30克晾至温热时再饮用,每次可一次服用;月季花汤可治女性血淤性闭经、痛经疮疖肿毒以及创伤性肿痛等症,具有良好的效果。

2.金银花莲子汤

取新鲜金银花30克、莲子(不去芯)50克。金银花水煮去渣后再与莲子同煮,直到把莲子煮熟为宜。因莲子有芯味苦,所以食用时需加少许白糖。金银

金银花莲子汤

花莲子汤具有清热解毒、健脾止泻的功效,凡是因热毒引起的暴泻、痢疾,内急严重并伴有发热、肛灼、火气高者,皆可辅助食之,效果显著。

3.茉莉花饮料

新采茉莉花晾干后取5克(有茉莉花干也可以)、白糖20克,把茉莉花与糖加水稍煮,然后去渣饮用,或用沸水冲泡饮用;茉莉花饮料可治肝气郁结引起的胸肋疼痛等症。

4. 茉莉银耳汤

取银耳 25 克、新鲜茉莉花 20 朵；先在锅内放清水，然后再放入银耳、料酒、盐、味精，煮沸后撒上茉莉花即可饮用。茉莉银耳汤具有生津润肺、益气滋阴；对肺热咳嗽、肺燥干咳、痰中带血、胃肠有火、便秘带血、老年性支气管炎、头晕耳鸣、慢性咽炎、月经不调、肺结核的潮血咯血、冠心病、高血压等均有良好的疗效；此外对神经衰弱、病后体弱等也有不错的滋补效果。

5. 枸杞菊花窝头

用玉米面 250 克、黄豆粉 250 克、白酒 100 克、鸡蛋 2 个、枸杞 5 克、干菊花 5 克、白糖 150 克。枸杞加水煮成浓汁，菊花泡汁，分别提取汁，粉拌加入蛋液、浓汁、糖、发酵粉，"醒" 1 小时后做成窝头蒸熟后食用，具有祛火清热、明目平肝之功效。

6. 桂花栗蓉糯米糊

取新鲜栗子 250 克、糯米 50 克、糖、桂花若干；栗子加水煮酥后去壳压成泥，糯米煮成粥，加入栗泥、白糖、稍煮，撒上糖、桂花后即可食用。桂花栗蓉糯米糊有益肾之功，可治老年肾亏、小便不利、尿频、尿痛等症，是一种不错的食疗佳品。

7. 桂花白薯粥

取白薯 30 克、粳米 50 克、糖和桂花若干；白薯蒸熟，去皮碾成泥，粳米煮成粥，把碾成泥的白薯加入粳米粥中，然后放入白糖，再煮沸，撒上桂花即可。桂花白薯粥是一种幼儿营养食品，有助于幼儿消化。

8. 薏米桂花粥

取薏米 30 克、桂花适量；薏米煮粥加适量淀粉、糖、桂花稍煮即可。薏米桂花粥可治疗因湿热留滞引起的水肿、小便不适或筋脉麻痹疼痛,肠痛等。

9.荷花粥

采荷花瓣,晾干研末备用;用粳米100克煮粥,等粥熟后加入荷花末10~15克,煮开后即可食用。荷花粥能清暑、散淤血、减肥,而且还是镇心益气、驻颜轻身的健美良药。另外,如果没有荷花,可以将荷叶盖在即将煮熟的热粥上,待其稍凉后食用,具有解暑作用,功效与荷花粥是等同的。

10.梅花粥

先以100克粳米煮粥,待粥将熟时,加入白梅花3克煮沸即可。一般以5~7天为一疗程,用梅花煮粥,可以治疗慢性咽炎、食欲减退和疮毒等,久服可强身。此外,还可疏肝理气、健脾开胃、防胸闷不适等。

11.扁豆花粥

于每年7~8月间采取未完全开放的扁豆花,晒干备用。以粳米100克煮粥,待粥将成时放入扁豆花10~15克,再煮至1~2成开后即成。扁豆花粥可促进胃肠蠕动、增进食欲、帮助消化,有开胃健脾、清热除湿之功效。

12.桃花粥

取新鲜桃花4克(干品2克),粳米100克;将桃花洗净与粳米一起放入锅内直至煮成粥。桃花粥适用于肠胃燥热便秘,每隔一日服一次,便通后即停服,不可久服。

13.蜂蜜银花露

取金银花30克、白蜂蜜30克,金银花加水煎汁、去渣,加入蜂蜜。分3~4次喝完,对预防流感,治疗肺燥咳嗽有良好功效。

14. 双花饮

用银花、菊花、山楂各 50 克、蜂蜜 50 克,将银花、菊花和山楂加水煎成浓汁,加蜂蜜食之。双花饮不仅是夏季清凉饮料,而且也是暑天体热、眩晕、咽痛、高血压、高血脂病、冠心病、化脓性感染等症的保健饮料。

15. 槐花饮

用陈槐花 10 克、粳米 30 克,槐花研成末、把米煮成米汤,在米汤内加入槐花,加红糖调服。槐花饮具有止血之功效,适用于风热内扰引起的便血症。

16. 木槿花速溶饮

用开败的木槿花 500 克、洗净,加水适量,煎煮 1 小时,去渣,再继续用文火浓缩,快干时、待冷,加入白糖 500 克,拌匀、晒干、压碎,每次 10 克,以沸水冲化、顿服,每日两次。木槿花速溶饮可治吐血、血痢、便血等症。

17. 合欢花蒸猪肝

用合欢花干品 10 克或鲜品 20 克、猪肝 150 克,把合欢花加水浸泡后,放入猪肝和少许盐隔水蒸熟做菜肴。合欢花蒸猪肝可治疗肋痛、失眠、眼结膜炎以及夜盲症。

18. 鸡冠花蛋汤

取白鸡冠花 30 克,加入水 500 克,煎至 300 毫升,去渣,再把去渣后的水煮沸,然后打入草鸡蛋,做成荷包蛋、加糖。每天服 1 次,连饮 5~6 次。鸡冠花蛋汤治疗便中带血,疗效特佳。

19. 生脉饮

取人参、麦冬、五味子各等量,加水煮沸,当作茶喝。生脉饮适用于有虚汗、虚喘、心悸口渴等气阴虚症状的患者。值得注意的是,感冒发热、舌苔厚腻、大便稀薄、消化不良的人需慎用。

20.鸡冠花藕汁速溶饮

取鲜鸡冠花500克,洗净,加水适量,煎煮,每20分钟取煎液一次,加水再煮,共煎取三次,合并煎液再用文火煎煮浓缩,到快干时,加入鲜藕汁500毫升,煮至稠黏时,待冷后拌入白糖500克(以煎液被吸干为度),混匀、晒干、压碎;每次10克以沸水冲化、顿喝,每日3次;鸡冠花藕汁速溶饮有消炎抗菌的功效。

天然清新——花与环境

随着城市建筑的发展,人民生活水平的提高,人们对居住、工作、生活的环境质量要求越来越高,每个人都希望有一个安谧、舒适、优美的居住、工作和生活环境。花卉植物作为大自然最美丽的精华,以其鲜艳的色彩、优美动人的姿态,温馨的芳香,已越来越受到人们的青睐。它们成为改善环境的佳品,生活中有了花卉植物的点缀,人们便可以享受大自然带给人们的那份愉悦。那么花卉都有哪些改善环境的作用呢?让我们在后面的内容中寻找答案吧!

1.滞尘

我们知道,植物界中的很多树木具有吸纳粉尘的作用,所以我们常常会看到路边的树木上滞留一些尘土。而花卉在我们眼中象征着高雅,很少会将植物和粉尘联系到一起,但是,有几种花的滞尘能力是非常强的,能和树木媲美,堪称花界清洁家呢!

(1)木槿花

木槿花属于锦葵科,别名白槿花、桐树花、大碗花,落叶灌木或小乔木;高2~3米,多分枝;叶三角形或菱状卵形,有时中部以上有3裂。花大,单生叶腋,直径为5~8厘米,单瓣或重瓣,有白、粉红、紫红等色,花瓣基部有时红或紫红;花期6~9月,花多色艳,虽每花只开一日,但每天都有大量的花开放,十分美丽。在园林中常用作花篱或做其他灌木的背景。花期时,木槿花满树花朵,娇艳夺目,甚为壮观。

木槿花性喜温凉、湿润、阳光充足的气候条件,喜肥沃的中性至微酸性土壤,较耐干旱,耐瘠薄,耐半荫蔽,忌涝,耐寒冷,生长适温15℃~28℃。木槿可用播种、扦插和嫁接繁殖。扦插可于4月结合修枝整形进行,插穗选择木质化的健壮枝条,长10~12厘米,露天扦插于红壤或沙壤中,每日上午浇水一次,成活率高。

由于木槿花有很好的滞尘作用,所以它适宜布置在道路两旁、公园、庭院等处。可单独种植,也可以列植或成片种植。木槿花不仅是一种环保的花卉而且也是一种中药,在食疗一节中我们曾介绍了木槿花速溶饮可治吐血、血痢、便血等症。

(2)广玉兰

广玉兰别名洋玉兰、大花玉兰、荷花玉兰,木兰科木兰属常绿乔木,树冠阔圆锥形,芽及小枝有锈色柔毛。叶倒卵状长椭圆形,革质,叶背有铁锈色短柔毛,有时呈灰色。花白色,极大,有芳香,花瓣通常6枚,聚合果圆柱状卵形,密被锈色毛,种子红色。花期5~8月,果10月成熟。5~6是广玉兰花盛开的季节,在绿油油的叶丛中花朵是那样的洁净高雅。花瓣的色彩纯白中似乎透着一种淡淡的青绿色,看上去如玉琢冰雕一般,却又显得柔韧而富有弹性。

广玉兰开花时间不一致,所以在同一棵树上,能看到各种花的形态。有的含苞待放,碧绿可爱;有的刚刚绽放,洁白柔嫩。已经开过的广玉兰,花瓣虽然凋谢了,花蕊却依然挺立在枝头之上。花蕊的圆茎上面缀满了像细珠似的紫红色的小颗粒,这就是它的种子。

广玉兰属亚热带树种,在我国长江流域长势良好。树阴性,较耐寒,适宜生长在深厚、肥沃、湿润的土地,故在河岸、湖滨长势良好,而且它还具有较强的抗毒能力。由于广玉兰也具有很强的滞尘作用,所以一般栽种在庭园、公园、游乐园、道路边等地。如果植株如大树,可孤植草坪中,或列植于通道两旁;中小型者,可群植于花台上。

(3)木芙蓉

木芙蓉别名芙蓉、芙蓉花、拒霜花、地芙蓉、华木,落叶灌木或小乔木;枝干密生星状毛,在较冷地区,秋末枯萎,第二年由宿根再发枝芽;丛生,高1米左右;大形叶,广卵形,呈3~5裂,裂片呈三角形,基部心形,叶缘具钝锯齿,两面被毛。花于枝端单生,刚开放时为白色或淡红后变深红或大红,名曰"三醉芙蓉"。花期9~11月间陆续开放。

木芙蓉喜阳,略耐阴,喜温暖、湿润环境,不耐寒,忌干旱,耐水湿。对土壤要求不高,瘠薄土地也可生长。在一些地方冬季地上部枯萎,呈宿根状,翌春从根部萌生新枝。原产我国,黄河流域至华南各省均有栽培,尤以四川、湖南最多。

2.杀菌

在生活中不知道你有没有注意到,一些花卉是不被那些细菌喜欢的,它们体内能散发出一种气味,有抗菌作用,能够更好地保护环境。

(1)茉莉花

茉莉花是常绿小灌木或藤本状灌木,高1米左右。枝条细长,小枝有棱角,有时有毛,略呈藤本状。单叶对生,光亮,宽卵形或椭圆形,叶脉明显,叶面微皱,叶柄短而向上弯曲,有短柔毛。初夏由叶腋抽出新梢,顶生聚伞花序,顶生或腋生,有花3~9朵,通常为3~4朵,花冠白色,香味浓烈,有白色和紫色两种,白色最为多见,紫色少见。大多数品种的花期为6~10月,由初夏至晚秋开花不绝,落叶型的冬天开花,花期11月至次年3月。

茉莉花性喜温暖湿润,适宜生长在通风良好、半阴环境里。土壤以含有大量腐殖质的微酸性沙质土壤为最佳。大多数品种畏寒、畏旱,不耐霜冻、湿涝和碱土。冬季气温低于3℃时,枝叶易遭受冻害,如持续时间长就会死亡。

由于茉莉花不仅花美味浓,而且还具有杀菌的功效,所以大部分适合室内盆栽,对净化室内空气有很好的作用,深受人们的喜爱。茉莉花原产于中国西部、印度、阿拉伯一带,中心产区在波斯湾附近,现广泛植栽于亚热带地区。

(2)紫薇花

紫薇花属于屈菜科,为花叶乔木,又名无皮树、满堂红、百日红。落叶灌木或小乔木,高达7米,树冠不整齐,树皮光滑,淡褐色,嫩枝四棱;叶对生,椭圆形至柜圆形,长3~7厘米;圆锥花序顶生,花有红色、紫色。花期6~9月,开花时间长;蒴果近球型,果熟期为10~11月。此外,还有人俗称它"怕痒树",是花木中一种奇特的品种。

由于紫薇花非常美丽,所以宋代诗人杨万里曾作诗赞颂:"似痴如醉丽还佳,露压风欺分外斜。谁道花无红百日,紫薇长放半年花。"明代薛蕙也写过:"紫薇花最久,烂漫十旬期,夏日逾秋序,新花续放枝。"

紫薇性喜阳光和石灰性肥沃土壤,耐旱怕涝。紫薇树姿优美,枝干弯曲,花色鲜艳,并于夏秋少花季节开花,为园林中夏秋季重要观花树种。原产于我国华南、华中、华东、西南等省。

此外,紫薇花还具有杀菌的作用,所以,在公园、庭院、医院等场所随处可见它的身影。紫薇花不仅给人们的生活带来了美丽,而且还带来了健康,是一种值得栽培和爱护的花木。

3.净化室内空气

现在家庭室内装修时要用一些涂料油漆,这些东西虽然能把房间变得很漂亮,但是却含有一些危害人体健康的物质。所以,装修房屋的人一般都会买几盆花卉放置其中,这样一来,不仅有装饰的作用,而且还有净化室内空气的效果。但是，并不是所有的花卉都适合用于净化室内空气，像芦荟、吊兰、常春藤、龙舌兰、月季等比较适合。

据调查，一般在24小时光照下，芦荟能消灭1立方米空气中的90%的甲醛，垂挂吊兰能吞食96%的一氧化碳、86%的甲醛，常春藤可吸收90%的苯，龙舌兰能消除70%的苯、50%的甲醛和24%的三氯乙烯，月季可有效清除三氯乙烯、硫化氢、苯、苯酚、氟化氢和乙醚等。

（1）常春藤

常春藤别名中华常春藤、"百脚蜈蚣"，为常绿木质藤本，是典型的阴生藤本植物，全是木质茎，茎长可达3~5米，多分枝，茎上有气生根。细嫩枝条被柔毛，呈锈色鳞片状，叶互生，革质，油绿光滑。幼时气根发达，沿墙壁或树干攀缘，具鳞状毛。营养枝上的叶三裂，生殖枝上的叶椭圆状卵形至椭圆状披针形，全缘。卵圆形，深绿色。伞形花序，花小，白绿色，微香。花期秋季，果实球形，次年成熟，为橙色。常春藤主要用于观赏。南方多地栽于建筑物前，为立体绿化的优良植物材料，而在北方多盆栽。由于叶形、叶色变化多端，所以常作为垂吊植物，吊挂于厅、廊、棚架上，又可立支架点缀客厅、会议室的墙角。小型植株可作为桌饰。

常春藤属肉质花卉，不能经常浇水。一般情况下，待盆土干了再浇，浇水时一次性浇透。喜较阴凉的气候，耐寒力较强：忌高温闷热的环境，如果气温在30℃以上生长停滞；对光照要求不严格，在直射的阳光下或光照不足的室内都能生长发育。常春藤原产欧洲、亚洲和北非。在我国，产于华中、华东、西南、甘肃和陕西。常春藤以扦插繁殖为主，一年四季除了冬季严寒与夏季酷暑外，只要温度适宜随时可以扦插。扦插的枝条多选用年幼的，老枝虽然也可扦插，但发根较差。通常剪取长约10厘米的1~2年生枝条作插条，插在粗沙为基质的苗床或直接插于具有疏松培养土的盆中。常春藤对土壤要求不严，一般多用肥沃的疏松土壤作盆栽基质，如园土和腐叶土等量混合，可用腐叶土、泥炭土和细沙土加少量基肥配制而成，也可单独用水苔栽培。盆栽一般每盆种3~5株。

平时应放置于漫射光照下,能使叶色浓绿而有光泽,个别斑叶品种在遮光的环境中,叶色更为美丽。

(2)龙舌兰

龙舌兰别名龙舌掌、番麻,属于龙舌兰科龙舌兰属多年生常绿植物,植株高大。叶色灰绿或蓝灰,长可达1.7米,宽0.2米,基部排列成莲座状。最初,叶缘刺为棕色,后呈灰白色,末梢的刺长可达3厘米。花梗由莲座中心抽出,黄绿色花。

龙舌兰

龙舌兰原产于美洲,有些种类在原产地要长十年或几十年才能开花,巨大的花序高可达7~8米,是世界上最长的花序之一,白色或浅黄色的铃状花多达数百朵,花后植株就会枯死,所以又称龙舌兰为"世纪植物"。

龙舌兰喜温暖干燥和阳光充足的环境。稍耐寒,较耐阴,耐旱力强。生长环境要求排水良好、沙壤土肥沃,冬季温度不低于5℃。龙舌兰常用分株和播种两种繁殖方式,分株在早春4月换盆时进行,而且要将母株托出,把母株旁的叶芽剥下另行栽植。龙舌兰一般通过异花授粉才能结果,采种后于4~5月播种,约2周后发芽,幼苗生长缓慢,成苗后生长迅速,龙舌兰要10年生以上老株才能开花结果实。

虽然龙舌兰不开花,但是它的叶片坚挺美观、四季常青,园艺品种较多,深受人们的喜爱。它常被用于盆栽或花槽观赏,适用于布置小庭院和厅堂,栽植在花坛中心、草坪一角,能增添热带景色。

除了我们介绍的这两种花卉外,能杀菌和净化空气的还有芦荟、月季等,在前面我们已经对它们做了详细介绍,在此就不再一一说明。总之,花卉对我们有许多好处,我们在欣赏和利用它们的同时也要学会保护它们。

4.驱虫

在花卉中,还有一些更神奇的花,它们可以把传播细菌和病毒的蚊子、苍蝇等统统赶跑。正由于此,它们在生活中很受人们的喜爱,特别是在夏季。此类花卉有薰衣草、夜来香、薄荷等。

(1)薰衣草

薰衣草别名香水植物、灵香草、香草、黄香草等,多年生草本或小矮灌木,虽称为草,实际是一种紫蓝色小花。薰衣草丛生,多分枝,常见的为直立生长,株高依品种有30~40厘米、45~90厘米,在海拔相当高的山区,单株能长到1米。叶互生,椭圆形披尖叶,或叶面较大的针形,叶缘反卷。穗状花序顶生,长15~25厘米;花冠下部为筒状,上部唇形,上唇2裂,下唇3裂;花长约1.2厘米,有蓝、深紫、粉红、白等各种花色,紫蓝色是最常见的,花期6~8月。全株略带木头甜味的清淡香气,因花、叶和茎上的绒毛均藏有油腺,轻轻碰触后油腺即破裂从而释放出香味。

薰衣草所特有的油腺,可以散发出特别的香味。而这种香味不仅能净化空气,而且还能驱逐蚊虫呢!另外,薰衣草的花穗还可以用来做干燥花和饰品。淡紫色、有香味的花和花蕾可以做香罐和香包,把干燥的花密封在袋子内便可做成香包,将香包放在衣柜内,可以使衣服带有清香,并且可以防止虫蛀。薰衣草的花还可以用来提取薰衣草精油,而薰衣草精油可以作为杀菌剂和芳香疗法时使用的香精油,是一种很珍贵的精油。

薰衣草性喜干燥,花形如小麦穗,茎干细而长,花上覆盖着星形细毛,末梢

薰衣草

上开着小小的紫蓝色花朵,窄长的叶片呈灰绿色,成株时高可达90厘米,通常在6月开花。在薰衣草花开的时节,如果起风的话,一整片的薰衣草田宛如深紫色的波浪层层叠叠地上下起伏,甚是美丽。

薰衣草原产于地中海沿岸、欧洲各地及大洋洲列岛,如法国南部的小镇普罗旺斯,后被广泛栽种于世界各地。我国的新疆天山北麓与法国普罗旺斯地处同一纬度带,且气候条件和土壤条件相似,是薰衣草种植基地,是中国的薰衣草之乡,新疆的薰衣草已列入世界八大知名品种之一。

(2)夜来香

夜来香别名夜香花、夜兰香,藤状灌木。小枝柔弱,有毛,具乳汁。叶对生,叶片宽卵形、心形至矩圆状卵形,长4~9.5厘米,宽3~8厘米,先端短渐尖,基部深心形,全缘,基出掌状脉7~9条,边缘和脉上有毛。伞状聚伞花序腋生,花盛开时多达30朵;花为黄绿色,有清香,夜间香味更浓,故有"夜来香""夜香花"之名。

夜来香多生长在林地或灌木丛中。喜温暖、湿润、阳光充足、通风良好、土壤疏松肥沃的环境,耐旱、耐瘠,不耐涝,不耐寒,冬季落叶后生长也随之停止了。春暖后发枝长叶,每节有腋芽或花芽,随着生长不断发生侧枝并抽生花序,一般在 5~10 月陆续开花,开花时气味芳香,夜间更浓,冬季结果。

夜来香的主要繁殖方式是扦插繁殖,也可用分株和播种繁殖;春季可结合换盆时进行扦插,5 月可进行播种,播后 2 周左右发芽。

夜来香多用来栽培供观赏,但是,因为在夜里花会更香,所以它的香味不仅能用来改善空气质量,而且还有驱虫的效果。夏季夜晚乘凉时,如果坐在夜来香的旁边就不会被蚊虫叮咬。夜来香在南方多被用来布置在庭院、窗前、塘边和亭畔等地方。

(3) 薄荷花

薄荷花别名水薄荷、鱼香草、苏薄荷,唇形科薄荷属,为多年生草本植物,高可达 1 米,具匍匐根状茎;地上茎直立,多分枝,四棱形,上部有倒向柔毛。下部沿棱有微柔毛。叶对生,长圆形或卵状披针形,长约 8 厘米,宽约 4 厘米,边缘具深锯齿,叶面多皱纹,两面有毛和油腺,叶柄短,有清凉浓香。花果期 8~11 月,花色为淡红、青紫或白色,极小,腋生,成疏离的轮伞花序,苞片叶状,花冠唇形。小坚果卵形,黄褐色,极小。

薄荷花喜湿润环境,耐寒、耐热,但不耐涝,需充足的阳光和长日照,较耐阴。对土壤的要求不高,但喜排水良好、有机质丰富的土壤。

薄荷花主要以分株、扦插等方式繁殖。4 月上中旬将母株的匍匐茎分节切断,分别栽植。也可挖取粗壮、白色的根状茎,截成 6~10 厘米长,植后覆土 3 厘米左右,约 15~20 天萌芽。春天或秋天播种,为了维持良好的生长,最好每年进行更新。此外,在其生长期间需较多的氮肥,适当配合磷钾肥,同时需要大量的水分。

薄荷花分布于我国南北各地。日本、朝鲜半岛、苏联远东地区、亚洲热带地区及北美也有分布,有野生的,也有栽培的。

美丽交易——花与经济

随着社会的发展和人们生活习惯的改变,人们对花的喜爱程度越来越深,同时这也给商家带来了一个不错的商机。据调查,在世界上花卉消费最大的是欧洲,每年鲜花的消费金额约为92亿美元;世界上花卉消费最多的国家是德国,年消费量约为30亿美元;世界上鲜花出口最多的国家是荷兰,年出口花卉约为13亿美元。由此可见,花卉不仅仅只是用来观赏的,而且还是一些国家的经济命脉呢!

1.荷兰经济命脉——郁金香

荷兰是世界上花卉出口最多的国家,但是你知道荷兰为什么能成为花卉出口大国吗?曾经有一本小说名为《黑色郁金香》说的就是荷兰的国花——郁金香!它是荷兰主要的出口观赏花卉,同时也是荷兰经济命脉之一,郁金香和风车并称为荷兰的象征。

1554年,郁金香从土耳其引入欧洲,从此马上风行起来。到了17世纪成了荷兰金融投机商们竞相追逐的目标。为此,有人还编了一个故事:古代有位美丽的少女住在宏伟的城堡里,有3位勇士同时爱上了她。一个送她一顶皇冠;一个送一把宝剑;一个送一块金砖。但她对谁都不喜欢,只好向花神祷告。花神深感爱情不能勉强,于是把皇冠变成鲜花,宝剑变成绿叶,金砖变成球根,这样合起来便成了郁金香。在每年的情人节为了表达爱意的少男少女们,除了玫瑰,郁金香也成了情人们互传爱意的又一选择。这个故事更加深了荷兰人对这种花的印象。甚至有媒体宣扬一句箴言:"谁轻视郁金香,谁就是冒犯了上帝。"

没过多久,一场"郁金香热"便席卷荷兰全国以至欧洲。不少人认为"没有郁金香的富翁也不算真正的富有"。有的人竟宁愿用一座酒坊或一幢房子去换取几粒珍稀的种子。1637年,荷兰的郁金香市场崩溃了,最后在政府的介入下,进一步的投机便被阻止了。

在疯狂投机时期,金融市场上的郁金香数量超出了实际种植的数量,但这许许多多的"狂人舞曲"却把荷兰炒得更富有了。19世纪初,荷兰全国只种郁金香130英亩,到了20世纪中叶已发展到两万多英亩,占全世界郁金香出口总量的80%以上,行销125个国家,被誉为"世界花后"。这个超级拳头产品的出现,使郁金香当之无愧地成为国花,也无愧与风车、奶酪、木鞋一起被称为荷兰"四大国宝"。

郁金香为多年生草本植物,鳞茎扁圆锥形或扁卵圆形,具棕褐色外皮,外被淡黄色纤维状皮膜。茎叶光滑具白粉。叶长椭圆状披针形或卵状披针形,基部生长的叶子较宽大。花茎高6~10厘米,花单生茎顶,形大而直立,为林状,基部多为黑紫色。花葶长35~55厘米;花单生,直立,有6片花瓣,倒卵形,鲜黄色或紫红色,具黄色条纹和斑点;雄蕊离生,花药基部着生,花丝基部宽阔;花柱3裂至基部,反卷。花型有杯型、碗型、卵型、球型、钟型、漏斗型、百合花型等,有单瓣也有重瓣。花色有白、粉红、洋红、紫、褐、黄、橙等,深浅不一,单色或复色。花期一般为3~5月,有早、中、晚之别。蒴果3室,室背开裂,种子多数扁平。

郁金香原产于中东,16世纪传入欧洲。分布于地中海南北沿岸及中亚细亚和伊朗、土耳其、东至中国的东北地区等地,确切起源现已难于考证,但现在多认为起源于锡兰及地中海偏西南方向。而今郁金香已普遍地在世界各个角落均有,其中以荷兰栽培最为盛行,在我国各地庭园中也多有栽培。

2.中国花城经济

在我国,广州的花卉和盆景远近驰名,以阴生观叶植物、高档盆花、鲜切花、岭南盆景为主。阴生观叶植物占全国市场一半以上,红掌、蝴蝶兰、一品红等盆景已成为全国性的生产基地,盆景远销欧美等海外市场。

由于广州地处中国大陆南部,广东省中南部,珠江三角洲北缘,年平均温度为22.8℃,气候宜人,是全国年平均温差最小的大城市之一。并且它背山面海,具有温暖多雨、光热充足、夏季长、霜期短等特征。所以全年雨水和高温同期,雨量充沛,利于植物生长,广州四季常青、花团锦簇,因此被称为"花城"。其中花卉是其主要的经济作物之一。

在广州,爱花的人数不胜数。一般比较富裕的人家都会花上成千上万元买几盆进口花卉放在家中。即使是很普通人家也要养一盆金橘、几株水仙等花卉。在广州还有一个习俗,就是在除夕夜,一家老小一同去逛行花街,行花街也就是逛迎春花市。

广州的迎春花市各种鲜花争奇斗艳,品种繁多,外来品种中有欧洲的薰衣草、泰国的富贵掌、荷兰的郁金香、北欧的玫瑰、南美的五代同堂、比利时的杜鹃等等。国产品种有江西的金边瑞香、吉林的君子兰、洛阳的牡丹、漳州的水仙等。这些花都是很名贵的花卉,在这个时候花商和爱花的人一般都会来这里,他们都是各有目的的,商人是希望通过这个平台来销售,提高花卉的知名度;爱花的人不但希望能欣赏一些花而且还希望能买到自己心爱的花卉。

总而言之,无论是喜爱花的人还是花商,他们不但推动了花卉经济的发展,而且丰富了人们的业余生活,花卉的出现不仅是一种经济形态,而且还是一种文化形态。

十、花中十二神

历代文人墨客吟咏百花,弄出了不少趣闻。花中十二神就是根据文人们舞文弄墨的轶事而创作出来的。

一月兰花神。屈原是我国古代著名的爱国诗人。他十分喜爱兰花,将满腔爱国之情寄托在兰花上，并亲手在自家庭院"滋兰九畹，树蕙百亩"，自己也常身佩兰花。因此，后人将"幽而有芳"的兰花视为高尚节操和纯洁友谊的象征，兰花也成为"花中君子"和"国香"。

二月梅花神。北宋初年著名的隐逸诗人林逋隐居于西湖孤山，终生无官、无妻、无子，与梅花、白鹤相依为命、形影不离。林逋以善咏梅著称，他笔下的梅花清丽幽寂、独树一帜。"疏影横斜水清浅，暗香浮动月黄昏"等诗句，更是被誉为神来之笔。梅花被视为敢为天下这一优秀品德的象征，被称为"国魂"和"花魁"。

三月桃花神。晚唐著名诗人皮日休将桃花比作美人，并在《桃花赋》中称赞桃花为"艳中之艳，花中之花"，认为见到了桃花就犹如见到了美人。因此，桃花被视为吉祥美好和美满爱情的象征。

四月牡丹花神。欧阳修的《洛阳牡丹记》是我国第一部关于栽培牡丹的书。他为写这部书遍历洛阳城中19个花园，寻觅牡丹佳品。牡丹花雍容华贵、国色天香，现在被人们视为"繁荣富强，和平幸福"的象征，有"花中王"之称。

五月芍药花神。苏东坡在任扬州太守时，下令废除了损害扬州芍药，滋扰百姓的"万花会"，受到了扬州百姓的热烈拥护。他称赞"扬州芍药为天下之冠"，可见其爱花之心。如今芍药被视为爱情和友谊的象征。

六月石榴花神。江淹在《石榴颂》中这样称赞石榴："美木艳树，谁望谁待？……照烈泉石，芳披山海。奇丽不移，霜雪空改。"石榴花远远望去，就像是成熟的女人穿着彩色的裙子在那里翩翩起舞，十分好看。因此，石榴花是成熟美丽的象征。石榴还可以作为礼品，有祝其子孙发达、前程无量的含义。

七月莲花神。"出淤泥而不染，濯清涟而不妖，中通外直，不蔓不枝，香远益清，亭亭净植，可远观而不可亵玩焉。"周敦颐在他的《爱莲说》中这样高度赞美莲花，因此他也被称为"莲花诗人"。现在，莲花已成为清正廉洁的象征。

八月紫薇花神。宋代诗人杨万里有诗这样赞颂紫薇花："似痴如醉丽还佳，露压风欺分外斜。谁道花无红百日，紫薇长放半年花。"明代薛蕙也写过："紫薇花最久,烂漫十旬期,夏日逾秋序,新花续放枝。"这都说明了紫薇花花开不败的特点。紫薇花也象征着和平、幸福和美满的生活。

九月桂花神。洪适对桂花有着特殊的情感。他对于人们用桂花表示友好、和平和吉祥如意十分称赞,赞美桂花:"风流直欲与秋光,叶底深藏粟蕊黄。共道幽香闻十里,绝知芳誉亘千乡。"青年男女则以桂花表示爱慕之情。在我国,桂花还象征着收获。

十月芙蓉花神。南宋诗人范成大十分喜爱芙蓉花。他晚年在故乡苏州的居所种植了大量木芙蓉,并写有《携家石湖拒霜》《窗前木芙蓉》等诗篇赞美木芙蓉。芙蓉美在照水,德在拒霜。在民间,芙蓉花还是象征夫妻团圆之物。

十一月菊花神。陶渊明一生爱菊、赏菊、以菊自况。他是第一位颂扬菊花为"霜下杰"的诗人,"采菊东篱下,悠然见南山"也是我们所熟知的名句。陶渊明安贫守道、孤高无尘的品德与菊花的高风亮节完美地结合到了一起。如今,花中四君子之一的菊花象征着不可摧残、充满活力的生命。

十二月水仙花神。高似孙写过水仙花的前赋和后赋,将冰清玉洁的水仙描绘得十分美丽动人。水仙花娉婷玉立在清澈的水中,显得高雅、清丽。现在,人们将水仙视为纯洁爱情的象征。

十一、花中的十二姐妹

我国民间有"十二姐妹花"之说,这十二种花即是梅花、杏花、桃花、蔷薇、石榴、荷花、凤仙、桂花、菊花、木芙蓉、水仙、蜡梅。为什么会有这种说法呢?原来,由于各种植物花期的不同,我国农历的每个月都有一种具有代表性的花开放,由此形成了这花中的十二姐妹。

正月梅花凌寒开

历史上关于咏梅的诗篇数不胜数。"不是一番寒彻骨,怎得梅花扑鼻香?"唐代黄檗禅师写出如此的咏梅佳句,可见其对梅花十分欣赏。"风雨送春归,飞雪迎春到。已是悬崖百丈冰,犹有花枝俏。俏也不争春,只把春来报。待到山花烂漫时,她在丛中笑。"毛泽东的《卜算子·咏梅》也道出了梅花不畏严寒、百折不挠的坚韧品质。

二月杏花满枝来

娇艳的杏花在二月份已悄然绽放。"春色满园关不住,一枝红杏出墙来",南宋诗人叶绍翁的这一佳句早已被千古传颂。唐代温庭筠也有"红花初绽雪花繁,重叠高低满小园"这样意境优美的诗句。

三月桃花映绿水

宋代文学家汪藻的"野田春水碧于镜,人影渡傍鸥不惊。桃花嫣然出篱笑,似开未开最有情"曾传诵一时。"人面桃花"的故事也在民间广为流传。

四月蔷薇满篱台

唐代李群玉的《临水蔷薇》"浪摇千脸笑,风舞一丛芳",写出了四月那繁花似锦的蔷薇的绰约风姿。杜牧也有"朵朵精神叶叶柔,雨晴香指醉人头"这样的诗句。

五月榴花红似火

"五月榴花照眼明,枝间时见子初成。可怜此地无车马,颠倒青苔落绛英。"唐代文学家韩愈的《榴花》将五月花红似火的石榴那份孤独盛开的落寞描写得丝丝入扣。

六月荷花洒池塘

"酒盏旋将荷叶当。莲舟荡,时时盏里生红浪。"北宋诗人欧阳修的《渔家傲》被后人称为赞美荷花不可多得的佳句。

荷花

七月凤仙展奇葩

凤仙花生得奇特。唐代吴仁壁的《凤仙花》将其描写得十分形象逼真:"香江嫩绿正开时,冷蝶饥蜂两不知。此际最宜何处看?朝阳初上碧梧枝。"明代诗人瞿佑也有诗作《咏凤仙》"高台不见凤凰飞,招得仙魂慰所思",将人们对凤仙花的喜爱之情描绘得淋漓尽致。

八月桂花遍地开

唐代宋之问有"桂子月中落,天香云外飘"的佳句。李清照的"何须浅碧深红色,自是花中第一流"也将桂花的美丽芬芳展现在世人面前。明太祖朱元璋也在《红木犀》(桂的别称)里这样称赞桂花:"月宫移向日宫栽,引得轻红入面来。好向烟霞承雨露,丹心一点为君开。"

九月菊花竞怒放

我国古代众多诗人都十分喜爱菊花,他们笔下的菊花就是黄花,有着廉洁高雅的高尚情操。李白的"黄花不掇手,战鼓遥相闻",显示了他所特有的豪情。元稹也有咏菊名句"不是花中偏爱菊,此花开尽更无花"。

十月芙蓉千般态

唐代白居易有诗云："莫怕秋无伴醉物,水莲花尽木莲开。""小池南畔木芙蓉,雨后霜前着意红。犹胜无言旧桃李,一生开落任东风。"宋代吕本中的《木芙蓉》将芙蓉花从容淡定、潇洒自如的品质描写得十分形象。

十一月水仙凌波开

北宋诗人黄庭坚将水仙花赞为"凌波仙子",可见其对水仙花的喜爱之情。清代王夫之的"乱拥红云可奈何,不知人世有春波。凡心洗尽留香影,娇小冰肌玉一梭。"也赞美了水仙花的素洁清雅。

十二月蜡梅报春来

"墙角数枝梅,凌寒独自开。遥知不是雪。为有暗香来。"王安石的这首《梅》我们都十分熟悉。宋代陈与义的诗句"一花香十里,更值满枝开。承恩不在貌,谁敢斗香来?"也将蜡梅花的风骨和气韵展现得入木三分。

十二、花婢、花师、花友

所谓花中"十二婢",是指花开时,其不仅心存爱憎,而且意涉亵狎,消闲娱日,宛如解事小鬟一般,故称之为"婢"。十二花婢包括凤仙、蔷薇、梨花、李花、木香、芙蓉、蓝菊、栀子、绣球、罂粟、秋海棠、夜来香。这十二种花或娇艳欲滴,或婀娜多姿、嫣红腻翠、争奇斗艳。

所谓花中"十二师",是指花开时,其态浓意远,骨重香严,使人肃然起敬,故称之为"师"。十二花师分别是牡丹、兰花、杜鹃、桂花、芍药、水仙、莲花、梅花、桃花、山茶花、菊花、海棠花。这十二种花或端庄秀丽,或香远益清、温文尔雅、国色无双。

所谓花中"十二友",是指花开时,凭栏拈韵,相顾把杯,蔼然可亲,像投契良朋,故称之为"友"。十二花友包括珠兰、茉莉、瑞香、紫薇、山茶、碧桃、玫瑰、丁香、桃花、杏花、石榴、月季。这十二种花或傍花随柳,或孤芳自赏、清香宜人。

十三、传情达意的鲜花

千百年来,人们与花卉有着千丝万缕的联系。在人们的眼中,花卉不只是一种植物,而是被给予了人格化的形象。人们赋予了花卉很多人文内涵,用各种不同的花卉来表达自己的感情、愿望和思想,花语便由此形成。花语是一种奇特的语言,不过由于各国的风俗习惯不同,花语在各国表示的含义也不尽相同。为了更好地运用鲜花,我们有必要了解一些相关的习俗。例如,枯萎的花如果用来馈赠亲友则意味着情谊的结束。不同的花色也有不同的含意,如红色象征爱情,粉红色表示友谊和好感,白色表示纯真,黄色表示嫉妒,橙黄色象征希望……

我国历史悠久,有着博大精深的文化传统,花中也蕴含着丰富的文化,凝聚着中华民族的品德和气节。我国的花语十分丰富。梅花被喻为花魁,它不畏严寒先于百花盛开,花色冷艳、暗香沁心,有着谦逊、坚贞的美德。因此在旧时,梅花常常象征着清高、孤傲、不同流合污。文人雅士常以梅花来隐喻自己高洁的品行,梅花也常用来比喻老人的德高望重与晚节留香。国色天香的牡丹和芍药,丰满艳丽、端庄凝重。牡丹代表了人们希望繁荣富贵、和平幸福的美好愿望;芍药则代表了离别时的依依惜别之情。亭亭玉立的荷花象征着脱离庸俗、具有理想的君子,荷花"出淤泥而不染,濯清涟而不妖",也代表了纯洁。藕丝缠绵、花开并蒂、莲子同房、鸳鸯相伴的荷花还是夫妻恩爱的象征。海棠被誉为"花中神仙",因其开放时一片嫣红,不仅色香俱全,还极富神韵。现在人们常用"海棠绰约如处女"来形容它的娇媚与楚楚动人。海棠花还象征喜悦,送上一枝海棠花表示"祝你快乐"。

很多花在中国都具有自己独特的寓意。如:

山茶:女中豪杰,巾帼英雄。

杜鹃:锦绣河山,前程万里。

兰花:正气之化身。

菊花:有骨气。

水仙:祝愿家庭幸福祥瑞。

桃花:淑女之美,生活幸福美满;桃子为长寿的象征;桃李表示弟子、学生。

百合花:百事如意,百年好合。

石榴花:子孙繁衍。

金盏菊:健康长寿。

木棉:英雄。

紫荆花:兄弟和睦。

凌霄花:人贵自立。

萱草:忘掉忧愁。

红玫瑰:真心相爱。

十四、丰富多彩的花节

　　无论哪个国家和地区，人们对花的喜爱之情都是相同的，因此世界上的很多国家和地区都举办过花节。我国也有很多地方都在举办丰富多彩的花节：如三月份北京、上海等地的"桃花节"和四月中下旬洛阳的"牡丹花节"，是我国比较著名的大型花卉节日；五月底至六月初在天津举办的"月季花节"，是天津人民一年一度的赏花盛会；六月下旬武汉、杭州、合肥、深圳等地都举办"荷花节"；在七月下旬河北新安白洋淀举办的"白洋淀荷花节"上，人们不仅能观赏到荷花的绰约风姿，还有赛船等丰富的节庆活动等待着大家的参与；九月末在上海、杭州、桂林等地的"桂花节"，每年都能吸引大量游客；十月还有中山市的"菊花节"；云南的昆明和丽江两座城市在春节前后还会举办"茶花节"……

十五、中国传统十大名花

花魁——梅花

　　万花敢向雪中出，一树独先天下春。

　　几千年来，在我国文学艺术史上，关于梅花的诗画数不胜数，其数量之多，足以令任何一种花卉都望尘莫及。梅花具有强大的感染力，历来象征着坚忍不

梅花

拔、百折不挠、自强不息的中国人民。在"悬崖百丈冰"的季节,唯有梅花"凌寒独自开",向人们挥洒着春的暖意。梅花高风亮节、铁骨冰心的形象展示了龙的传人的精神面貌,鼓励着人们勇敢地面对一切艰难险阻,它是我们中华民族最有气节的花!

梅属蔷薇科李属落叶小乔木,小枝纤细而绿色无毛。梅的花期在晚冬,即一月至二月。花5瓣,直径1~3厘米,单生或2朵簇生,有短梗,呈淡粉红或白色,芳香扑鼻。花开之后才长叶,叶呈广卵形至卵形,先端渐长尖或尾尖,基部阔楔形或进圆形,锯齿细尖,背面脉上有毛,叶柄有腺体。果实可食用,成熟于初夏,即每年六月我国江南的梅雨时节。

梅花原产于我国,公元4世纪时,梅花伴随着中国文化的传播传入日本,后在欧美等西方国家也有少量栽培。我国栽培梅花历史悠久,至少有3000年。1975年,在河南安阳殷代墓葬中出土的铜鼎里,发现了一颗距今已有3200余年历史的梅核。梅花的寿命很长,我国很多地区还有上千年的古梅。在湖北黄梅县,有一株古老的晋梅,据考察,它至少已有1600岁了,但至今仍然年年开花。杭州超山也有800多年前的宋梅。浙江天台山国清古寺有一株隋梅,相传它是佛教天台宗的创始人智颤大师亲手所植,距今已有1300多年的历史了。

梅树最初引种栽培的目的并不是观赏。"民以食为天",人们种植梅树主要是为了食用梅果。成语"望梅止渴"中的梅,指的就是梅的果实。"梅始以花闻天下"是在春秋战国时期,从此以后人们才更加注重梅花的欣赏价值。

赏梅是讲究一定意境的,这是它与其他很多观赏花卉的不同之处。"花宜称"中讲到,赏梅包括"淡阴、晓日、薄寒、细雨、轻烟、佳月、夕阳……"等26条赏梅意境。赏梅时更注重的是它的"韵"和"格"。梅花贵稀不贵繁,贵老不贵嫩,贵瘦不贵肥,贵含不贵开,这是在赏梅时需注意的梅之佳态。

梅花浓而不艳、冷而不淡,它那疏影横斜的风韵和暗香浮动的清雅,一直为我国人民所推崇。梅花那铮铮铁骨、浩然正气、不畏霜雪、独步早春的精神品格更是难能可贵。"凌厉冰霜节愈坚",越是寒冷,越是风雪欺压,它就开得越精神,越秀气。人们把松、竹、梅称作"岁寒三友",尊梅、兰、竹、菊为"四君子"。

历代的文人墨客也赋予了梅花很多精神内涵。"……无意苦争春,一任群芳妒,零落成泥碾作尘,只有香如故。"南宋爱国诗人陆游在《卜算子》中借咏梅表达了自己怀才不遇的寂寞和不论受到怎样的挫折也要永葆高风劲节的情操。伟大领袖毛泽东在读了陆游的这首词后,反其意而用之:"风雨送春归,飞雪迎春到,已是悬崖百丈冰,犹有花枝俏。俏也不争春,只把春来报。待到山花烂漫时,她在丛中笑。"表达了一代伟人的革命英雄主义情怀和乐观主义精神。

花中之王——牡丹

疑是洛川神女作,千娇万态破朝霞。

艳阳高照的五月,玉兰、桃花、紫荆等报春花纷纷凋零、残红满地,牡丹开始脱颖而出。"落尽残红始吐芳,佳名唤作百花王。竟夸天下无双艳,独立人间第一香。"说的便是国色天香的牡丹。

牡丹是毛茛科芍药属灌木，为多年生落叶小灌木，生长缓慢，株型小。根肉质肥大，为棕褐色。枝条短而粗壮。叶呈小叶卵形或披针形，二回三出复叶，顶生小叶的上部3浅裂，侧生小叶斜卵形，不裂或不等2裂。表面为绿色，背面为淡绿色，有白粉，脉上疏生长毛。花大色艳，形美多姿，花径10~30厘米。牡丹花期较短，只有3~4天，即使早、中、晚不同品种的牡丹接力开花，也不过20来天。正因如此，便出现了白居易的那句："花开花落二十日，一城之人皆若狂。"

牡丹被称为"花中之王"，颜色十分丰富，有白、黄、粉、红、紫红、紫、墨紫（黑）、雪青（粉蓝）、绿、复色十大色。当我们置身于牡丹花海中，那千姿百态的各色牡丹，总能将所有烦恼一扫而光。"千片赤英霞灿灿，百枝绛点灯煌煌"的红牡丹，"天生洁白宜清静"如羊脂美玉般的白牡丹，"嫩蕊包金粉，重葩结绣囊"的黄牡丹，"蝶繁经粉住，蜂重抱香归"的粉牡丹，"花向琉璃地上生，光风炫转紫云英"的紫牡丹……万紫千红的牡丹在绿叶的簇拥下更显娇媚。

牡丹是中国特有的花卉，有数千年的自然生长和2000多年的人工栽培的历史。因其花大、形美、色艳、香浓，具有较高的观赏价值和药用价值，历来为人们所称道。距今已有3000年历史的《诗经》最早记载了牡丹文化。隋炀帝时期，牡丹进入皇家园林，成为宫廷花卉。秦汉时的《神农本草经》将其作为药用植物记入，从而使牡丹进入了药物学。此后，在各种文学作品中也经常能见到牡丹的身影，如欧阳修的《洛阳牡丹记》、陆游的《天彭牡丹谱》、明人高濂的《牡丹花谱》以及清人汪灏的《广群芳谱》等。此外，各种民间的传说以及雕塑、雕刻、绘画、音乐、戏剧、服饰、食品等方面的牡丹文化现象，更是屡见不鲜。由此形成了包括植物学、园艺学、药物学、地理学、文学、艺术、民俗学等多学科融合的牡丹文化学，是完整的中华民族文化的重要组成部分。

在我国，虽然民族间的文化差异较大，但人们对于牡丹的喜爱却是相同的。各地都有自己独特的牡丹文化，如湖北、贵州的土家族，云南的白族以及甘肃、青海、宁夏等少数民族人民，为讨个吉祥富贵的好兆头，都喜欢在自家庭院内栽上不同种类的牡丹花。洛阳、菏泽、北京、杭州、四川彭州等地在每年牡丹盛开的时节都会举办极具民间特色的牡丹花会和灯会。特别是山东菏泽和河南洛阳在每年4月中旬举办的"牡丹节"十分隆重。各种各样的活动招来八方宾客,不仅提高了当地的知名度,也为当地人民带来不少商机。

"牡丹情结"更多地体现在了歌曲或其他艺术形式上。在青海、宁夏一带的流行民歌"花儿"中,牡丹象征着爱与美,人们把聚集歌唱"花儿"的季节叫作"牡丹月"或"浪牡丹会"。

古代很多曲牌中也包含牡丹,如《白牡丹令》《绿牡丹令》《十朵牡丹九朵开》等。许多歌词都喜欢以花喻人,质朴生动的语言表达了一种最真挚的情感。如河南民歌《编花篮》中唱到:"编、编、编花篮,编个花篮上南山,南山开遍了红牡丹,朵朵花儿开得艳。"通过悠扬的旋律和通俗的歌词将一群上山采摘牡丹的姑娘的欣喜之情表达得淋漓尽致。20世纪50年代,描写一位勤劳善良的老花农巧遇"牡丹仙子"的电影《秋翁遇仙记》在放映时,引起了巨大的轰动。20世纪80年代的电影《红牡丹》的插曲《牡丹之歌》,那激情洋溢的旋律和积极向上的歌词,曾经鼓舞了一代人。"牡丹奖"是我国包括相声、京韵大鼓、快板、坠子、评弹等说唱艺术在内的曲艺界最高奖项,迄今已有许多成绩卓越的艺术家获此殊荣。

历史上众多帝王将相、文人雅士,如隋炀帝、武则天、杨贵妃、慈禧、欧阳修、刘禹锡、蒲松龄等,都钟情于牡丹,他们种花、赏花、写花,留下了不少有趣的故事。

"诗仙"李白写咏牡丹的《清平调》词三首的趣事至今还为后人津津乐道。相传,某天唐玄宗与杨贵妃在沉香亭观赏牡丹,一班奏乐的陈词滥调引起了玄宗的不悦,他便让人去召李白来写新词。恰逢李白在酒楼喝得烂醉,只能由人抬到玄宗面前,爱才的玄宗也不责怪,还亲自为其调试醒酒汤。躺在玉床的李白把脚伸向高力士,要他脱靴,高力士无奈,只好憋着一肚子气帮李白脱了靴子。李白这才起身,拿起笔龙飞凤舞地写了起来,没多大工夫,诗便已落成：

清平调词三首

李白

一

云想衣裳花想容，春风拂槛露华浓。
若非群玉山头见，会向瑶台月下逢。

二

一枝红艳露凝香，云雨巫山枉断肠。
借问汉宫谁得似，可怜飞燕倚新妆。

三

名花倾国两相欢，长得君王带笑看。
解释春风无限恨，沉香亭北倚阑干。

一直以来，牡丹就被我国人民当作富丽繁荣的象征。在刺绣、雕刻、印花和绘画等艺术品中总能看见牡丹的倩影，人们将各种情感和希望寄寓于牡丹，如牡丹和寿石的组合，意为"长命富贵"，与长春花的组合，意为"富贵长春"。牡丹已根植于我们的生活，成为中国人心中永远不败的花朵。

高风亮节——菊花

春露不染色，秋霜不改条。

中国是菊花的原产地，距今已有3000多年的栽培历史，约在明末清初，中国菊花传入欧洲。菊花是我国的传统名花，中国人极爱菊花，从宋朝起民间就有一年一度的菊花盛会。在神话传说中菊花也被赋予了吉祥、长寿的含义。菊花历来被视为孤标亮节、高雅傲霜的象征，代表着名士的斯文与友情。且因菊花在深秋不畏秋寒开放，深受中国古代文人雅士的喜爱，并有许多歌颂菊花的名谱佳作流传于世。冷傲高洁的菊花和梅、兰、竹一起被人们誉为"四君子"。菊花孤傲高洁、坚贞不屈，受到人们格外的青睐。

菊花按植株形态可分为3种类型：一是花头大、植株健壮的独本栽菊；二是在世界各国广为栽培的切花菊；三是植株低矮、花朵较小、抗性强的地被菊。

菊花为菊科菊属多年生草本植物，也称"艺菊"，是长期以来人工选择培育出的名贵观赏花卉，目前品种已达千余种。菊株高20~200厘米，通长30~90厘米。茎除悬崖菊外多为直立分枝，基部半木质化，茎色嫩绿或褐色。单叶互生，卵圆至长圆形，边缘有锯齿和缺刻。头状花序腋生或顶生，一朵或数朵簇生。筒状花为两性花，舌状花为雌花。舌状花分为下匙、管、畸四类，色彩丰富，有黄、红、墨、白、绿、紫、粉、橙、棕、淡绿、雪青等。筒状花发展成为具有各种色彩的"托桂瓣"，花色有黄、红、紫、白、绿、粉红、间色、复色等色系。

菊花品种繁多，因此花序形状也各不相同。有单瓣，有重瓣，有球形，有扁形，有短絮，有长絮，有卷絮和平絮，有实心和空心，有下垂的和挺直的。按照花茎大小区分，有花茎10厘米以上的大菊，花茎6~10厘米的中菊，花茎6厘米以下的小菊。按照花的瓣型可分为管瓣、平瓣、匙瓣3类10多个类型。菊花的花期也各不相同，一般分为3类：九月开放的早菊花，十月至十一月开放的秋菊花，十二月至来年一月开放的晚菊花。但现在经过园艺家们的不断努力，改变日照条件，也出现了五月开花的五月菊和七月开花的七月菊。

菊花在世界切花生产中占有重要地位。切花的花形整齐，花茎长7~12厘米，花色鲜艳，茎直叶绿，植株高80厘米以上，水养期长。地栽的切花菊要求行距为15厘米，株距12~13厘米，每平方米达50株，为保持植株直立，应设网扶持。

作为我国的传统名花，菊花已深深渗透到中国人民的日常生活中。菊花不仅可供观赏，用来美化环境、布置园林，还有多种经济价值，能将其酿成美酒，做成食品及作为药用使用，更形成了一种菊花茶文化。千百年来，菊花那绚烂缤纷的色彩，千姿百态的花朵和朴素清雅的香气深受中国人民的喜爱，而它在百花枯萎的寒冬季节傲霜怒放，不畏寒霜欺凌的气节，也体现了中华民族不屈不挠的精神。

花中君子——兰花

兰生于深谷，不以无人而不芳。

出身于深山幽谷的兰花别名"兰草"，其身姿清丽。兰花居中国十大名花第四位，并以其淡泊高雅的气质赢得了"花中君子"的美名。

兰花

兰花属于兰科多年生草本植物，品种繁多，如今我们所称的"兰花"其实是多种兰花的统称。兰花是我国古老的名贵花卉，已有2000多年的栽培历史，中国兰是较为著名的品种。

中国兰又名"地生兰"，按形态可将其分为春兰、蕙兰、建兰、墨兰、寒兰五大类。春兰是分布较广、数量较为丰富的一种，俗称"草兰""山兰"，在早春开花。花瓣为黄绿色，香味浓郁纯正，开花时间可持续1个月。其叶丛生，窄而短，弯曲下垂，婀娜多姿。蕙兰又名"九节兰"，花期为一年中的四月至五月。叶窄而长。其花茎直立，花朵簇生，多为彩花，颜色有淡黄、白、绿、淡红及复色，花气清香远溢。建兰也叫"四季兰"，包括夏季开花的夏兰和秋季开花的秋兰。

建兰在福建一带分布较广,花期为一年中的五月至十二月。建兰不畏寒暑,生命力极强,易栽培。其花瓣色淡黄而带绿晕,花气浓烈持久,叶色深而挺秀。寒兰和墨兰在腊冬和春初才开花,寒兰花色丰富,有紫、青、黄、白、桃红等色,香气袭人。墨兰于春节前后开花,因此又叫"报岁兰""拜岁兰"等,在我国南方广泛种植。

兰花的生长环境为温暖湿润、半阴的环境,在我国云南、四川、广东、福建、中原及华北山区均有野生兰花分布。兰花适宜在疏松的腐殖质土中生长和分株繁殖,并且要求适量施肥和及时浇水。兰花的花枝可做切花。为了让兰花形成花芽并适时开花,需在"五一"之后将苗盆移至通风凉爽的荫棚下,进行养护管理,立秋后再搬入室内。生活中,人们一般用兰花来装点书房和客厅,能起到净化空气的作用。

兰花简单朴素,有着高雅俊秀的风姿和沉静的气质。花香清幽深远,沁人心脾。叶色常青,气宇轩昂,叶质柔中有刚,花、香、叶"三美俱全"。兰花还有四清,即气清、色清、神清、韵清。古人将兰花的淡雅之气称为"王者香""国香",其清丽的颜色也深受人们的喜爱。兰花神韵俱佳,其刚柔兼备的秉性和在幽林亦自香的美德赢得了人们的敬重。中国兰花文化历史悠久,自古以来就与中国传统文化结下了不解之缘。在古代,兰花象征着超凡脱俗、高雅纯洁。好的文章、书法被称为兰章;好友相处被称为兰友;优秀人物的离世,则被称为兰摧玉折。在近代,也有互换"金兰帖"结为"金兰"的风俗。如今,兰花已成为人世间美好事物的象征,其端庄高贵的品质和潇洒飘逸的风姿风韵,被人们誉为有生命的艺术品。它那优美的形象和高浩的品格在潜移默化中影响着中华民族,成为华夏子孙的理想人格和民族精神的象征。

花中皇后——月季花

只道花无十日红,此花无日不春风。

月季花热情如火，被誉为"花中皇后"。千姿百态的月季花深受中国人民的喜爱，它不仅是我国的传统名花，也是世界著名花卉，欧美一些国家还将月季花作为国花。

月季花为蔷薇科半常绿小灌木，与同属蔷薇科的玫瑰、蔷薇十分相似，因此这3种花被誉为蔷薇属花卉的"三姐妹"。但它们也有很多不同之处：玫瑰是落叶小灌木，主要用于园林栽培，花期十分短暂，仅2个月左右，花色也仅有玫瑰色一种，花香怡人，花瓣可制作香料；蔷薇也是落叶灌木，但野生性强，只在夏、秋季节开花，枝条常呈匍匐状，蔷薇花形小、瓣数少，花色也仅有白、淡黄、粉等几种；月季花是半常绿小灌木，花期长，在一定的条件下甚至四季都能开花，花形大、瓣数多，花色十分丰富，不似玫瑰和蔷薇那般单调，花香馥郁迷人。

月季花原产于中国，种类繁多，主要有食用月季花、切花月季花、藤蔓月季花、丰花月季花、大花月季花、树状月季花、微型月季花、地被月季花等。还可根据花朵大小、形态性状将其分为4类：现代月季花、丰花月季花、藤本月季花和微型月季花。

在千娇百媚的现代月季花的形成历史中，中国的月季花功不可没。它是由中国的月月红、小花月季花与欧洲的大花蔷薇即我们今天所说的玫瑰杂交而成。五月和九月都是现代月季花花期最为繁盛的阶段；丰花月季花野生性较强，花朵中等密集，花期较长，从五月中旬到十月一直都能开花，因此人们也叫它"月月红"或"长春花"；藤本月季花的花朵较大，枝条呈藤蔓状，可以攀缘到墙面、篱笆、门廊上，进行垂直绿化、美化；微型月季花不仅植株低矮，花形也很小，一年四季均可开花，作为室内盆栽花卉较为理想。

月季花色彩艳丽，花色众多，有白、黄、粉、紫、蓝、绿、橙、玫红、紫红、棕红、乳黄、金黄、墨紫、墨红……近年来，人们又通过人为加工，推出了一种"蓝色妖姬"月季花，其花色是蓝色，最早来自荷兰。它是将快成熟的白色月季花切下来插入盛有蓝色染料的容器里，通过花茎将染料吸入花瓣内，这样就形成了美丽妖艳的"蓝色妖姬"。由于它的色彩十分稀缺且娇俏迷人，故身价不菲，但它还是深受人们的追捧。

月季花与菊花、唐菖蒲（剑兰）、香石竹（康乃馨）、非洲菊（扶郎花）并称为"世界五大切花"，在切花栽培中使用量极大。在园艺方面，月季花多用于庭院绿化，繁殖方法主要有扦插、嫁接、芽接等。月季花花香浓郁，可从中提取香精，用于食品及化妆品香料。花还可入药，有活血、散瘀之效。

花中西施——杜鹃花

灿烂如锦色鲜艳，殷红欲燃杜鹃花。

杜鹃花为杜鹃花科，杜鹃花属常绿或半常绿灌木，别称"映山红""羊踯躅""马樱花""山石榴""山枇杷"等。主要分布于亚洲、欧洲、北美洲和大洋洲。杜鹃位居世界三大名花之首，名列我国十大名花之六，深受各国人民的喜爱。

杜鹃花为木本花卉，花顶生、侧生或腋生，单花、少花或20余朵集成总状伞形花序。花冠显著，形似阔漏斗形，既有单瓣又有重瓣。花色十分丰富，不仅有白色、粉色、淡红、玫红、乳黄、米黄、金黄等单色，还有多种颜色组合而成的复色。在不同的自然环境中，杜鹃花的形态特征也千差万别，主要分为常绿大乔木、小乔木，常绿灌木、落叶灌木这几种。但其基本形态都是相同的：主干直立，单生或丛生。叶多形，但不呈条形，革质或纸质，有芳香或无。杜鹃适宜生长于温暖、半阴的环境和酸性的腐殖土中。繁殖方法为扦插、高枝压条或嫁接。

中国是世界杜鹃花资源的宝库。据不完全统计，全世界杜鹃属植物约有800余种，而原产我国的就有650种。其种类之多、数量之广，没有任何一个国家能与之匹敌。在我国云南省，有"八大名花"：杜鹃、山茶、木兰、报春、百合、龙胆、兰花、绿绒蒿。其中以杜鹃的品种最为繁多，尤其是在滇西海拔2400~4000米的高山冷湿地带，杜鹃的种类最为丰富。黄杯杜鹃、白雪杜鹃、团花杜鹃、宽种杜鹃等多种常绿杜鹃形成密集的杜鹃花灌木丛。每当山茶花、樱花、桃花凋谢之后,这些杜鹃便开始吐露芬芳,形成连绵10多千米的"花海"奇观。可以说,世界各地栽培的杜鹃绝大多数是中国杜鹃的后代。因此,我们可以当之无愧地讲:"中国杜鹃甲天下。"

杜鹃花的生命力极强,在海拔5000米的地方都可以看到它的身影。东鹃、毛鹃、西鹃和夏鹃是现今我国分布范围较广的几种。东鹃从日本引入,是日本石岩杜鹃的变种,并经过极其众多的杂交后演变而成的,因与西洋杜鹃相应,故称"东鹃"。东鹃的花期在春天,花开繁密,能达到"不见枝叶只见花"的情形,因此常用于园林的美化。中国原产的毛鹃俗名又叫"锦绣杜鹃"或"映山红"。每年二月至三月间,在江西、湖南、贵州一带漫山遍野都是红彤彤的"映山红",像一群身着红裙的少女在山坡上跳着一支支热烈欢快的舞蹈,时而娇媚,时而妖娆,韵味十足,将整片山野装点得格外灿烂明媚。西鹃因其开花时间不仅限于春季,所以又称"四季杜鹃"。它是经过反复杂交培育出来的栽培品种,在这几种杜鹃中花形、花色最美,多用于室内装饰,目前市场上的盆栽杜鹃大多属于西鹃。夏鹃开花最晚,一般在初夏的五月至六月间,花期较长,有黄、红、白、紫4种颜色。它也是杜鹃花中重瓣程度最高的一种,常用于园林栽培,也可用于盆栽。

杜鹃花的起源可追溯到距今几千万年前的白垩纪时代,它是高等植物中一个庞大的家族。杜鹃不仅能生长在云、贵、川等温暖的地方,寒冷的北国也有杜鹃的分布。在我国东北大兴安岭这片神奇的土地上,自古以来就有一位春天的使者——兴安杜鹃花。它曾见证了古老鲜卑民族的大迁徙,如今则聆听着鄂伦春人民迈向新世纪的脚步。每年春天的"兴安杜鹃观赏节"是当地人民的一大盛会。朝鲜国的国花叫"金达莱",其实它就是兴安杜鹃花。"金达莱"在朝鲜语里的意思是"永久开放的花",它被朝鲜人民当作长久的繁荣、喜悦与幸福的象征。南亚著名的山国尼泊尔的国花也是杜鹃花,在他们的国徽中就有一朵盛开的红杜鹃花。索玛花和格桑花分别是彝族和藏族人民十分喜爱的花,它们其实也是杜鹃花。在藏语里,格桑花是"通往幸福之路"的意思。

千百年来，人们可以经常看到文人笔下赞美花的诗句，如艳压群芳的牡丹，传承着隐士之风的菊花，高雅的谦谦君子兰花，出淤泥而不染的荷花……但我们似乎很难见到关于杜鹃花的诗句。其实，杜鹃在百花中地位可不低，这从唐代著名诗人白居易的那句"回看桃李都无色，映得芙蓉不是花"就能看出来。白居易还将"花中西施"的雅称赠予杜鹃："闲折两枝持在手，细看不似人间有。花中此物似西施，芙蓉芍药皆嫫母。"连芙蓉、芍药都不能与杜鹃相比，由此可见白居易对杜鹃的喜爱之情。现今，杜鹃花正以它那或枝叶扶疏、或曲若虬龙、或苍劲古雅的姿态和千变万化的花色得到了人们越来越多的喜爱。

花中珍品——山茶花

唯有山茶偏耐久，绿丛又放数枝红。

山茶又叫"茶花"，为原产于我国的著名花卉，在我国有很长的栽培历史，是我国传统的十大名花之一。山茶花花姿丰盈，端庄高雅，自古以来就极负盛

山茶花

名，它不仅有"唯有山茶殊耐久，独能深月占春风"的风骨，还有"花繁艳红，深夺晓霞"的鲜艳。17世纪山茶花被引入欧洲后，也成为深受西方人民喜爱的世

界名花之一。

　　山茶花是常绿阔叶灌木,为山茶科山茶属植物,喜温暖湿润的气候环境,在我国江浙地区广有栽培。山茶枝条为黄褐色。叶片长4~10厘米,呈长椭圆形或卵形至倒卵形,边缘有锯齿,叶片光滑无毛,正面深绿色有光泽。山茶花大多在二月至四月间开花,花期1个月左右,花单生或2~3朵着生于枝梢顶端或叶腋间。花形为单瓣或重瓣、半重瓣。花朵直径为5~6厘米,花瓣先端有凹或缺口,基部连生成一体而呈筒状。雄蕊多达100余枚,花丝为白色或有红晕,基部连生成筒状,集聚花心,花药呈金黄色;雌蕊发育正常,子房光滑无毛,3~4室,花柱单一,柱头3~5裂,结实率高。蒴果圆形,外壳木质化,成熟蒴果能自然开裂,散出种子。山茶花的种子为黑褐色或淡褐色,呈球形或相互挤压成多边形,有棱角和平面,种皮角质坚硬,种子富含油质,子叶肥厚。

　　山茶花品种繁多,共有2000多种,可分成3大类。花色也很丰富,花朵宛如牡丹般富丽堂皇,是极佳的园林花木。在我国南方地区多用于庭院绿化,北方地区则多为室内盆栽。山茶花耐阴,适宜在酸性土壤中生长,因此将其配置于疏林边缘,生长最好。山茶花常用的繁殖方法有播种、扦插、嫁接。山茶花的花期还可人工控制,如果希望春节期间能观赏到它所绽放的美丽身姿,则可在十二月初延长光照时间和提高室内温度。一般情况下,在25℃的条件下,40天就能开花。若需延期开花,可将苗盆放于2℃~3℃的冷室;若需"五一"开花,可提前40天加温催花。

　　据资料记载,在云南省昆明市近郊的太华寺院内,有一株很老的山茶树,相传为明朝初年建文帝亲手所植。昆明东郊茶花寺内也有一株高达20米的红山茶,据说为宋朝遗物,每逢春季,满树红英,十分美丽。山茶花四季常青,现在它已被定为我国重庆市的市花,正以其浓郁繁茂的枝叶鼓励着山城儿女自强不息。更为难得的是,山茶花开放于万花凋谢的冬末春初。宋代著名诗人苏轼的"说似与君君不会,灿红如火雪中开"就赞美了山茶花这种傲骨迎寒的坚韧品格。郭沫若先生也曾用"茶花一树早桃红,白朵彤云啸傲中"的诗句赞美山茶花盛开时的绚丽景象。

花中仙子——荷花

出淤泥而不染,濯清涟而不妖。

荷花原产于中国,其栽培历史悠久,在3000多年前的西周就有人种植它了。与鹅掌楸、中国水杉、北美红杉等珍稀植物一样,荷花也是地球上的"活化石"。自古以来,荷花就以卓然挺拔的身姿和洁净庄重的品性深受人们的喜爱。"小荷才露尖尖角,早有蜻蜓立上头""应为洛神波上袜,至今莲蕊有香尘""香远益清,亭亭净植,可远观而不可亵玩焉"……描写荷花的诗句数不胜数。荷花清新脱俗的优雅气质也受到了画家的喜爱,在我国的绘画艺术作品中,关于荷花的作品也远远多于其他花种。我国近代国画大师张大千先生更是"荷痴",他自己就常说:"赏荷、画荷,一辈子都不会厌倦!"荷花以中国传统十大名花之一著称于世,历来都是宫廷苑囿和私家庭园的珍贵水生花卉,而在现代水景园林中,荷花也因其出淤泥而不染,迎骄阳而不惧,姿色清丽而不妖的特点备受青睐,被应用得更加广泛。

荷花为多年生水生草本植物,又名"莲花""水芙蓉"等,亦被称为"翠盖红裳的玉面美人"。荷花品种繁多,按用途可分为藕莲、子莲和花莲3大类;按其家族可分为莲花、睡莲、王莲3大类;按花瓣的大小和形状的不同可分为单瓣型、复瓣型、重瓣型和重台型4个类型。荷花植株高约150厘米,荷叶如盾形一般张开,最大直径可达60厘米。荷花在夏季开花,花期在六月至八月。荷花花形大、花朵秀美,最大直径可达20厘米。花色一般为红色、粉红色或白色,也有少量紫色及撒金色。莲花凋谢后,花托会膨大形成莲蓬,莲子就生于莲蓬内。

荷花喜欢温暖湿润的环境,在我国各地均有栽培。有的可供观赏,有的可生产莲藕,有的则专门生产莲子。荷花一身是宝,它的每个部分都可以食用或入药。早在秦汉时代,先民就将荷花作为滋补胜品,莲蓬、莲子心入药有清热安神之效。莲藕、莲子可食用。

荷花那出淤泥而不染的洁净品质和清香自溢的精神受到人们的喜爱,在人们心中,荷花是真善美的化身。荷花是佛教发源地印度的国花,它与佛教有着千丝万缕的联系,被尊称为佛教的宗教花。荷花以它的圣洁来象征佛教的超脱红尘和四大皆空,以它的多年生性来象征灵魂不灭和生命轮回。

关于荷花,还有一个有趣的传说。相传王母娘娘身边有一个美貌的侍女,名叫玉姬。她看见人间男耕女织,出双入对,便动了凡心。一日玉姬偷出天宫,来到了西子湖畔,美丽的景色使她流连忘返。王母娘娘知道后便用莲花宝座把玉姬打入湖中,让她"打入淤泥,永世不得再登南天"。从此,天宫中少了一位美貌的侍女,而人间多了一种冰肌玉骨的鲜花。

秋风送爽——桂花

共道幽香闻十里,绝知芳誉亘千乡。

桂花没有艳丽的色彩,也没有娇艳的风姿,却深得人们的喜爱。关于桂花的诗句,有唐代著名诗人李商隐的"昨夜西池凉露满,桂花吹断月中香",也有宋代女诗人朱淑贞的"弹压西风擅众芳,十分秋色为伊忙。一枝淡贮书窗下,人与花心各自香"。桂花以其淡淡的色泽,缕缕的馨香,在中秋圆月的映照之下传递着人们的美好愿望。

桂花又名"九里香",是中国的特有植物,也是我国十大传统名花之一,为木樨科常绿阔叶乔木,高可达10米。形似一把撑开的大伞,终年翠绿。树皮粗糙,叶有柄,对生,呈椭圆形,革质。花多为黄白色,腋生,呈聚伞状,花形小而香气迷人。桂花喜温暖的环境,不耐干旱、贫瘠。经过长期的人工栽培,桂花现在已形成了丰富多样的栽培品种,金桂、银桂、丹桂、月桂和四季桂是较为常见的几个品种。

金桂和银桂特性相似,气味都很浓郁,且都是一年行两次枝。三月上旬至四月下旬是枝叶发育的阶段,开花时间为九月下旬,花期可持续1个月。花一般开于当年春梢的节间,2年生枝上的花较少。但银桂花期较金桂稍迟,叶面颜色也稍浅,产量也没有金桂高。丹桂花比较少见,其花色较深,有橙黄、橙红和朱红色。丹桂在桂花中香气最浓,常被人们尊为上品。四季桂四季开花,因此也被称为"月月桂"。四季桂的香气最淡,但它的花期却是桂花中最早最长的。

我国西南部的喜马拉雅山脉一带是桂花的发源地,由于长期的引种栽培,桂花现在已经遍布世界各地,成为世界著名的花卉之一了。我国桂花栽培历史悠久,有关桂花起源的文字记载最早可追溯到2000多年前屈原的《楚辞·九歌》:"援北斗兮酌桂浆,辛夷车兮结桂旗。"唐宋以来,吟桂更是蔚然成风。如唐代白居易的"山寺月中寻桂子""秋月晚生丹桂实",宋之问的"桂子月中落,天香云外飘",宋代李清照的"何须浅碧深红色,自是花中第一流"。

桂花树以其古朴典雅、清丽飘逸的风格深受人们的喜爱。自古以来,桂花就被中国人民赋予了吉祥、友好的寓意,人们相互赠送桂花以示祝福。"折桂""桂冠"等名词也是由此派生出来的。我国古代的科举考试是文人通往仕途的必经之路,每年农历八月是乡试举行的时期,也是桂花飘香的季节,因此人们就把参加科举考试喻为"折桂",还将科举考试制度与神话联系起来,称在考试中取胜为"蟾宫折桂",用这种说法寓意中举的艰难并赞美及第者的聪敏幸运。此后"桂冠"便成了各种特殊荣誉的代名词。

桂花香而不腻,令人陶醉。相传侨居外乡的人闻到桂花的香气,眼前就能浮现出家乡的山水。桂花使人久闻不厌,它还具有很高的经济和药用价值。将桂花制作成糕点、蜜饯、糖果等甜食,香甜可口;将其制作成桂花茶,既不失茶的风味,又带有浓郁的桂花香气。桂花、桂籽还可入药,具有散寒化痰、通气和胃、温补阳气之功效。桂花还常被用于城市及工矿区的绿化,因为它对氯气、二氧化硫、氟化氢等有害气体都具有一定的抗性,有较强的吸滞粉尘的能力。由于桂花终年常绿而且芳香四溢,因此在园林绿化中被运用得十分广泛。庭前对植两株桂花树,可体会到"金风送香"之妙趣,将其植于亭台楼阁附近也别有一番风韵。

桂树的寿命较长,有些古树历尽沧桑变迁,直至今天还十分健壮。在陕西省南郑县的圣水寺,有一株距今2000多年的古桂花树,据传它是汉高祖刘邦手下的萧何亲手所植。在贵州锦屏也有一棵千年以上的桂花树,被人们称为"老寿星",它高约35米,胸径为16米,树冠覆盖400多平方米,枝繁叶茂,十分壮观。

凌波仙子——水仙花

借水开花自一奇,水沉为骨玉为肌。

水仙花又名"落神香妃""雪中花""金盏银台""玉玲珑"等,其花朵清丽,花香浓郁,叶片青翠,是冬季室内和花园里常见的陈设品,在世界上也很有名。水仙深得人们喜爱,我国在1300多年前的唐代就有栽培。"得水能仙天与奇,寒香寂寞动冰肌。"宋代诗人刘邦直如此赞美水仙。黄庭坚也称冰清玉洁的水仙为"凌波仙子",当代诗人艾青对水仙深情咏道:"不与百花争艳,独领淡泊幽香。"现在它也是中国的十大名花之一。

水仙花是石蒜科多年生草本植物。叶片由肥大的鳞茎顶端管状鞘中抽出,只有少数几片,叶片狭长,稍低于花葶,伞房花序。水仙花多为白色,还有一些红色、黄色的栽培种,花香清雅。水仙花为秋植球根花卉,早春开花并贮藏养分,夏季休眠。水仙花的栽培不同于别的花种,只要在盆中放几粒石子,再放些水,就可以绽放出美丽的花朵,这也是水仙花被称为凌波仙子的原因。

水仙花种类众多,目前在全世界有800多种,主要分布在中欧、地中海沿岸和北非等地区。中国水仙花在世界水仙花中占有重要地位,主要有单瓣型和重瓣型 2 个品种。单瓣型的水仙花形如盏状,所以又叫"玉台金盏",花期约 15 天,花冠为青白色,黄色花萼,花味清香;重瓣型的水仙花又名"百叶水仙"或"玉玲珑",花期约 20 天左右,花瓣十余片卷成一簇,花冠上端淡白下端轻黄,没有明显的付冠。重瓣型的水仙花形和香气较单瓣型的都稍差。在我国,水仙花主要分布在东南沿海等温暖湿润的地区,尤其以福建漳州、厦门和上海的崇明岛最为有名。

很早以前,水仙花就得到了我国人民的喜爱。传说尧帝的女儿娥皇、女英就是水仙花的化身,姐妹二人同时嫁给了舜帝。舜帝南巡时驾崩,娥皇与女英悲痛不已,双双投身于湘江殉情。上天被姐妹二人的真情所感动,便将二人的魂魄化为江边的水仙花,守护着一方子民,她们也成为腊月水仙的花神了。

清秀俊雅的水仙花不仅能将书房、客厅装点触机盎然。还具有一定的药用价值,有清热解毒,散结消肿之功效。但需注意的是,水仙花全草都有毒,尤其是鳞茎毒性最大,不可误食,牲畜误食会导致痉挛。

十六、木本花卉

高贵的木本花

具有木质的花,叫作"木本花卉"。木本花卉种类繁多,大体可分为乔木花、灌木花、藤本花 3 大类。在被子植物中,木本花卉是植株最高大、寿命最长久的植物。木本花卉有很多其他类花卉所没有的特点,具有如下一些独特的品质：

形色奇妙

木本花的形态样式数不胜数。如单生花，仅有明显花瓣花托的就有好几千种，如果包括各种花序，仅我国就有8000多种。还有很多树木我们都很少见，见到它们开花就更难得了。实际上许多树木并不是我们认为的那样不开花，被子植物都必须经历开花、结果的过程，才能繁荣昌盛。个别树木开的花常常让人感觉十分新奇。如接骨木的花，如一粒粒小花生一样生长在珊瑚般的嫩枝上，妙趣横生，苹婆的花则如同一个个象牙色的小花篮生在细枝的顶端，十分有趣；红千层的花盛开时如同一支支艳红的瓶刷子；还有各种葇荑花序的花，也都妙趣横生。有些花很相似，叶子却并不相同。如台湾的相思树和金合欢，花都是一簇簇的黄色小绒球，但相思树的叶子像夹竹桃，而金合欢的叶子是羽状的。类似绒球的花还有很多，千万不能混淆。

我国南方热带树林中有着让人眼花缭乱的木本花卉，辨别起来很是不易。但是只要仔细观察，就能发现它们之间的区别。如北方人常将香港特别行政区的区花洋紫荆和羊蹄甲相混淆。其实，这两种花都是苏木科羊蹄甲属植物，花形、色彩也很相近，它们的主要区别在于花和叶裂度的深浅上。洋紫荆花瓣宽、叶浅裂；羊蹄甲花瓣窄、叶深裂，呈羊蹄脚印形。近看南方凤凰花的单个花朵，还真像一只只展翅飞翔的火凤凰，但远观树冠却是一片火红。木棉花植株高大，它也开红色的花，其花朵肉质肥厚。还有一串串红色绒毛状的狗尾红，也给赏花人以奇特的感受。

丁香属灌木花，与乔木花无论是花色还是花形都有很大的不同。丁香花颜色丰富多彩，有白、粉、蓝、紫等。仔细观察还会发现，在花序上的单朵小花，有的是筒状的喇叭形，有的花瓣外翻呈舌状，有的形似一朵朵重瓣的荷花……

木本花在植物世界中形成了一个奇妙的小王国，对于很多木本花卉，我们还并没有真正了解它们，但它们却一直默默地吐露着芬芳，为这美丽多彩的世界做出自己的一份贡献。

景观优美

木本花在植物景观中有着不可估量的优势。首先是它们高大的植株，占据着空中优势，飘荡在空中的香气沁人心脾，艳丽的色彩远远就能吸引人们的视线。其次是它们的形态很适宜人们观赏，不必屈尊下俯，即可一目了然。

当我们走进公园，很容易就先被那些色彩鲜艳的木本花卉所吸引。远看如一片彩霞的杜鹃花、迷人的丁香……都能让我们流连忘返。不只灌木花，在盛春，各种大小乔木也繁花盛开，高雅洁白的白玉兰，忧郁淡蓝的泡桐，叶形奇特的鹅掌楸……它们傲然矗立在园林中，成为一个个独立优美的风景，被园林界称为"园景树"或"景观树"。

我们不仅能在春季能欣赏到木本花植物绰约多姿的美丽，在盛夏时节，它那郁郁葱葱的枝叶，也为人们提供了休闲纳凉的好去处。到了果期，木本花艳黄色的树冠也为人们增添了金秋的气息。王维曾这样称赞："桃红复含宿雨，柳绿更带朝烟。花落家童未扫，莺啼山客犹眠。"因此可以说，木本花是园林景观的主体。如果少了木本花，世上便少了一种独特的美景。

入乡随俗

木本植物的适应能力极强，几乎在地球上的任何地方都可以生存。不管环境有多恶劣，只要条件适宜，它们就能成活。比如香花槐，原生长于江南亚热带地区，现在已落户在四季分明的北京。而北方的垂柳，也使杭州西湖的初春的堤岸显得更加生机盎然。树木在郊野和农村是按自然规律生长的，树形优美自然；而城市的景观树木则有了人为的痕迹。但不论是自然的还是人工的，树木按季节开花的规律却是不变的。

品质优良

在人工栽培中，木本植物很容易按照人为的意愿生长，在我国深圳锦绣中华园就有很多这样的例子。如为了配合人工造景,可以将一棵原本能长5米高的树压缩成1米的高度,让其成为景点中的小树。这种控制树木高度的做法在园林景观中常被采用。

其实,只要给木本植物一点关爱,它就会成倍地报答你。北京有位酷爱花卉的中学老师,在自家院子里种植了很多花草树木。后来遇上拆迁,他忍痛舍弃了那些花草,只是花钱请人将一株成年的石榴树移植到了新居。次年,石榴树花繁叶茂,并结出了很多鲜美的果实,以报答主人。在湖南还有一位园林工程师,为了创造栽培奇迹,将各种不同季节的花嫁接在3种不同的树木上:梅花和樱花嫁接在桃树上;木莲和广玉兰嫁接在玉兰树上;油茶嫁接在山茶树上。通过精心培育,3棵树上的8种花竟然都开了,并且花期长达3个多月,观赏效果大大提高。可见,木本植物的品质极其优良。只要有专家的精心培育和设计人员的大胆实践,相信今后会出现更多的园艺奇迹。

无私奉献

如果仔细留意就会发现,在我们日常生活中,到处都有木本花植物与人类亲密关系的故事。木本植物为我们人类所做的贡献是无法磨灭的。我们每天呼吸的新鲜空气,就是树木吸收了我们人类呼出的二氧化碳,通过光合作用后释放出的氧气。据国家林业科研部门研究测定,一个成年人每天要排放1千克的二氧化碳,消耗0.75千克的氧气。假如一棵占地10平方米的成年大树,在每天进行光合作用制造有机物的过程中,吸收1~2千克二氧化碳,放出1千克氧气,就与人们的需要成正比了。因此,也可以说,树木是和人类同呼吸共命运的。

尽管木本花树木与人类有着千丝万缕的联系,然而近年来,由于经济利益的驱使,这些植物已惨遭人类无情的破坏。人们打着开发的旗号,砍倒了一片又一片的树林,在那些树桩上盖起了一幢又一幢闲置无用的高楼大厦。或者将自然林地改造为人工草坪,开辟为高尔夫球场。森林被破坏殆尽,植物种类越来越少……到现在,人与自然之间不平衡的现象仍在一幕幕上演着。美丽芬芳的花朵给我们带来了那么多美的享受,让我们的生活变得更加缤纷多彩,为什么我们就不能还它们一个宁静自由的生长环境,让它们更好地绽放自身的美丽,也使我们人类得到更好的发展呢?如果不好好保护树木,让这些开花的树木任人毁灭,人类面临的结局也是可想而知的。

报春的蜡梅

寒意料峭的早春时分,大多数树木还只有光秃秃的树枝,瑟缩着不敢开花,而这时蜡梅却凌寒而放,那金黄的花朵向人们昭示着春的气息。

蜡梅是蜡梅科蜡梅属落叶大灌木,丛生,植株高可达5米。发达的根茎部呈块状,在江南被称作"蜡盘"。小枝呈四棱形,老枝近圆柱形。叶对生,近革质,呈长椭圆形,全缘,表面绿色而粗糙,背面灰色而光滑。花朵呈黄色有光泽,似蜡质,单生于枝条两侧,花期在隆冬腊月,有浓郁的香气。成熟时花托发育成蒴果状,口部收缩,内含数粒种子,成熟时为茶褐色。经过加工的蜡梅花是名贵药材,有解毒生津之效。

蜡梅花期早、花香浓,其"挺秀色于冰途,历贞心于寒道"的高尚品格历来受到文人墨客的青睐,因此留下了许多脍炙人口的佳作。有宋代黄庭坚的"金蓓锁春寒,恼人香未展。虽无桃李颜,风味极不浅",南宋谢翱的"冷艳清香受雪知,雨中谁把蜡为衣。蜜房做就花枝色,留得寒蜂宿不归",还有"枝横碧玉天然瘦,蕾破黄金分外香","破腊惊春意,凌寒试晓妆"等流传已久、意境优美的咏梅佳句。

蜡梅的香是出了名的。"夜闻梅香失醉眠""暗香著人欲袭骨""熏我欲醉须人扶"等诗句就足以说明蜡梅的香是多么的沁人心脾。蜡梅还可制成香精,在国际市场上,蜡梅香精比黄金还要珍贵。

20世纪80年代初,中美植物学家联合考察队在神农架发现了多种蜡梅的原始群落。之后,在大巴山地区,即汉江支流任河谷地以东,湖北、重庆、陕西的交界地带,发现了很多著名的观赏品种,如檀香蜡梅、荷花蜡梅、素心蜡梅等,且分布面积都在1万平方千米以上。这里的蜡梅还有很多原种和变种,以至于后来这里被植物学家命名为"蜡梅的故乡"。

蜡梅品种繁多,较为著名的观赏蜡梅主要有如下几种:素心蜡梅,是蜡梅中的珍品,花朵较小,香味却最为浓郁。在清康熙年间,河南鄢陵的素心蜡梅就十分著名,有"冠天下"的美誉,还被当作贡品运往京城;馨口蜡梅,花朵较大,形似馨口,花瓣圆形。还有盛开时外形酷似荷花的荷花蜡梅,花瓣大而圆尖,主产于松江流域;檀香蜡梅,也属蜡梅珍品,花朵较磬口蜡梅密且香味更浓郁;狗蝇蜡梅,花小色淡,花瓣基部有紫红色,为野生种类,抗逆性强,多用作繁殖蜡梅的砧木。

女郎花——玉兰

玉兰属木兰科落叶小乔木,又名"白玉兰""应春花""望春花"等。玉兰树高可达15米,小枝呈淡灰色,嫩枝及芽外披黄色短柔毛。叶互生,长10~15厘米,呈倒卵形或倒卵状长圆形,基部呈楔形或阔楔形。玉兰先花后叶,花形较大,花朵洁白如玉,有香气,花期10天左右,花含芳香油,是提制香精的原料,还可薰茶或食用。聚合果,种子呈心形,为黑色。果实能提炼工业用油,花蕾和树皮可入药。

玉兰是我国的著名花木,在我国已有2500年左右的栽培历史,性喜阳光和温暖的气候,主要分布在我国中部及西南地区,是早春重要的观赏花木。玉兰从树形到花形都很优美,每到花期,仿佛片片漂浮的白云,十分美丽。

玉兰清新可人的气质也受到了历代文人墨客的喜爱,吟咏玉兰的佳作颇

玉兰

多。最早的应该算是屈原《离骚》中的"朝饮木兰之坠露兮,夕餐秋菊之落英"。明代"苏州四才子"之一的文徵明不但在《玉兰》一诗中称赞它:"绰约新妆玉有辉,素娥千队雪成围。我知姑射真仙子,天遣霓裳试羽衣。影落空阶初月冷,香生别院晚风微。玉环飞燕元相敌,笑比江梅不恨肥。"还将自己的画室取名为"玉兰堂"。玉兰还具有坚韧不拔、凌霜傲雪的英雄气概,唐代诗人白居易将玉兰比作替父从军的花木兰:"腻如玉脂涂朱粉,光似金刀剪紫霞,从此时时春梦里,应添一树女郎花。"因为这首以花喻人的诗,玉兰从此又被叫作"女郎花"了。

玉兰在17世纪末至18世纪初传至美洲和欧洲,受到了当地人们的热烈追捧。一些种有玉兰的花园经常被盗贼们光顾。英国柯林兹的奇卉园就曾两次被盗,园中的玉兰被洗劫一空。此事一时间轰动了英国乃至欧洲,甚至有报纸呼吁议会专门制定相关法律以禁绝盗窃玉兰的行为,由此可见人们对玉兰的重视。

在我国,玉兰寓意吉祥富贵。"玉兰富贵图"一直是中国画的一个传统题材。在民间,手工艺人还以玉兰为原型制作出栩栩如生的羊脂白玉盆景。玉兰以其素净淡雅、洁身自爱的品质赢得了上海市民的青睐,在百花中将其选为上海市市花。

玉兰寿命很长,有的甚至可达数百年。北京颐和园乐寿堂前有2株相传为1750年所植的玉兰树,是乾隆年间清漪园的遗物。在八国联军侵华时,清漪园被毁,这2株玉兰幸得保存。至今,每年春天,这2株玉兰还在向游人吐露着它们的芬芳。

据植物学家分析,木兰科是最原始的被子植物家族之一。全世界有250多种,我国则有100余种,其中很多是珍稀濒危树种。在我国公布的第一批国家重点保护植物中,就有木兰科植物20多种,居被子植物之首。

木兰科中还有许多植物都与玉兰相似,如形似荷花的荷花玉兰,它与玉兰同科同属。不同的是,荷花玉兰是常绿乔木,原产于北美,到19世纪末才引入我国,极具观赏价值。

如云似雾的樱花

每年四月至五月是樱花盛开的时节。漫山遍野的樱花极为壮观,远远望去如云似雾一般,迷蒙中带着别样的美丽。幽香艳丽的樱花是早春重要的观赏树种,常群植于园林或山坡、庭院、路边、建筑物前。那满树芳华,落英缤纷的美丽景象总能吸引不少游客前去观赏。

樱花是蔷薇科落叶乔木,树高5~25米。树皮为暗栗褐色,光滑而有光泽,具横纹。小枝无毛。叶呈卵形至卵状椭圆形,先端尾状,边缘具芒齿,两面无毛,背面为苍白色,幼叶呈淡绿褐色。伞房状或总状花序。花为白色或淡粉红色。

樱花被人们赋予了热烈、纯洁、高尚的寓意,深受世界各国人民的喜爱,其中又以日本人最为执着。日本素有"樱花之国"的美称,全世界共有800余种樱花,仅日本就占去了1/2。日本人还将樱花尊为国花,在日本的古语中,常用"樱时"这个词来表示春天。每年樱花由南往北依次盛开的时候。日本各地都会举办大大小小的"樱花祭"人们穿上文雅端庄的和服,邀上三五亲朋好友,一起在樱花树下边赏樱、边开怀畅饮。"京城官庶九千九,九千九百入樱流"说的便是日本人民的这一节日盛会。在日本人的日常生活中,到处都能见到樱花的倩影,如建筑、服饰甚至杯盘碗筷上都有樱花的装饰图案。

周恩来总理青年时代曾留学日本,他也十分喜爱樱花,他的很多诗作都是赞美樱花的。如《雨后岚》中的"山中雨过云愈暗,渐近黄昏;万绿中拥出一丝樱,淡红娇嫩,惹得人心醉"。《春日偶成》中的"樱花红陌上,柳叶绿池边。燕子声声里,相思又一年",将樱花描写得格外迷人。周总理生前在自己所住的院子里也栽了2株樱花。

在日本,樱花被分为野生的山樱和里樱两大类。按照花瓣的类型分为5个花瓣的单层花、半重瓣、重瓣、60个花瓣以上的菊瓣和300多个花瓣的菊筒瓣。单层花大山樱、彼岸樱和重瓣八重樱等比较常见,在日本最有名的是重瓣的染井吉野樱。

中国"桃花文化"

桃花为蔷薇科李属的落叶乔木,树高4~7米。灰褐色的树干粗糙有孔。叶呈椭圆状披针形,边缘有细锯齿。花期在三月,花单生,5瓣,花多为粉红色,变种也有白、深红、绯红、红白混杂等色,重瓣或半重瓣。桃花是中国传统的园林花木,其树态优美,枝干扶疏,花朵丰腴,色彩艳丽,是早春重要的观赏树种。在桃花盛开的时节,如果你走进桃林,眼前霎时一片霞光映照,恍惚间似神游于太虚幻境。

《诗经》中就有描写桃花的诗句:"桃之夭夭,灼灼其华。"不由得让人脑海中浮现出在春光明媚的日子里那满树繁花似锦的美丽景象。也说明了桃花历史悠久,早在3000多年前就已装点着中华大地了。我国劳动人民早在2000多年前就懂得运用桃花的物候来表达季节时令了,这从《礼记·月令》里的"仲春之月,桃始华"这一句就能看出来。古农书《齐民要术》还记载了桃的栽培方法。作为桃花原产地的中国,有关桃花的历史可谓源远流长。

中国人历来都有股"桃花情结"。桃花的娇俏美丽,受到了历代文人们的深深喜爱。中国的"桃花文化"博大精深,有关桃花的诗词歌赋、绘画、典故历朝历代层出不穷。桃花也常常被用来点缀与渲染古诗文中那些描写春景、女子、爱情的场景。桃花作为中国文化中的一种重要物象,包含着6个方面的文化意蕴。

第一,桃花象征着春天。"竹外桃花三两枝,春江水暖鸭先知",竹林外那三两枝桃花最先向人们昭示了春的暖意。"桃红柳绿又见春"也预示了春天的来临。还有唐代周朴的"桃花春色暖先开,明媚谁人不看来"。

第二,桃花象征着美人和美丽的爱情。古时候,桃花似乎总是与美人如影随形,美人那含羞带嗔、一颦一笑的风情与红润娇艳的桃花极为相似。传说唐明皇和杨贵妃都很喜欢桃花,在御花园里种了上千株,每到盛开时节,唐明皇都会亲自摘下几朵桃花插在杨贵妃的头上,说"此花最能助娇态"。还有很多与桃花相关的名词:"人面桃花"的故事打动了很多人,勾起了人们对纯真恋情的向往;我们还常常会用"桃花运"来开玩笑,其实"桃花运"也带有某种浪漫的冒险精神。

桃花大多是粉色,相信很多女性都有粉色情结吧!色彩学上粉色代表了少女的甜美、浪漫与性感,它不同于热烈的红色、耀眼的黄色、忧郁的蓝色、张扬的绿色、庄重的黑色或者纯洁的白色和高贵的紫色。粉色无疑是最适合女性的颜色,代表了女性心中那个甜美的公主梦。

第三,桃花有时候也寄寓了人生的别离与愁苦。"桃花流水"的场景含有浓烈的悲情成分。是啊,即便是刹那间惊天动地的光华,最终也只得随雨打风吹去。唐代"诗鬼"李贺的"况是青春日将暮,桃花乱落如红雨"其实也隐喻了他怀才不遇的落寞心境。英年早逝的李贺就像这乱落如红雨的桃花一般随风飘去。在中国古典文学里,诸如相思之苦、失亲之痛、离别之恨,甚至兴亡之叹,往往都需借助桃花以达到比兴和抒情的效果。

第四,由于桃和李的适应性强,分布范围十分广泛。"桃李不言,下自成蹊"即源于此,后人还用"桃李满天下""桃李满园"来形容某人学生多。

第五,我国还有很多关于桃花的神话传说。桃花盛开时,桃园里的芳华烂漫营造出仙境般的迷离。与佛教、道家理想圣地的清净与超凡相似,桃花深处有仙人出没的神话传说也满足了中国人的合理想象。"溪上桃花无数,枝上有黄鹂。我欲穿花寻路,直入白云生处,浩气展虹霓。只恐花深里,红露湿人衣",黄庭坚的《水调歌头》就描绘了这样一个桃花掩映、红露湿人的神仙境界。"世外桃源"是人们历来所向往的一个美好的世外仙境,它是东晋文人陶渊明在《桃花源记》中描绘的一个与世隔绝的理想世界。在这个没有灾祸、没有纷争,宛若诗画般的"世外桃源",人们过着和平、宁静、幸福的生活。"桃源"也成为退隐避世的最佳场所。金庸的武侠名作《射雕英雄传》里也有一个桃花岛,它是东邪黄药师的居住地。现实中的桃花岛地处东海环抱之中的舟山群岛,在一代武侠小说宗师的文化影响下,这里现在已名扬天下,也算是"文因景成,景借文传"。

最后,桃的果实桃子还是长寿的象征。中国人有一个传统的习俗,老人过寿时,年轻的后辈都会送上"寿星桃"以祝福老人家长命百岁。《西游记》中的孙悟空也正是吃了王母娘娘的蟠桃从而长生不老的。

文学作品中描写爱情往往都离不了桃花,不论是热恋的狂喜还是失恋的哀恸,都喜欢用桃花盛开时的繁盛和衰败的颓靡来表达。如刘禹锡的《竹枝词》:"山桃红花满上头,蜀江春水拍山流。花红易衰似郎意,水流无限似侬愁。"运用山中红桃花和一江春水将一个热恋中少女甜蜜忧愁的微妙心理烘托得细腻传神。南宋诗人陆游和表妹唐琬爱得缠绵悱恻,却不得不分开。一首哀怨绵绵的《钗头凤》:"桃花落,闲池阁。山盟虽在,锦书难托。莫、莫、莫。"将这种失意的愁绪表现得淋漓尽致。诗人通过桃花的凋零来比喻好景不长,欢情难再,读起来感人至深。《红楼梦》中"黛玉葬花"的桥段我们都很熟悉,而她所葬的正是桃花。《桃花扇》是中国古典四大悲剧之一,说的是忠贞高洁的秦淮名伶李香君,为了捍卫爱情,不惜"以死撞壁,血溅扇面,经人数笔点缀成桃花",最后却"扇破花消"。自此,伊人常伴青灯古刹,国事家事终成空幻。古往今来,桃花不知承受了多少文人的欢笑和泪水。

在湘南地区,一直都有"服三树桃花尽,面如桃花"之说。关于桃花可以娇美容颜的说法最早源自《史略》:北宋卢士琛的妻子崔氏很有才干,她常在春日里用桃花和雪水替小儿洗脸,还随口唱道:"取红花,取白雪,与儿洗面作光悦;取白雪,取红花,与儿洗面作妍华。"后来,不少人效仿她的这种做法,关于桃花美容的说法也一直流传至今。

和美的象征——紫荆

紫荆为豆科紫荆属落叶乔木或灌木,又名"紫珠""满条红"。单叶互生,叶片呈心形,圆整而有光泽,全缘,叶脉掌状,有叶柄,托叶小,早落。花期在四月至五月,花朵小而密集,花为紫红色,先花后叶。紫荆花开时,那满树的紫色小花团将树干枝条团团缠绕,远看犹如一片紫霞飘浮在云端,甚为美丽壮观。

紫荆原产于我国,主要分布在湖北西部,辽宁南部、广西、河南、陕西、广东、四川等地也分布较广。紫荆的适应能力很强,喜光,比较耐寒耐旱。繁殖方法主要有播种、分株、扦插、压条等方法,以播种为主。紫荆是常见的园林花木,历来被广泛地栽植于庭院和园林中,尤其是与常绿树配置,花与叶相映成趣,别有一番风情。不仅能装点园林,紫荆的树皮和花梗还可入药,有清热凉血、祛风解毒、活血通经、消肿止痛等功效。种子制成农药还能驱杀害虫。紫荆树的木材纹理直、结构细,是上等的家具、建筑用材。

在中国,紫荆一直以来象征着家庭和美、骨肉难分。"三荆欢同株,四鸟悲异林",晋代陆机的诗就讲述了兄弟分而复合的故事。而这个故事最完整的版本应当是在梁代吴钧的《续齐谐记》中。话说临安一户田姓人家有三兄弟,父母死后,三兄弟决定分家。他们将所有家产平均分成三份,就连院中的紫荆树也准备砍倒分掉。第二天,当三兄弟去砍树的时候,却惊奇地发现,院中的紫荆树竟然在一夜之间枯死了。见此情景,大哥十分悲痛,便对两个弟弟说:"紫荆树宁可枯死也不愿一分为三,我们兄弟三人难道连树木都不如吗?"于是兄弟三人决定不再砍树分家了。后来,那棵紫荆树竟又复活过来,而且更加枝繁叶茂了。因此,紫荆树被人们称为"团结树",紫荆花被称为"兄弟花"。

由于紫荆花常被用来比拟亲情,因此很多诗人都用紫荆花来表达自己思念亲人、思念故乡的情怀。如唐代诗人杜甫的《得舍弟消息》:"风吹紫荆树,色与春庭暮。花落辞故枝,风回返无处。骨肉恩书重,漂泊难相遇。犹有泪成河,经天复东注。"飘落的紫荆花让诗人联想到自身遭遇,睹物思人,昔日朝夕相伴的手足情深像没有归处的落花一样一去不复返了。紫荆树还被叫作"乡情树",这来源于唐代诗人韦应物的《见紫荆花》:"杂英纷已积,含芳独暮春。还如故园树,忽忆故园人。"

幸福花——丁香

每年五月至六月间,丁香花盛开,那一团团、一簇簇的丁香拥在一起,显得格外娇艳。宜人的清香也让不少人陶醉其间。

丁香是木樨科丁香属落叶灌木或小乔木。因花筒细长如钉且芬芳怡人,故得名"丁香",又名"情客""百结"等。丁香花期在四月至五月,花朵小而繁茂,花香淡雅,花为白色、紫色、紫红色或蓝色等。顶生或侧生圆锥花序,花序很大。

丁香全属约有 30 种,原产于我国的有 25 种,主要分布在华北、东北、西北直至西藏等地。比较常见的主要有紫丁香、荷花丁香、北京丁香、小叶丁香、西洋丁香、花叶丁香6种。紫丁香花期在四月,花色紫红或紫蓝;荷花丁香花期在六月下旬,花色洁白且花香浓郁;北京丁香现为北京市少有的观花乔木之一,花期在七月上旬,花为黄白色;小叶丁香花序短小,花期在六月,花为淡紫红色;西洋丁香有重瓣,花色有白、淡紫、淡蓝等品种;花叶丁香叶披针形,有时3裂或成羽裂,花期在5月,花为淡紫色。

丁香栽培简易,且雅俗共赏,是著名的庭院花木,我国早在宋代就用丁香来装点庭院园林了。由于中国古代园林讲究用"障眼法"演绎景随步移的园林意境,因此宋代园林中的"丁香障"便将丁香密植于土岗或园林,形成类似于屏障的东西,造成"山重水复疑无路,柳暗花明又一村"的效果。明清时,这种方法更被运用到了极致,无论是在皇家园林还是在私人庭院,到处都可以见到用丁香点缀的山石、角隅和道路。

丁香还具有很高的经济价值,它是一种名贵的香料。很多食品、香烟的配料都是从丁香花中所提取的芳香油制成的,一些高级化妆品中的主要原料也含这种芳香油。丁香花还可做药材,它是牙科药物中不可缺少的防腐镇痛剂。丁香那含苞待放的花蕾也可作为商品。

丁香在我国文学作品中,总是跟忧伤惆怅的爱情联系在一起。这是因为丁香花盛开时,正值春雨绵绵的时节,阵阵幽香伴随着丝丝细雨,总能勾起人们的无限感伤和思念。不只是中国人,欧洲的德国人也十分喜爱丁香。丁香花盛开时,人们都会将它摘下来,自制成花束、花篮相互赠送,以表达美好的祝愿。甚至还有许多人家将丁香制成十字架形状挂在墙上,并认为这样可以驱邪纳福。

非洲东部的坦桑尼亚,有一个叫"奔巴岛"的小岛,被人们称为"世界上最香的地方"。原来,在这个面积不过980平方千米的小岛上,却生长着360万株丁香树。每年丁香盛开的季节,清香四溢,令人沉醉不已,真是名副其实的"丁香岛"啊!桑给巴尔岛是奔巴岛的"姊妹岛",它也有100万株丁香树。这两个小岛上所产的丁香总量占国际市场的80%,丁香因而成了当地政府出口创汇的主要产业,政府总收入的96%以上都是丁香的产值,难怪当地居民也把丁香树称作"摇钱树"了。正是因为如此,丁香花被坦桑尼亚尊为国花。但需注意的是,坦桑尼亚丁香与中国丁香并不是同一种植物,它是桃金娘科常绿乔木,原产于印度尼西亚的马鲁吉群岛,因此我们又将其称为"洋丁香"。

花中神仙——海棠

中国古人将凌寒傲放的梅花称为"国魂";将国色天香的牡丹称为"国花";将艳美高雅的海棠花称为"花中神仙"。三者素有"春花三杰"的美誉。而仿佛绝代佳人的海棠却又因其别具一格的气质而显得十分特别。早春时,海棠的花蕾呈深红色,盛开后褪为淡红色,正合了"淡妆浓抹总相宜"这句诗。其身姿绰约,"依依如有意,脉脉不得遇",真不愧"花中神仙"的美名。

海棠

海棠在我国有着悠久的栽培历史。目前,中国境内约有20多个品种,且多为观赏类。如习称"海棠四品"的西府海棠、贴梗海棠、垂丝海棠、木瓜海棠都是比较有名的观赏类海棠。它们都是木本植物,但同科不同属。

西府海棠是蔷薇科苹果属落叶灌木或小乔木,别名"海红""子母海棠"。高3~5米,幼枝有短柔毛,老皮平滑,呈紫褐色或暗褐色,叶长5~11厘米,宽2~4厘米,呈长椭圆形,先端渐尖,茎部楔形,边缘有锯齿,叶柄细长2~3.5厘米,花期三月至四月，伞形总状花序，花重瓣，淡红色，直径约4厘米，生于小枝顶端，梨果球状，直径为1.5厘米。西府海棠耐寒性强，性喜阳光，耐干旱，忌渍水，在干燥地带生长良好。原产于我国华北、华东等地。

贴梗海棠是蔷薇科木瓜属落叶灌木，别名"铁杆海棠""铁脚海棠"。株高1~2米。枝直立而开展，有刺无毛，单叶互生，长卵形至椭圆形，叶缘有尖锯齿，托叶很大，肾形或半圆形，无叶柄，似抱茎，花期三月至四月，花单生或数朵簇生于二年生枝条的内部，花梗贴枝而生，极短，花色为猩红、粉红间乳白色，先于叶或与叶同时开放，萼片直立，果实为球形或卵形，呈黄色或黄绿色，紧贴在枝条上生长而看不到果梗，有芳香，十月份果实成熟。

垂丝海棠是蔷薇科苹果属落叶灌木或小乔木，又名"锦带花"。常见的垂丝海棠有2种：一为重瓣垂丝海棠，花为重瓣；一为白花垂丝海棠，花近白色，小而梗短。垂丝海棠树姿婆娑，花色粉红，花4~7朵聚生为一簇，形似樱花，花瓣5枚以上，朵朵弯垂，色艳韵美，绰约动人。在我国华东、中南、西南部均有分布，以四川最多。

木瓜海棠是蔷薇科木瓜属落叶小灌木，又名"木瓜花"或"木李"。株高可达7米，枝有小针刺，多枝杈，为褐色，叶呈广卵形，顶端钝或微尖，边缘有圆锯齿，花期为四月，花朵簇生，先花后叶，花色艳丽，有红、橙、白、粉等，单瓣或重瓣，花后结球形或梨形果，成熟后香气宜人。

人们常说的秋海棠与上述海棠则不是一个种类，它属于秋海棠科，是一种草本盆栽花卉。还有一种吊钟海棠也叫"倒挂金钟"，属于柳叶菜科，是介于木本和草本之间的亚灌木，更不能与这些海棠相混淆。

海棠比梅花更加丰满，比桃花更加淡雅，特别是开花时那含苞欲放的姿态犹如俯首掩面的害羞的姑娘，在绿叶的掩映下显得格外娇俏，古代文人因而对海棠的评价甚高。"若使海棠根可移，扬州芍药应羞死。"南宋诗人陆游这样赞美海棠，认为连雍容华贵的扬州芍药都比不上它，可见其对海棠的痴迷程度。宋代刘子翚也写下了："幽姿淑态弄春晴，梅借风流柳借轻……几经夜雨香犹在,染尽胭脂画不成……"形容海棠似娴静的淑女,集梅、柳优点于一身,妩媚动人。

雨后,海棠更加花艳姿妖,美丽动人,即使是能工巧匠也无法描摹出其精髓。美中不足的是,海棠艳而无香。宋代刘渊材曾说海棠无香是他平生"五大憾事"之一,因此,当他听说四川昌州有种海棠有独特的幽香时,十分兴奋,将昌州称为"佳郡",直至现在,昌州都有"海棠香园"的美称。"鲫鱼多刺、海棠无香、红楼未完"是近代女作家张爱玲认为的人生"三大恨事"。由此可见,中国文人对尽善尽美的追求就浓缩在了这小小的海棠上,生怕一丝一毫的缺憾破坏了它在心中的完美形象。

夫妻和睦的象征——石榴花

盛夏时节,石榴花盛开,那满树繁花似锦,灿若朝霞。元代张弘范有诗《榴花》:"猩红敢教染绛囊,绿云堆里润生香。游蜂错认枝头火,忙驾薰风过短墙。"鲜红的榴花在一片绿叶的映衬下开得正艳,散发出阵阵清香,引得采蜜的蜂儿闻香而来。但一看见那满树猩红如血的鲜花,竟误以为枝头着火了,吓得慌忙乘风逃至墙的另一边了,真是妙趣横生!唐代大诗人杜牧在《山石榴》一诗中说:"一朵佳人玉钗上,只疑烧却翠云鬟。"意思是说一位娉婷的少女在发鬟上插满了鲜红的石榴花,风姿绰约,光彩照人。只是担心美人的发鬟会不会被那似火的榴花给烧坏呢?

石榴属安石榴科落叶灌木或乔木,古名"安石榴"。据《群芳谱》载,西汉时张骞出使西域,在安石国发现了一种籽实众多的果品,便将其带中原,并以"安石"二字为之取名,也就是我们今天所说的"石榴"。石榴的品种主要有玛瑙石榴、粉皮石榴、青皮石榴、玉石子等。花色有红、白、黄3种,花瓣有多瓣和单瓣之分,但只有单瓣的结实。深秋,石榴果实成熟,皮色鲜红或粉红,果皮绽裂,一排排如宝石般晶莹剔透的籽粒外露,酸甜多汁,馨香流溢,令人回味无穷。唐人段成式在《酉阳杂俎》中称之为"天浆"。

因果实中籽实众多,所以自古以来,石榴就被人们当作子孙昌盛的象征。据《北史·魏收传》记载,北齐李祖收的女儿嫁给安德王高延宗为妃,高延宗前往李家赴宴。席间,李妻宋氏献上了两个石榴,祝延宗夫妻子孙满堂。此后,这个习俗一直在民间广为流传。特别是在男女成婚时,人们都会送上石榴以表祝福。

中国有三大吉祥果:石榴、桃子、佛手。人们常用这3种水果表示祝福多子、多寿和多福。在世界其他地方,石榴也是多子的象征。希腊神话中天帝宙斯的妻赫拉是主管婚姻和生育的女神,她的形象是右手握权杖,左手执石榴。

在我国,石榴常被文人墨客比作淑女,并用"拜倒在石榴裙下"来比喻男子对女子的倾慕与追求。这个比喻还源自一个有趣的历史典故。传说,杨贵妃十分喜爱石榴花,常爱穿绣满石榴花的彩裙。为讨爱妃欢心,唐明皇在华清池西绣岭、王母祠等地栽种了很多石榴,每逢榴花盛开的季节,他都会在火红的石榴丛中设酒宴。饮酒后的杨贵妃显得格外娇媚,唐明皇还常将贵妃的粉颈红云与石榴花相比。由于过分宠爱杨贵妃,唐明皇荒废朝政,引起大臣不满,于是大臣都迁怒于贵妃,见到她都拒绝给她行礼。

一日,唐明皇设宴招待群臣,邀贵妃献舞助兴。贵妃对皇上说:"这些臣子大多对臣妾侧目而视,不恭敬,不施礼,我不愿为他们献舞。"唐明皇听后,立即下令文武百官,见了贵妃一律施礼,否则以欺君之罪处罚。众大臣无奈,此后,凡是见到杨玉环身着石榴裙走来,便纷纷下跪行礼。于是"拜倒在石榴裙下"这个典故就流传开来。

从功用上,我们可以将石榴分为两大类:果榴和花榴。花榴专供观赏用;果榴不但能观赏,还可以食用。我国陕西的临潼石榴果大籽多,是果榴中较为著名的品种。还有云南的青壳石榴、四川的青皮石榴、山东枣庄的软籽石榴、安徽怀远的白籽糖石榴、广西的胭脂红石榴以及陕西杨凌近年推出的大果黑籽甜石榴等等，都是一些十分优良的品种。

石榴不但美味可口，营养丰富，还具有药用功能。据历代医学家及中医临床经验证明，石榴具有生津化食、抗胃酸过多、软化血管、止泻化淤、消渴祛火等多种功效。以色列科学家阿维拉姆教授发现，石榴汁对于预防和治疗动脉粥样硬化引发的心脏病的效果，比红葡萄酒更佳。常食石榴或常饮石榴汁可有效地防治高血压、冠心病等中老年疾病。

清香四溢的茉莉花

"好一朵美丽的茉莉花，满园花开，香也香不过它……"江苏民歌《茉莉花》在我国广为传唱，由此可见人们对它的喜爱之情。是啊！花色洁白如玉的茉莉

茉莉花

花以其清新淡雅的花香在花草中独树一帜。虽然它没有让人惊艳的外形，却兼具玫瑰的甜郁、梅花的馨香、兰花的幽远、玉兰的清雅，令人沉醉。

茉莉花属木樨科常绿小灌木或藤本状灌木，是我国传统的著名花卉。株高1米左右。枝条细长，小枝有棱角，有毛。单叶对生，呈宽卵形或椭圆形，叶脉

明显,叶面微皱,叶柄短而向上弯曲,有短柔毛。初夏,新梢会从叶腋抽出,顶生聚伞花序,一般开3朵花,花为白色,有清香,花期比较长,可从初夏开至晚秋。

茉莉花喜温暖湿润和阳光充足的环境,原产于我国西部和印度,现在亚热带地区广有栽植。茉莉抗产差,怕干旱,不耐湿涝和碱土壤,栽培时以肥沃的酸性土壤最佳,并且气温不能低于5℃。

茉莉品种繁多,大致可分为单瓣茉莉、双瓣茉莉、多瓣茉莉3种。单瓣茉莉植株较为低矮,细长的茎枝呈藤本型,故也称为"藤本茉莉"。花冠只有一层,裂片较少,约7~11片,香气轻灵纯净。由于单瓣茉莉花耐旱性较强,比较适合在山脚、丘陵坡地种植。双瓣茉莉也称"平头茉莉",株高约1~1.5米,为直立丛生灌木。花冠双层,裂片较多,内层4~8片,外层7~10片。花香醇厚浓烈,是在中国栽培面积最广的品种。多瓣茉莉的花冠裂片小而厚,较多,约16~21片,联合排列成3~4层,盛开时层次分明。多瓣茉莉开花时间较长,香气较淡,产量较少。

叶色青翠、花色洁白、香味浓郁的茉莉常被置于花坛或做花篱,也可作盆栽点缀阳台、窗台和居室。从茉莉花中提取的茉莉油,是制造香精的原料,而且茉莉油的身价很高,相当于黄金的价格。茉莉的花、叶、根均可入药,具有行气止痛、解郁散结的作用。茉莉花还可熏制茶叶,或蒸取汁液,可代替蔷薇露。

无穷花——木槿

夏秋季节,开花植物逐渐减少,特别是木本花卉。木槿便在这夏日的微风中怡然自得地迎风招展,向世人展示着它婀娜的身姿。

木槿是锦葵科木槿属落叶灌木或小乔木,又名"朝开暮落花""木锦""荆条"等,分枝较多。叶不裂或中部以上3裂,花形较大,单瓣或重瓣,直径为5~8厘米,呈钟形,花色有紫、粉红、白等。木槿每花只开放一天,朝开暮落,但木槿的整体花期却很长,能从六月一直开到十月。因此,韩国人民又将木槿称为"无穷花",并将其定为国花。直到现在,韩国国旗旗杆的顶端仍然是使用木槿来装饰的。

"有女同车,颜如舜英",这里的舜英便是指的木槿,连3000多年前的《诗经》都将木槿比作美女来歌咏,由此可见,木槿在我国有着多么悠久的种植历史。木槿与同为锦葵科木槿属的扶桑、木芙蓉一起,被称为"三姊妹花"。

朝开暮落、花不宿枝是木槿花最大的特点。"朝菌木槿不知晦朔,蟪蛄(寒蝉)不知春秋",庄子就曾以木槿来形容生命的短暂。唐代李商隐也有诗云:"风露凄凄秋景繁,可怜荣落在朝昏。未央宫中三千女,但保红颜莫保恩。"诗人借容易衰败的木槿花来比喻红颜易衰,未央宫那如云的美女,谁才能得到君王的恩宠呢?颇有点"人事反复哪能知"的意味。汉代的东方朔在写给公孙弘的信中说:"木槿夕死朝荣,士亦不长贫也。"借木槿表达了他不因一时贫困而悲观失望的决心,其精神为后世所赞赏。由此可见,由于个人对花卉的欣赏角度不同,人们也赋予了木槿不同的寓意。

木槿花不仅可供观赏,还可食用。将花朵调入稀面粉和葱花,入油锅煎,称为"面花",食用起来松脆可口。木槿花炖豆腐,是一道著名的汤菜——木槿豆腐汤。其叶子用清水浸湿后还可以洗头发,不但能去发污还能治头皮瘙痒,古代妇女每逢七巧日都有"槿叶濯发"的习俗。

昼开夜合的合欢

合欢树是豆科合欢属落叶乔木,别名"绒花树""夜合欢"。株高4～15米,枝条开展,树冠呈广伞形。树皮平滑,为灰棕色。偶数羽状复叶,互生,各具10～30对镰刀状小叶,全缘,无柄。花期为六月,头状花序簇叶腋,或花密集于小枝先端而呈伞房状。花色为淡红色。荚果条形,扁平,边缘波状。种子小,扁椭圆形。合欢喜温暖湿润和阳光充足的环境，主要产于我国黄河流域及以南各地。

炎炎夏日，合欢树那开阔的树冠如一把撑开的大伞，为人们消暑纳凉提供了好去处。伞面上那一团团粉红色的绒花，如害羞少女微微绽开的红唇，如古代侍女手中的团扇一般轻柔，在微风的吹拂下，摇曳生姿，真是赏心悦目啊！还有合欢那如精灵般的叶子在白天精神抖擞，但一到晚上，它却像疲倦的孩子般早早合起身子，进入了甜美的梦乡。

合欢的叶片为什么会昼开夜合呢？原来，合欢对外界环境的变化感觉十分灵敏。在合欢小叶的叶柄茎部，有一个"储水袋"，每到夜间光线变暗、温度降低的时候，"储水袋"便会放出里面储存的水分，这样，叶柄茎部的细胞就会瘪落下来，小叶便闭合在了一起。一开始，合欢通过叶片的闭合来减轻风雨对它的袭击，久而久之，便养成了这种独特的适应环境的本领。

合欢寓意吉祥，是我国人民极其喜爱的一种花卉，在很多地方都有广泛种植。《花镜》中说："合欢一名蠲忿，人家第宅池间皆宜植之，能令人消忿。"清朝人李渔也说："萱草解忧，合欢蠲忿，皆益人性情之物……凡见此花者，无不解愠成欢，破涕为笑，是萱草可以不栽，而合欢则不可不树。"可见合欢在当时十分受欢迎。

在历代文人的笔下，也不难觅到合欢身影。"丰翘被长条，绿叶蔽朱花。因风吐微音，芳气入紫霞。"晋代杨芳如此赞美合欢。唐代白居易也有诗云："白露滴未死，凉风吹更鲜。"宋代韩琦吟道："合欢枝老拂檐牙，红白开成蘸晕花。最是清香合蠲忿，累旬风送入窗纱。"

合欢树对生的羽状复叶在夜间闭合时紧紧地抱在一起，犹如一对恩爱的夫妻。因此在我国，合欢树又称"合婚"树，象征着夫妻恩爱团结、婚姻美满。

十七、草本花卉

繁华的草本花

初春,当我们外出郊游时,田野里那一片片五彩缤纷的色彩总会引起我们一阵阵的惊叹。你看!山坡林地那一簇簇粉紫色的二月兰,在春风的摇曳下忽明忽暗,多么美丽啊!而到了仲夏时节,那星星点点的黄色野菊花将青翠的草地点缀稗更加生动,水面上亭亭玉立的荷花也随着微风的吹拂左右摆动,像在跳一支欢快的舞蹈。秋风吹过,蒲公英们如一把把绚丽的小伞,飞过那黄灿灿的花丛,引得孩童们一阵追逐,这是多么和谐的一幅画面啊!这些都是我们日常生活中最常见的草本花植物,给我们带来了无穷的美丽和欢乐。

草本花植物是植物界中最繁盛的一大类群。作为被子植物大家族的成员之一,从春到秋,草本花植物都盛开着各色鲜艳的花朵,将大地装点得绚丽多彩,使自然界显得更加生机盎然,美不胜收。

与人为善

草本花植物在人类还处于蒙昧状态的时候就铺满了大地,散发着阵阵香气。人类被这香甜的气味所吸引,到了秋季,凭着对花的印象,他们食用了甜美的果实,又进一步尝食植物的茎和根,食欲得到满足。以后,一随着对植物认识的逐渐加深,越来越多的植物被人类所利用。如菊花,就是被人类利用最广的花卉之一，人们用它来食用、药用和饮用。相传在很早以前，一处僻乡溪边生长着无数的黄菊，这里的人们长期饮用这种黄菊所泡的水，故而人们身体格外健壮，人丁兴旺。如今，菊花已经成为一种上等的饮品。

草本花植物类群分化时起，就一直承担着养育人类的责任，也正是从那时起，人类就再也没有离开过草本植物。不仅是人类，甜美的花香也吸引了运动前来觅食，使自然界的运动种群也更加丰富。现在，世界上大概已经有20多万种被子植物，正在被人们享用着。

适应环境

植物都有着自身生存和发展的规律，而人类往往忽视这个规律，按照人的审美观来界定植物的生存权利。如将野花野草都铲除掉，取而代之的是整齐的人工草坪，可是人工草不仅成活率差，还需要各种优越的条件，如浇水、施肥、修护等等。而草本植物就不同了，它们生命力十分顽强，无论环境有多优越或多恶劣，它们都会尽可能地生存下来，不但比人工草长势好，还能自然地抗病虫、耐旱碱。冬季来临之前，它们还会把种子埋进土里，待来年再生。在北半球，草本植物适应环境的本领远远超过木本植物。恶劣多变的环境、地表的土质、水质和大气的污染这些严重威胁植物生长的因素，草本植物都能泰然面对。一到春天，它们还是会生根发芽，即使是在高寒缺氧的高原地带，我们也能见到雪莲花等草本花卉在顽强地绽放着。

草本花植物无处不在，即使是在野生植物被破坏殆尽的城市地区，也有许多野花野草在顽强地生长着。尤其是夏季，这些野生植物生长非常迅速。但由于"城市园林观念"的偏见，它们还是逃脱不了被铲除的命运，不过这些植物的生长能力着实让人惊叹。为什么它们会有如此强大的生存能力呢？其实，植物是经过几百万年的历史演变过来的，而人类研究植物的历史则只有短短300年左右。因此，人类对植物的了解还远远不够，要想弄清它们的生长习性，还需要我们进一步的探索。

植物在进化过程中,会遭到人类或动物等外界环境的侵害。为此,植物也各自练就了一套自我保护的本领。如仙人掌的全身都长满了刺,用来防范伤害。还有的植物的枝、叶则会分泌出毒液使人或动物不敢接近。自然界的许多植物在衍变过程中,自身产生了抵御动物和虫害的能力。如我们经常会在有的植物丛下面见到一堆堆自然死去的毛毛虫。实验证明,这是植物产生的特殊的化学物质使欲侵害它们的害虫得到了应有的惩罚。因此,我们应当善待植物。没有植物,地球将成为一个毫无生命力的世界。

遍及大地

随着环境的不断变化,草本植物的种类越来越多,并且遍及世界上的各个角落。可以说,只要有土壤的地方,就能见到草本植物的身影。而植物的生长习性也随着自然条件的变化而变化,有些植物还适应了人类的生存环境,甚至在人类造成的垃圾堆上吸取营养,在动物粪便上繁茂生长。特别是近1万年来,人类对植物的影响尤为明显。人们根据自身需要,将许多植物驯化成适合人类耕作的农作物,进行播种、栽植、移植直至开花结果,结成种子,供人们再播种,如此循环往复。但这并不能满足人们的需求,人们将一些植物带到遥远的地方,这样就打破了原本依靠风力或鸟类传播种子的规律。在新的环境中,植物重新变异,两个不同地方的同一种植物在外貌上则会产生很大的不同。如我国北方的迎春花,花朵的直径为1~2厘米,而南方云贵高原的迎春花花朵直径可达3~4厘米,这样大的变化真使人不敢相信。在不同的纬度和温度条件下,植物自然会发生变异,一般来讲,植物的新种又会优于原种。这可能也是自然选择的结果吧!还有些植物虽然有毒,但后来经过人们研究,发现它们同时也具有药用功能,便加以发挥利用,也间接为草本植物的生长提供了条件。就这样,草本植物在地表一天天繁茂起来,甚至还有许多古老的植物直到今天仍在茁壮地生长着。

质朴纯真

中国北方的草原上,生活着许多质朴的古老植物,如一个美丽的大花园。一眼望去,红色的山丹和橘红色的金莲花,蓝色的扁蕾和蓝刺头,白色的唐松草和梅花草,黄色的毛茛和委陵菜,紫色的盘龙参和黄芪等各种原始的草原花卉和谐地交融在一起,如片片彩霞铺在大地,美不胜收。那原始纯真的色彩给人留下永不磨灭的记忆。正是从这些质朴纯真的大地植被中,诞生了我们今天耕种的农作物。如向日葵、棉花、豆类、花生等,都是有着真正花朵的被子植物。而麦类、谷类等人们日常生活中的主要粮食,也是源于草本植物。可以说,草本植物的发源地,也是人类的摇篮。但人类却在不知不觉中不断摧毁着养育我们的草本植物。千百年来,草本植物始终在和各种磨难抗争着,有的在恶劣的环境下永远的消失了,有的则变得更加强大。我们今天见到的禾本植物、藤本植物、木本植物都是这些草本植物衍变分化的结果。

现在,自然界形成了高中低等不同的植物层次,也就是我们常说的植物群落。在森林中,植物群落由高到低则分为乔木层、灌木层、草本层、地被物层等4个层次,它们互相影响,互相依赖。乔木层是由一株株独立主干长出许多分枝的木本植物,也是植物界中最高大的植物,它们那繁茂的枝叶高耸入云,如一把巨大的伞一样保护着树下的低矮植物;灌木层是不分主干和分枝的木本植物,它们的高度在乔木以下,它们为森林的中层空间增加密度,可以阻挡凛冽的强风,保护林内脆弱的植物;草本层是在木本以下的植物,大多比较耐阴,因而能在林下繁茂地生长,构成稠密的草本层,草本植物都具有柔软的茎,种类非常复杂,是植物多样性的主体群落,它们中常有大量如蕨类植物之类的史前植物;地被物层主要是苔藓和地衣,生长在草本植物以下,雨后出生的蘑菇和木耳之类的大型真菌也属于地被物层。它们如一条绿色的地毯,覆盖着森林的地表;地表还有一层厚厚的海绵层,它是树木每年的枯枝落叶和枯死的生物体所形成的腐殖质。这样的环境,不但能保持地表的水土平衡,还含有多种植物生长所必需的微量元素,特别是对草本植物的生长最为有益。每逢春季,草本植物在树木还没有长出叶子的时候就率先复苏,迅速地发芽、生长、开花。霎时,森林各种草本植物争奇斗艳,热闹非凡。还有那缕缕馨香,也引得昆虫们竞相前来采蜜,使森林呈现出童话般的美景。

风姿绰约的芍药

初夏时节,百花逐渐凋零,芍药便如一位风情万种的少妇摇曳进大家的视线。它那瓣片叠褶、状似绣球的花形和绚丽的色彩将暮春的景色渲染得格外美丽。

芍药

芍药是芍药科芍药属多年生宿根草本花卉,别名"婪尾春""花相""娇客""余容""离草""将离""花仙"等。茎高50~100厘米,丛生。二回三出羽状复叶,花单生于茎顶,花期四月至五月,花色鲜艳丰富,有白、黄、紫、粉、红、淡绿等色。其白如玉,粉似霞,红似火。花形有单瓣和重瓣之分,花香清新怡人。

由于芍药与牡丹同属毛茛科,且从叶到花都十分相似,因此许多人都分不清它们。其实二者有着很大的区别:芍药是草本植物,其茎是草质化、空心的,如果以手用力捏就可以捏扁;而牡丹是木本植物,其茎也是木质化的。芍药的叶子是2~3回复叶或深裂,看起来较为细小;牡丹的叶子是2~3回复叶或较浅的裂叶,看起来叶片较大而且很整齐。秋季,芍药的叶和茎都会枯萎衰败,直到第二年春天才重新从地下钻出来,焕发出新的生机;而作为木本植物的牡丹则只会落叶,枝干仍然存在,第二年春天,叶子又会从枝条上萌发出来。即便如此,一般人还是很难将二者区别开来。

园林中,芍药和牡丹常常会被栽在一起。二者不仅花形、花色颇为相似,花期也十分接近。但是牡丹却被人们称作"花中之王",并且在每年四月全国很多地方都会举办"牡丹节",而芍药的光芒似乎都被雍容华贵的牡丹给掩盖了。其实,牡丹的美丽仅能维持15天左右,当它逐渐枯萎凋谢的时候,芍药就开始吐露芬芳了。因此,从另一个角度理解,芍药在无形中接替了牡丹的使命,继续带给人们美的享受。

由于芍药花大而美观,因此,它也成为切花的上等材料,在切花市场中占据重要的地位,常常被制成各种插花作品用来美化大厅、会场或居室等地方。而且在插花艺术中所用的"牡丹"原材料也大都取自芍药,可以说,市场上的"切花牡丹"几乎是"切花芍药"。因此,人们在给牡丹戴上"花王"的桂冠后,也不忘将芍药封为"花相",它俩又并称为"花中双绝",甚至牡丹的别称都叫木芍药。可见,芍药对牡丹产生了极其重要的影响。

芍药作为观赏植物的历史比牡丹还要早1000多年,它的丰腴娇艳,历来深受人们的喜爱。《诗经·郑风》:"维士与女,伊其相谑,赠之以芍药。"可见,古时候热恋中的男女都会互赠芍药,以表达结情之约或惜别之情,因此芍药又被人们称作"将离草"或"情花"。宋代大诗人苏东坡云:"一声啼鸠画楼东,魏紫姚黄扫地空。多谢花工怜寂寞,尚留芍药殿春风。"说的是牡丹凋零飘落以后,花工怜惜春天太寂寞了,便安排芍药接上了春天里的最后一班岗,使春天仍然姹紫嫣红,美丽万分,故芍药又被称为"殿春"。

我国是芍药的故乡,很多地方都有栽植芍药的历史。山东的菏泽就是著名的"芍药之乡",那里的家家户户都有栽培牡丹和芍药的习惯,历史上的

"曹州牡丹、芍药"就是指现在的菏泽"牡丹、芍药"。江苏扬州也有着悠久的芍药栽培历史,一些远近闻名的名贵品种如"御衣黄""金带围"等都产自这里。历史上歌颂赞美扬州芍药的诗句颇多,如元代杨允孚的"扬州帘卷春风里,曾惜名花第一娇",宋代黄十朋的"千叶扬州种,春深霸众芳"。北京的丰台也有"丰台芍药甲天下"的美称。现在,芍药是我国重要的出口创汇花卉,它的苗木、切花远销荷兰、美国、加拿大等20多个国家,使中国的芍药飘香海外,誉满全球。

硕大娇美的芍药是我国百花园中的一朵奇葩,它虽然没能跻身"中国十大名花"之列,但它的娇艳美丽与群芳相比却毫不逊色。在百花盛开的春季,它并不与群芳争艳。春末,百花凋零之时,它默默延续着它们的美丽,为暮春注入新的生命力,也以傲然的姿态迎接夏天的到来。

爱情之花——紫罗兰

紫罗兰是十字花科多年生草本植物,别名"草桂花"。株高20~60厘米,心

紫罗兰

形叶片,花期四月至六月,花梗粗壮,由许多小花瓣集聚一起,花序硕大,花色丰富,以粉、紫、白等色最为常见,花香清新优雅,常被欧洲人用来制作香水。紫罗兰不但是极佳的园林美化植物,还是很好的切花品种,在切花市场占据着一席之地。

紫罗兰适宜生长在温暖湿润的温带地区,原产于地中海沿岸。其整株植物从茎叶到花瓣都含有一种叫紫罗兰素的碱性物质,因此得名。1892年,紫罗兰被欧洲人发现,此后在欧洲各地广泛种植。在欧洲那些古老城墙的缝隙或废墟石壁,这种美丽芬芳的花朵随处可见,因此紫罗兰又有"墙之花"的别名。紫罗兰深受欧洲各国人民的喜爱,古希腊将紫罗兰作为富饶多产的象征,并以它作为徽章旗帜上的标记。古罗马人也很重视紫罗兰,常将其种在大蒜、洋葱之间。意大利人更将其视为国花。"紫罗兰"从字面上看意思是"紫色的兰花"。就其天性、美丽和表现而言,它象征着优雅、精致与微妙。虽然它属于野生植物,但是却得到了人们的特别礼遇,将其请进了花园、居室之中,希望其芬芳宜人的香气能带给人精神上的愉悦,所以紫罗兰在西方的花语是清凉。凡是受到这种花祝福而诞生的人,也会带给周围的人欢乐。曾有植物学家如此赞叹:"紫罗兰是香草植物中的贵族,迷人的气质和动人的风姿,更能增添花园的风华。"

作为爱情之花,紫罗兰表达了恋人们"羞怯而执着的心意",象征着永恒的美或青春永驻。满载着恋人们浓情蜜意的紫罗兰,时时处处都以其娇柔妩媚的温情和婉转千寻的芬芳迎取着世人的倾情和追崇。紫罗兰对于曾经雄霸欧洲的法兰西第一帝国君主拿破仑有着特殊的含义。1815年3月20日,受困于厄尔巴岛的拿破仑成功逃了出来,此时,法国南方的紫罗兰也正在灿烂地绽放着。为迎接拿破仑的归来,人们用紫罗兰将所有的公用建筑、商店都装饰了起来。拿破仑的追随者们头上戴着紫罗兰,手里拿着紫罗兰,不断地高呼:"欢迎您,紫罗兰之父!"人们希望紫罗兰能带给他们的君王好运,让拿破仑重新称霸欧洲。紫罗兰还是拿破仑和他的爱人约瑟芬的定情之物。拿破仑在失去皇位被押解到圣海伦岛去之前的一个星期，最后一次到马里美宁城堡去为约瑟芬扫墓，并在墓前种了一丛名贵的紫罗兰，据说终年都能开花，让紫罗兰代替自己常伴在约瑟芬的身边。拿破仑死后，人们在他从未离身的金首饰盒里发现了两样东西：一是其爱子的一绺胎发，另一样就是一朵枯萎的紫罗兰。

紫罗兰不仅在欧洲受到热烈追捧，中国人民对紫罗兰的喜爱也毫不亚于西方。"娟娟一圃紫罗兰，神女当年血泪斑，子卉凋零霜雪里，好花偏自耐孤寒。"这首缠绵的诗句是我国诗人根据西方一则有关白色紫罗兰的传说而写成的。话说在中世纪的欧洲某国，美丽的公主与敌国王子相爱。国王知道后大怒，将公主关在幽深的城堡中，禁止她和王子相见。公主思念情人心切，便偷偷找来一条绳子，每天晚上顺着绳子滑下来与王子相见。可是有一天绳子断成两截，公主摔死了，王子伤心欲绝。天神见此，十分怜悯这对恋人，便将公主变成了一朵白色的紫罗兰，日夜陪伴在王子的身边。

我国现代著名文学家、园艺大师周瘦鹃一生酷爱紫罗兰，写下了众多赞美紫罗兰的诗词，如"幽葩叶底常遮掩，不逞芳姿俗眼看。我爱此花最孤洁，一生低首紫罗兰"。不仅如此，他还将自己所编写的一些杂志、小品集命名为"紫罗兰""紫兰花片""紫兰花""紫兰小谱"等。他自己还曾撰文说："我往年所有的作品中，不论是散文、小说或诗词，几乎有一半都嵌着紫罗兰的影子。"就连他在苏州的园居也命名为"紫兰小筑"，书房则命名为"紫罗兰庵"，花园内叠置秀石形成花台命名为"紫兰谷"。甚至有传当年他不惜将多年卖文积攒的钱用来买下苏州的园地住宅，竟是因为院内有一丛丛的紫罗兰！爱花到如此地步，可真算是"花痴"了！为何周瘦鹃如此钟爱紫罗兰呢？原来，年轻时的他追求自由婚姻，曾与一位活泼秀美的女子相恋，该女子的英文名就叫"紫罗兰"。后来由于种种原因，两人最终并未能走在一起。但这段"紫罗兰之恋"却给周瘦鹃的一生带来重大影响，紫罗兰激发了他的创作灵感，使他写出了众多风格独特的文学作品，并逐渐成为一代名家。

紫罗兰不仅象征着浪漫的爱情，其高贵淡雅的颜色也是女孩子们追求的时髦颜色。虽然紫罗兰的颜色并非都是紫色,但现在人们不约而同地把一种类似紫色,又像雪青色,还略带粉色的颜色统称作"紫罗兰色"。在女孩子们的生活中随处可见这种梦幻而迷人的颜色,床单、窗帘、衣服、饰物……她们似乎用这种充满浪漫的色彩实现了心中的一个紫色的梦。

在欧洲那灿若繁星诗歌宝库里,出现了不少称颂紫罗兰的佳作。英国浪漫主义诗人雪莱就曾将一朵枯萎的紫罗兰描写得活灵活现:

一个枯萎而僵死的形体,

茫然留在我凄凉的前胸,

它以冰冷而沉默的安息

折磨着这仍旧火热的心。

我哭了,眼泪不使它复生!

我叹息,没有香气扑向我!

唉,这沉默而无怨的宿命

虽是它的,可对我最适合。

典雅浪漫的紫罗兰总会给人一种无法言喻的愉悦感,每当看到它,地中海那淡柔纤细的美景总能在脑海中浮现,伴随着音乐中潺潺如流水般的琴声,令人似乎徜徉在恬适和谐的欧陆风情之中。

指甲花——凤仙

在中国民间传说中,凤仙花是仙花,凡是有凤仙花的地方,便没有蛇。因为蛇具邪气,惧怕凤仙花的仙气,因此对凤仙花总是避而远之。

凤仙花属凤仙花科 1 年生草本植物,别名"指甲花"。株高 30~80 厘米,茎的颜色与花色相关,为绿色或深褐色。叶互生,花单朵或数朵簇生叶腋,花有单瓣和重瓣之分,花冠呈蝶形,花色有白、粉、红、紫等,花期六月至十月。凤仙花生性健壮,生长迅速,并且拥有自播繁衍的能力,原产中国、印度等地。凤仙花的同属植物大约有 600 种,主要分布于热带和亚热带地区。我国约有 180 种,常见栽培的有:包氏凤仙、何氏凤仙、水凤仙、紫凤仙和苏丹凤仙等。

  在民间,灵巧的少女常将凤仙花的花瓣捣烂,将花泥敷在指甲上,并用布条包好。次日,指甲就被染成了红色,一双玉手显得更加美丽。因此指甲花又被称为"好女儿花"。

  一些胆量小的女生如果初见非洲凤仙,定会被它奇特的外形吓一跳。因为它的果荚裂开后,果皮还会卷缩起来,像一只毛毛虫。非洲凤仙的英文名字"Touchme not",即"不要碰我",就是因此而来的。

  历史上很多名人都有各自喜爱的花,并以花喻己。如归隐田园的陶渊明独爱高风亮节的菊花;生性清高的周敦颐偏爱出淤泥而不染的莲花;毛泽东却独爱貌不起眼但不择土壤随处生长的凤仙花。他在少年时曾写过一首五言诗《咏指甲花》表达了对指甲花的喜爱之情:"百花皆竞春,指甲独静眠。春季叶始生,炎夏花正鲜。叶小枝又弱,种类多且妍。万草被日出,惟婢傲火天。渊明独爱菊,敦颐好青莲。我独爱指甲,取其志更坚。"以浅显明快的语言描写了指甲花的生长特性和笑傲炎夏的坚强品格,并旗帜鲜明地表明了自己的态度,用指甲花寄托了自己的高尚理想和情操。

后娘花——三色堇

  三色堇是堇菜科堇菜属 2 年生草本植物。多分枝,稍呈匍匐状生长。基生叶类似心脏的形状,茎生叶较狭长,边缘浅波状,托叶大而宿存。花形较大,腋生,花色有蓝、白和黄色等。

  可能世界上没有哪一种花能比三色堇更能启发人们丰富的想象力了。其奇特的外形如一只活泼可爱的花猫,五个花瓣就好似猫的双耳、脸颊和嘴巴。还有人说它如一群翩翩起舞的蝴蝶，或是长着浓眉、塌鼻、小胡子的小丑。甚至有熟识京剧脸谱的人认为三色堇有时像张飞，有时像李逵，有时像程咬金……

虽然三色堇有许多有趣的别名，如猫脸花、游蝶花、鬼脸花等，但是最为怪异的名字恐怕要算是后娘花这个名字了。在德国，据说三色堇的五枚花瓣代表了后娘和她的四个女儿，最下面那枚最鲜艳花哨的花瓣如好打扮的后娘，它旁边那2枚同样鲜艳的花瓣是她的两个亲生女儿，而最上面两枚灰暗的花瓣则是前娘留下的两个女儿。传说最开始那几枚鲜艳的花瓣是生长在上面的，上帝见前娘的两个女儿太可怜了，便将她们同后娘交换了位置，而且让后娘的两个亲生女儿都长了使人看见就心生厌烦的小胡子。就这样，三色堇产生了与众不同的外形。

三色堇原产于欧洲南部。最开始被人工栽培的时候，大家并不看好它，而且花贩们在售卖时，将其价格也标得很低，比太阳花都要便宜。一次，一位贵妇发现这种长着两撇小胡子的花与她饲养的宠物波斯猫颇为相似，便出高价买下了这些三色堇。此事被传开后，三色堇的身价大增，此后便在欧美的花卉市场上占据了一席之地。

现在，三色堇的种类越来越多，全世界大约有1200多个品种，形成了一个庞大的家族。花色也更加丰富多彩，不只有蓝、白、黄、红、橙、赭等传统的单一花色，还培育出了各种复杂的混合色、冷热二色。花形也更加多样，如花瓣边缘为波浪形的大花和重瓣等等，是早春布置庭院、花坛的理想花卉。

在我国，三色堇存在的时间很短，很多地方都是在改革开放后才引种栽培的。不过三色堇的环境适应能力很强，现在我国各地均有栽培。如果将三色堇置于温室培育，并通过一定的人工调控，它还可以四季开花。

三色堇不管长在哪里，都会对着阳光绽放出灿烂的笑颜，勇敢地面对生活的挑战，因此它也赢得了越来越多人的喜爱。

心形花——荷包牡丹

荷包牡丹是一种看上去十分柔弱的小植株，在其默默生长时，暗红色的梗上会伸出一片片青翠的小叶，错落有致，并且与牡丹的叶子极为相似。接着，在枝叶的分叉处，又会抽出一串串清秀可爱的花骨朵，那小小的花骨朵形状如一颗颗粉红色的"心"。微风吹过，那~排排整齐排列的小"心"在空气中随风飘荡，仿佛一个忧郁的女子在诉说自己的心事。

荷包牡丹是罂粟科荷包牡丹属多年生宿根草本植物，别名"兔儿牡丹"、"铃儿草"。叶互生，绿色带白粉，叶形极似牡丹的叶子，不过要稍小。荷包牡丹的地下茎平生，总状或伞房花序，长条弯垂，长约50厘米，每个花序有10余朵花，由下而上，悬垂一侧，序列整齐。花期四月至五月，花4瓣，基部膨大成囊状，外部为粉红色，形状如中国古代女子绣的荷包，故而得名。

荷包牡丹原产于我国北部及日本、西伯利亚地区。但与它同属的植物还有很多，如原产于北美的加拿大荷包牡丹，其叶背面有白粉，裂片呈线形，花色多为白色，有短距，花梗短。还有原产于我国四川、贵州和湖北的大花荷包牡丹，总状花序与叶对生，只有少量花朵，下垂，花瓣淡黄绿或绿白色。荷包牡丹花朵玲珑、外形迷人，适宜布置花镜，或于山石前丛植，也可盆栽或做切花用。

因荷包牡丹名中带有"牡丹"二字，很多人误将其认为是牡丹的一种。其实，荷包牡丹跟雍容华贵、国色天香的牡丹并没有什么关系，但它独有的清新雅致的气质却是牡丹所不能比拟的。《花镜》中这样描述荷包牡丹："累累相比，枝不能胜压而下垂，若俯首然，以次而开，色最娇艳。"将荷包牡丹盛开时的娇容描绘得栩栩如生。我国现代著名文学家郭沫若也如此称赞它："荷包中带来一封一封的信，信上都没有字，而是一颗颗的心。"可见荷包牡丹不只外形娇美，还有着丰富的内涵，它将人们那欲诉还休的心思表达得恰到好处。那晶莹如玉般的荷包触及着人们心底最柔软的地方，令人心生怜爱。

花中皇后——郁金香

　　花中皇后郁金香曾让无数人为之倾倒，其中就包括法国大文豪大仲马，他曾赞美郁金香"艳丽得叫人睁不开眼睛，完美得让人透不过气来"。那大面积群植的郁金香，如七彩的花海一般美丽壮观，让人想要投入它的怀中与之融为一体。

　　郁金香是百合科郁金香属多年生草本植物，别名"洋荷花""旱荷花""郁香"等。每棵有3~5片色泽粉绿的叶，叶呈椭圆形。郁金香的花期一般为三月至四月，因各地区纬度的不同而稍有不同。花朵单生直立，花容端庄，形似一个高脚酒杯。每朵6片花瓣，花色鲜艳夺目、五彩缤纷。郁金香喜冷凉气候，生长开花时的适宜温度为17℃~20℃，炎热和闷不通风的环境对郁金香的生长最为不利，且只在天气晴好的白天开放，傍晚或阴雨天闭合。如今，郁金香在世界各个角落都有种植，但追根溯源，它的原产地是我国西藏、新疆和青海等高山地带，在土耳其等地中海沿岸也有分布。目前，郁金香在全世界大约有2000多个品种，但只有150种被大量生产。

　　郁金香传到中东地区后，因其花形与穆斯林头巾十分相似，因此又被称为"穆斯林头巾"。在土耳其，郁金香也深得王宫嫔妃的喜爱。每到夏至时节，土耳其后宫都会举行盛大的郁金香节，最美的少女会被评选为郁金香女王，并由众人簇拥着游行。一直弥夸天，这个节目每年都还在举行。在中国，郁金香也是人们极为喜爱的一种花卉，人们甚至用它酿出醇美的郁金香酒。唐代诗人李白曾在名诗《客中作》这样写道："兰陵美酒郁金香，玉碗盛来琥珀光。但使主人能醉客，不知何处是他乡。"不过，诗中描写的郁金香与我们今天所说的郁金香是否为同一种,就不得而知了。

作为荷兰的国花,郁金香与风车一样被称为"荷兰的象征"。现在它已成为荷兰的经济命脉之一,是荷兰主要的出口观赏作物。要说对郁金香的喜爱,世界上可能没有哪个国家能够与荷兰人相提并论。1634~1637年,在荷兰及欧洲其他地区掀起了一阵"郁金香狂热"期,珍奇的郁金香价格奇高,能与珍珠、钻石、黄金媲美,成为人们竞相追逐投资的对象。当时的社会上甚至流行一种说法:"没有郁金香的富人不算真正的富人。"可见那时郁金香被炒得有多热。后来,这种疯狂炒作郁金香的投机热总算被政府遏制住了,但荷兰人对郁金香的热爱却并未退却。

现在,郁金香在荷兰人的日常生活中也占据着举足轻重的地位。每逢大小节日,人们都会相互赠送郁金香以表达美好的祝福,男女之间也会用郁金香来表达爱慕之情,人们用郁金香来装点居室……丰润艳丽的郁金香将人们的生活装扮得更加多姿多彩。

每年春天,成千上万的游人都会从世界各地来到荷兰,欣赏郁金香的姿容与风采。荷兰的柯根霍夫公园是最不容错过的赏花圣地,千余种郁金香与园林水景相互融合,宛如人间仙境。在春风的吹拂下,品味着郁金香那浓郁的文化韵味,令人心旷神怡,别有一番风味。

婀娜多姿的虞美人

初夏时节,阵阵微风吹过,轻盈优雅的虞美人迎风而舞,显得如此婀娜多姿,如同中国古典画中走出来的美人,又如彩蝶振翅般飘然至眼前。人们想象不出,看起来如此娇嫩柔弱的虞美人草,怎么会开出如此浓艳华丽的花朵呢?

虞美人是罂粟科罂粟属1年生草本植物,又名"丽春花""赛牡丹""锦被花"等。株高40~60厘米,分枝细弱。叶片呈羽状深裂或全裂,边缘有不规则的锯齿。花期为五月至六月,单生,有长梗,未开放时下垂,花朵轻盈如片片彩云,花瓣如丝绸般光洁,花色丰富。虞美人品种繁多,以复色、间色、重瓣和复瓣等最为常见。常用于花坛、庭院、居室的环境美化。

虞美人原产于欧亚大陆温带,现在世界各地广泛栽培,在我国以江浙一带栽培最为广泛。虞美人耐寒,怕暑热,喜阳光充足的环境,在排水良好、肥沃的沙壤土中长势最旺。能自播,不耐移栽。虞美人全株都含有毒生物碱,尤其是种子毒性最大,误食可引起神经中枢中毒,严重时会危及生命。

虞美人因花形与罂粟的花相似,且同为罂粟科,常被人误认为罂粟,其实二者有很大区别。首先,虞美人植株较为低矮,且全株都有毛;而罂粟植株高达1米,全株无毛,茎秆粗壮。其次,虞美人花多为单瓣,花的直径为5~6厘米,有红、白、紫以及复色等;罂粟花多为重瓣,花直径约10厘米,花为玫瑰红色。再次,虞美人的果实像一只只小如豆的莲房,房内藏有许多细小的种子;罂粟的果实呈蒴果球形或椭圆形,果中含有大量白色乳汁,干后可制作成鸦片,是制造毒品的原料,因此罂粟是国家严令禁止种植的植物。

现在,明媚华丽的虞美人受到越来越多人的喜爱,已被比利时尊为国花。

圣洁之花——百合

如果我们去花店买花,首先映入眼帘的肯定就是百合花。它是我们日常生活中最常见的花卉之,因其硕大的花朵、扑鼻的幽香、亮丽的色彩和吉祥的寓意而深受人们的喜爱。尤其是在婚姻、开业庆典及聚会等场所,人们总是用象征着百年好合、百事合意和团结友爱的百合来表达美好的祝愿。

百合花为百合科百合属多年生草本植物,其球形的地下茎由众多合抱在一起的鳞片组成,状如白莲花,故取名百合花。有抗寒、喜光、耐肥、畏湿的特性,对地域的适应性较广,南北各地都可地种或盆栽。百合花株高 40~60 厘米,草绿色的茎直立,不分枝。单叶互生,叶狭长如线形,无叶柄。因各地气候不同,百合花的花期略有区别,多在春、夏季。花形硕大,形状多样,主要有喇叭形、钟形和花瓣反卷 3 种。花色也较丰富,有白色、黄色、橙黄色、橙红色、粉红色、淡紫色等。花味香醇浓厚,如一个天生造型别致的工艺品。

从古至今,百合花普遍受到人们的喜爱。南宋诗人陆游不但亲自在窗前种植百合,还写诗称赞:"芳兰移取偏中林,余地何妨种玉簪。更乞两丛香百合,老翁七十尚童心。"南北朝的梁宣帝也对百合偏爱有佳:"接叶有多重,开花无异色。含露或低垂,从风时偃柳。"宋庆龄女士生前也对百合花格外垂青。每逢春、夏,她都会在房间里插上几株百合花。当她逝世的噩耗传出后,她的美国挚友罗森大夫夫妇,立即将一盆百合花送到纽约中国常驻联合国代表团所设的灵堂,以表达对她的深切悼念。

法国素有"百合之国"的美称,历代的君王都将百合作为王权的象征。路易七世将百合作为军旗图案,路易九世有百合徽章,查理八世有百合花印章,路易十四铸造过金百合和银百合钱币,到路易十七时,全国上下都流行种植百合。1500 年间,百合花可谓是与法兰西王国休戚与共。

目前,全世界约有百余种百合花,主要分布在北半球的温带高山地区,其中又以亚洲东部的中国最多,有 55 种,其中 35 种为中国所特有。根据百合花朵和叶片的形态,可将其分为花朵直立、化色鲜红的亚洲系列,清香四溢、粉红色的东方放线我,清香晶莹、花形喇叭状的铁炮系列三大类型。近年来,通过人工杂交还培出了不少新品种。欧美的园艺专家培育出的"金百合"打破了中国百合全是一茎一朵、单纯白色的现状,不但一茎多朵,花色也更为丰富,从金黄、橙红和淡紫到彩斑、条纹等其他图案颜色一应俱全,使百合花变得更具观赏性。

江南第一花——玉簪

相传王母娘娘的小女儿从小性格刚烈,向往凡间自由的生活,但王母娘娘对女儿的管教甚严。一次,小女儿想趁赴瑶池为母后祝寿之际下到凡间走一遭,不料心事被王母娘娘看穿,使她脱身不得。于是她将头上的白玉簪子拔下,并对它说:"你就代我到人间去吧!"接着便佯作醉酒状,让头上的玉簪坠落凡尘。一年后,在玉簪落下的地方,长出了像玉簪一样的花朵,并散发出阵阵幽香,这便是我们今天所看到的玉簪。玉簪因其清丽脱俗的形象深得人们的喜爱。也正因为这个故事,玉簪花被蒙上了一层传奇色彩。

宋代诗人黄庭坚在其诗作《玉簪》中云:"宴罢瑶池阿母家,嫩琼飞上紫云车。玉簪落地无人拾,化作江南第一花。"将其赞美为"江南第一花"。诗人席振起的《玉簪赋》"素娥夜舞水晶城,惺忪钗朵琼瑶刻,一枝坠地作名花,洗尽人间脂粉色"说的也是这个故事。王安石的诗中,也有类似的诗句:"瑶池仙子宴流霞,醉里遗簪幻作花。"

玉簪是百合科玉簪属多年生草本,别名"玉春棒""白鹤花""玉泡花"等。根状茎粗大,有须根。叶基生成丛,卵形至心脏状卵形,基部心形。六月至七月间,丛中抽出一茎,顶生总状花序,着花 9~15 朵。花色洁白如玉,花管状漏斗形,如古代妇女插在发髻上的玉簪,有芳香。蒴果三棱状圆柱形,成熟时 3 裂。

玉簪原产于中国,1789 年传入欧洲,以后传至日本。玉簪对环境的适应能力很强,喜阴耐寒。现在,玉簪还形成了花形较大的大花玉簪、植株较为纤细的日本玉簪、重瓣玉簪、花叶玉簪等变种。如果将玉簪植于林下作地被,或植于建筑物庇荫处、假山旁等,能将园林装点得更加美丽芬芳、生机盎然。玉簪作盆栽置室内时,其色美如玉,芳香沁人心脾,能醒脑凝神。玉簪不仅是优秀的观赏植物,其嫩芽还能食用,全草可入药,花还可提制芳香浸膏。

中国栽培玉簪的历史悠久,人们对玉簪的喜爱之情从众多民间传说就能看出来。唐代韩愈《送桂州严大夫》诗曰:"江作青罗带,山如碧玉簪。"唐代诗人罗隐尽管10次考进士都未果,也不愿通过趋附权贵而得到晋升,他以洁白如玉的玉簪比喻自身的清高节操。雅洁娇莹的玉簪清香宜人、冰姿娟娟,似一只展翅欲飞的白仙鹤。如今,它已不仅是"江南第一花",在北方很多地方也能见到它清丽的身影了。

能忘忧的萱草

现在,每逢母亲节,我们都会选择把康乃馨送给母亲,以表达对母亲的爱。其实,早在康乃馨成为母亲花之前,我国古代人民就一直将萱草花视为母亲花。唐朝孟郊的《游子诗》写道:"萱草生堂阶,游子行天涯。慈母倚堂门,不见萱草花。"古时候,当游子要远行时,人们就会在北堂种萱草,以此希望母亲减轻对孩子的思念,忘却烦忧。苏东坡也有诗云:"萱草虽微花,孤秀能自拔。亭亭乱叶中,一一苦心插。"这里所描述的"苦心",即指母亲的爱心。历代文人常以萱草为吟咏的题材,寄托对母亲、对家乡的思念之情。

萱草是百合科萱草属多年生宿根草本。具短根状茎,根近肉质,中下部有纺锤状膨大。叶基生,长条形,排成二裂。花期六月至七月,细长坚挺的花葶自叶丛中抽出,高约60~100厘米。圆锥花序生于顶端,着花10余朵。花冠呈漏斗状,花色为橘黄至橘红色,有清香,萱草在英文中的意思是只开一天的百合。它常常在凌晨开放,日暮即闭合,午夜就枯萎凋谢了,因而只有一天的美丽。但萱草的整体花期很长,能从初夏一直开到秋天。与菊花一起成为秋季一道靓丽的风景。两者的花朵都大而绚丽,为一年的花事华丽收场。

萱草又名"谖草""忘忧草",原产于我国南部,在我国已有几千年的栽培历史。《诗经》是最早记载萱草的文学作品,"焉得谖草,言树之背",意思是说我到哪里弄到一支萱草,种在母亲堂前,让母亲乐而忘忧呢?《博物志》云:"萱草,食它令人好欢乐,忘忧思,故曰忘忧草。"说的是吃了萱草后能令人忘却一切烦恼忧愁。萱草究竟能否治疗忧愁呢?诗人们说法不一。有人持赞同的观点:"杜康能散闷,萱草能忘忧。"白居易如是说。司马光则说"逍遥玩永日,自无忧可忘",金人周昂也认为"客愁天路遭,始为看花忘"。但也有不少人持反对的意见,诗人韦应物说:"本是忘忧物,今夕重生忧。"甚至还有人认为忘忧草不但不能解忧,还会增添人的伤感之情,清朝人谢重辉说:"孰云忘忧草,遇目转添愁。"方式济也认为:"采萱欲忘忧,佩之转纷扰。"其实,萱草奉身并不能替人解忧或增添人的烦恼,只不过是人们在赏花时各有不同的心境罢了。人们将欢乐忧愁寄托于小小的萱草,这充满了人性的味道。现在,人们用忘忧草来表达美好的愿望和祝福。

萱草家族的黄花萱草不仅可供观赏,它还是一种美味可口的食物。俗名"金针菜"或"黄花菜"的黄花萱草与萱草同属,花色鲜苏,有清香,根、叶还可入,在全国各地均有分布。

关于金针菜的起源,东汉末年的神医华佗有关。一年,江苏泗阳瘟疫横行,病人死的不计其数,名医华佗听说后马不停蹄地赶往泗阳,到了之后,他不分昼夜地为百姓治疗,治好了不少患者,深受当地百姓爱戴。魏王曹操听闻华佗的神奇医术后,便派人去泗阳请华佗为他治疗头疼顽疾。华佗此时正忙于与瘟疫斗争,所以就没有顺从曹兵。曹兵便以刀相逼,欲强行将他带走,华佗只好以需回家拿药品及药具为由,请求隔日再启程。当天夜里,心急如焚的华佗一直心神不宁,朦胧中他见到一位仙风道骨的老人将一枚金针扔入他怀中,一番指教后便飘然而去。华佗醒来后,发现胸前果然有一枚金针。第二天,华佗对闻讯前来送行的百姓说:"我这里有一枚金针,望它能助你们解除灾难!"说完手一扬,将金针洒向大地,霎时,漫山遍野长满了花瓣金黄、枝叶碧绿的植物。人们采其花蕾煮水喝,果然止住了瘟疫。从那以后,人们为防瘟疫,做菜时也会加一些金针菜,到现在,它已演变为一道名菜了。

有趣的金鱼草

　　金鱼草色彩艳丽。夏末秋初,那些红、粉、黄、淡绿、紫红色的花朵随着微风左摇右摆,恰似一尾尾美丽的小金鱼在空气中畅游。金鱼草深得人们喜爱,在

金鱼草

其花朵尚未完全绽放时,如用两指轻捏花瓣的两侧,便会听到"啪"的一声,花瓣伴随着响声如两片嘴唇那样张开,有趣极了。

　　金鱼草是玄参科金鱼草属多年生直立草本植物,株高30~90厘米,上部有腺毛。叶长7厘米,呈披针形或矩圆披针形,全缘,光滑,下部对生,上部互生。花期五月至六月,顶生的总状花序长达25厘米以上。大大的花冠如唇形,外披绒毛。花色主要由其茎部决定,绿色茎部的金鱼花,花色丰富,除紫色外,其他各色都有。而红色茎部的金鱼花,花色只有紫和红。蒴果呈卵形,种子细小。

　　花形奇特、花色浓艳的金鱼草,是园林中最常见的草本花卉。在国际上,金

鱼草被广泛运用于花坛和盆栽,近年来又用于切花观赏。金鱼草在品种改良上进展很快,尤其是美国,先后培育出半矮生种、矮生种、超矮生种、高秆种以及多倍体品种等,近年来又选育出重瓣的杜鹃花形和蝴蝶型的新品种。

金鱼草性喜阳光,耐半阴,忌高温。在栽培时应注意选择阳光充足、土壤疏松、肥沃、排水良好的地方,并注意合理的施肥与浇水。金鱼草品种极易混杂,因此要注意及时采种,以免产生杂种。在金鱼草的生产上,欧洲的丹麦、瑞典、挪威、荷兰、比利时等国主要以盆栽和花坛植物为主,也有切花生产。日本则主要生产盆花,少量生产切花。

20世纪30年代,我国也开始栽培金鱼草,但栽培数量并不多,主要用于盆花、花坛和花镜。20世纪80年代后,引进了金鱼草的矮生种,广泛应用于花坛布置和盆栽。

在欧洲,金鱼草又被称为"狮子花",是因为欧洲人认为其外形独特,与狮子或英国拳师狗很相似。还有人因其串生的总状花序和龙头相似,花瓣又似龙口状,所以也叫它"龙口花"或"龙头花"。不论怎么称呼,因其与动物长相颇为相似的外形,金鱼草似乎总跟动物脱离不了关系。因此,也有心理学家建议,性格内向的女孩可以在自己的房间摆上一盆金鱼草,它能使整个房间的气氛活跃起来。

十八、多肉类花卉

月下美人——昙花

花色纯白、花姿姣好动人的昙花,通常在晚上9点以后才开花,因此赢得了

"月下美人"的雅号。生活中,我们常用"昙花一现"来比喻生命中短暂而美好的事物。的确,昙花的开花时间极为短暂,仅能维持4~5个小时。即便如此,也丝毫不能改变人们对它的喜爱之情。刹那的芳华过后,昙花如流星般陨落,却被人们永远记在了心里。

昙花

佛家十分重视并喜爱昙花,认为花瓣晶莹如玉的昙花是纯洁与高尚的象征。昙花即是印度梵语里"优昙钵花"的简称。"昙花一现"这一成语也出自佛家的《妙法莲花经·方便品第二》:"佛告舍利弗,如是妙法,诸佛如来,时乃说之,如优昙钵花,时一现儿。"佛教传说,转轮王出世,昙花才生。

昙花是仙人掌科昙花属多年生常绿肉质植物,又名"琼花""夜会草"等。老枝呈圆柱形,新枝则呈扁平、叶状。花瓣为白色,萼片是红色或紫红色。昙花开花前,那硕大而皎洁饱满的花蕾犹如一支弦上的箭,蓄势待发。时机一到,那层层叠叠的萼片就依次舒展,呈现出玲珑剔透的花朵,好像一位穿着素雅却不失繁琐的百褶裙的美丽仙女飘然而至,令人心旷神怡。

在民间,有"昙花一现,只为韦陀"的说法。相传,昙花原是一位每天都会开花的花神,一个叫韦陀的年轻人每天都会给她浇水除草,天长日久,她便爱上了韦陀。玉帝知道这件事后大发雷霆,为了阻拦两人相恋,他将花神贬至凡间,并且一生只能在晚上开放一次。同时将韦陀送去灵鹫山出家,使他忘记与花神的前尘往事。可是，痴情的花神却无法忘记韦陀。她得知韦陀会在每年的暮春时分上山为佛祖采集春露，便选择在此时开花，希望能与心上人见上一面。可惜的是，年复一年，韦陀都未出现在她面前。因此，昙花又名"韦陀花"。

传说终归是传说，那么，昙花为什么会在夜间开放呢？原来，昙花最早生长在美洲墨西哥至巴西的热带沙漠地区。那里终年高温少雨，气候条件极为恶劣。为了避开烈日的曝晒，减少水分的蒸发，昙花选择在夜晚开花，长此以往，就形成了夜间开花的习性。正是由于它的这个特性，使得许多欲一睹昙花怒放美景的人们不得不守候至深夜。不过现在，人们已经摸索出了一套能让昙花在白天开放的方法。在昙花开花前的7~8天，对它进行"黑白颠倒"的处理，即在白天将它放入黑屋子里，而到夜晚时则采取人工照明的方法。这样，我们就能在白天欣赏到"月下美人"的风姿了。

昙花的扁茎苍翠碧绿，花形玉姿窈窕，花色如雪花、似银盘，在酷热难耐的夏夜给人们送来凉爽的气息。昙花如此多娇，但为何在"中国十大名花"的榜单上却寻觅不到其芳名呢？或许是由于它在晚上开花的特性以及它的开花时间过于短暂，无法带给人们持久的愉悦。其实，"不求天长地久，但求曾经拥有"这句话用在昙花身上再合适不过了。昙花的这种遗憾也是一种残缺的美呢！任何事物都不可能十全十美，昙花绽放时那片刻的光辉已经足够耀眼，令人回味无穷。相信它一定会带给我们永恒芬芳的记忆。

特立独行的昙花如今在市场上价值不菲。但是，我们做人却不能"昙花一现"，有时候仅有短暂的光芒是不够的。比如，一些运动员在取得了令人瞩目的成绩后，便骄傲自满，因而止步不前，或将精力更多地投入到商业活动之中，这是不行的。如果只满足于现在的成绩，那么很快就会被时代所淘汰，成为一个"昙花一现"的人。因此做人应当持之以恒，这样才能在平凡中取得大的成就。

十九、国花拾趣

中国的国花之争

中国的国花曾经历过民众的热烈讨论,在讨论中民众的观点主要集中为两点:一为梅花,一为牡丹。

牡丹和梅花的背后都蕴含着较深的文化意义。前者是普罗大众欣赏品位的代代,因此才有"花开时节动城""花开花落二十日,满城之人皆若狂"的群体欣赏口味;后者则是一种个体的审美体验,历来被更为推崇,"幸有微吟可相狎,不须檀板共金樽"就是说观赏梅花的色彩时,要默默地口味,赏梅还要求"三美""四贵",以及"梅之佳境",些都只有相当鉴赏能力的人才能享受。梅花敢向雪中开的铮铮铁骨体现了中华民族的精神,但它花姿偏瘦,分布也不如牡丹广,用它象征国富民强显然不如牡丹。

梅花被国人奉为国花的历史由来较早。《花经》中写道:"古今多以梅为隽品,……色泽香韵无愧属之为国花……"20世纪30年代就有人提出以梅花作为国花。

梅花确有特色,在我国栽培历史悠久,已有2000多年了。古代咏梅的诗词极多,梅花与人民生活习惯、风俗、艺术等方面均有密切联系,有关梅花的故事也很多。梅与松、竹被誉为"岁寒三友"。古代画家以梅为对象作画者不计其数。春秋战国时代,梅花和梅实曾作为馈赠和祭祀的佳品。梅与我国人民结下了深厚的友谊,而外国尤其西方人却根本不知道梅,英文字典里也查不到"梅"

字。梅之作为观赏花木,喜爱的人尤其多。它先叶开花,洁白无瑕,香气宜人。它迎霜傲雪的精神,尤能象征我们中华民族的精神,因此以梅为国花是再恰当不过的。

"唯有牡丹真国色,花开时节动京城",反映了唐代人民称牡丹之美为"国色",即是达到了对其推崇的高潮。明代时牡丹已传到北京。当时在一个寺庙里种了好多,兴盛一时。曾有一个官员去看后,被牡丹花的花大色艳所深深感动,然后就送了一个匾挂在寺门前,匾上题名为"国花寺"。据说这是牡丹被称为"国花"的原始出处。

牡丹的雍容富丽,象征着和平幸福、繁荣昌盛,在大多数中国人的心目中它已被等同为"国花"。"国花"是一个国家精神的浓缩,能够被选为国花的花卉必须具备悠久的栽培历史、独特的观赏效果、深刻的文化内涵以及鲜明的象征意义,能够被历朝历代所重视和认同。目前,"国花"的争议很大,已经有了许多方案。有人曾提出以牡丹和梅花的"双国花"方案;还有人提出以牡丹作为国花,再加上"四季名花",也就是春兰、夏莲(荷花)、秋菊、冬梅。还有人甚至提出"一国四花"的方案,即牡丹、梅花、菊花、荷花。但是,无论是哪种方案,都少不了牡丹,由此可见它在中国人民心目中的地位。

牡丹作为我国的国花当之无愧。首先是象征意义,早有国色天香之说,升华一步是象征了高度发达的物质文明。牡丹乃花中之王,意味着中华复兴,屹立于世界民族之林。再说品格,它的雍容平和与中国政府承诺"永远不称霸"的政策符合。从历史渊源来看,牡丹兴旺于大唐盛世,它花大色美、灿烂辉煌,充分体现了"国运昌,牡丹兴,牡丹发展在盛世,太平盛世喜牡丹"。清朝时曾有一位亲王到极乐寺观赏牡丹,题匾"国花寺"。可见,早在清朝时,牡丹就已被默认为"国花"。在中国民间,历来认定它为富贵吉祥的化身。牡丹无论是从气节、具象、历史,还是从知名度来看,荣登"国花"的宝座都是无可非议的。

德国国花——矢车菊

德国的国花是矢车菊。与荷兰一样,德国也是花卉大国,而在众多花卉中,德国人特别偏爱矢车菊。矢车菊的花呈漏斗形,花序中央的花则像个细管子,这种奇特的花形常常吸引人驻足观看。矢车菊颜色鲜艳,有紫、蓝、淡红、白等色。如果群植,开花时就会呈现出一片五彩斑斓的美丽景象。德国人以矢车菊象征德意志民族的坚强乐观和谨慎简朴的精神。

荷兰国花——郁金香

荷兰的国花是百合科的郁金香。虽然荷兰以郁金香闻名于世,但却并不是郁金香的原产国。郁金香最开始传入荷兰时,受到了热烈的追捧,一些名品郁金香的身价比黄金都高。如今,郁金香已经深深扎根于荷兰,成了荷兰花卉产业的领头品种,并被定为国花,可见其仍然在荷兰社会占据着重要的地位。

秘鲁国花——向日葵

秘鲁的国花是向日葵。秘鲁人民喜欢向日葵,因为向日葵的故乡就在秘鲁。历史上秘鲁有一个部落曾经创造了印加文化,建立了印加帝国。所谓"印加"的意思就是"太阳的子孙"。印加人崇拜太阳,年年举行祭太阳的活动,并有"太阳节",时间是从6月24日起连续9天。因此,秘鲁人民奉向日葵为国花,这与崇拜太阳有关。

向日葵又名"太阳花"。向日葵属菊科，高大草本。我国常种的向日葵就是从南美传入的。

马来西亚国花——扶桑

马来西亚的国花是扶桑，扶桑属于锦葵科木槿属，是一种灌木，叶呈宽卵形，有点像桑叶。花大，鲜红色，艳丽，花形有点像喇叭，从花心伸出花柱，形态奇特。由于开花时，花不仅大而且多，有如一片烈火般的红光，马来西亚人民喜欢这种热情奔放的花，把它比喻为烈焰般的激情，表现了热爱祖国的赤诚之心，因此定扶桑为国花。

扶桑原产于我国，据说马来西亚的扶桑引自我国。

菲律宾国花——茉莉花

菲律宾的国花为茉莉花，茉莉花属于木樨科。茉莉花最大特色是香气怡人，因而人人都喜欢它。中国有一首民歌《茉莉花》，歌词中说别的花都香不过茉莉花。另外，茉莉花为白色，一年四季开花，又有"长春花"之名。茉莉花在菲律宾的地方名为"山吉巴达"，意思是男女间表示爱的语言。有一个美丽的传说：一对恋人为了躲避人们的反对，进入了深山，然而姑娘却掉下悬崖遇难了，后来在那一带便生出许多又香又白的花，人们说那是姑娘的化身。茉莉花从此被视为忠于爱情的象征，又被视为高尚情操和深厚友谊的象征。因此菲律宾人民选茉莉花为国花。菲律宾人民还用茉莉花编成花环，用来挂在来访贵宾的脖子上，以表达纯真的友谊。

茉莉花原产于印度、阿拉伯，在我国也有广泛栽培。北京人民喜欢茉莉花，常植为盆景，欣赏那洁白的花，享受那怡人的芳香。

澳大利亚国花——金合欢

澳大利亚的国花是金合欢，属于豆科。它开的花为金黄色，又小又多，犹如一个个金色绒毛球。因为都聚生在枝头，所以格外显眼。这种树只在澳洲多。澳大利亚人把它作为澳洲的象征之一，因此定它为国花。

澳大利亚与其他国家不同，为了首都城市的美观整洁，不让居民在住房四周围建围墙，但可以栽上金合欢作篱，就是树篱笆。像这样城市里的金合欢很多。开花时，它们把首都堪培拉打扮得非常漂亮。

尼泊尔国花——杜鹃花

尼泊尔的国花为杜鹃花，杜鹃花属于杜鹃花科。杜鹃花种类繁多、花色多样、非常美艳，有"木本花卉之王"的说法。尼泊尔是一个山国，在不同海拔的山区，开着各色杜鹃花。尼泊尔人民把杜鹃花作为自己国家美好吉祥的象征，因此选为国花，并把它画在国徽上，画面上还有山谷、流水、野雉和牛，特别是在喜马拉雅山的背景下，漫山的红杜鹃十分好看。

西班牙国花——石榴花

石榴花是西班牙的国花。石榴属于安石榴科，早就经人工栽培，而且分化出以开花为主或以结实为主的不同品种，但不管哪个品种都为人所喜爱。石榴花红艳如火,石榴实大、多子,每粒子外那晶莹如玛瑙的种皮也十分好看。多子有多子多孙、后继有人之意,红花则是吉祥如意的象征。因此西班牙人民选石榴为国花。

石榴原产于东南欧至中亚地区。全世界仅有2种,是从地中海到中亚、喜马拉雅山脉分布的。我国的石榴是外来的,传说于汉代自西域传入。北京人也喜欢石榴。据说老北京人喜欢的有三件东西:花盆、鱼缸、石榴树,它成为京城文化的一个侧面。

瑞士国花——火绒草

瑞士的国花为火绒草,这是一种菊科草本植物。这种花实际是一个头状花序,生于茎顶。整个花序呈白色,是由于花序外的苞叶生满了白色绒毛的缘故。就花序中的小花来说,火绒草实在没什么艳美可言,那么瑞士人民为什么会喜欢它而把它尊奉为国花呢?原来火绒草是高山植物,得来不易。它生在阿尔卑斯山上,沿瑞士和意大利边界的那一段阿尔卑斯山,有几十座4000米海拔的山峰,火绒草生在这些高山中,要爬很高的山才能看到。这不是一般人能做到的。

瑞士人民喜欢火绒草,一般情况下很难采到,所以得到一棵尤为珍贵。以火绒草为国花,说明一种至高无上的理想。从前瑞士以火绒草送给部队指挥官(授勋),至今仍将此花作珍贵礼物赠予贵宾。

日本国花——樱花

日本的国花是樱花,在日本,几乎到处都能见到樱花。关于樱花,在日本还有一个美丽的传说。话说古时候,有一位美丽的日本少女,她的心地十分善良。

樱花

有一年,少女从十一月份开始一直到第二年的六月份,先后走过了日本的冲绳、九州、关西、关东、北海道等地,并一路走一路将樱花的种子撒到各地。此后,日本从南到北都开出了艳丽无比的樱花,美丽极了。为了感谢这位少女,人们将她称为"樱花",并将樱花定为国花。

如今,在每年樱花盛开的时节,日本人民都会举行各种樱花盛会,这已经成为了一项民间传统。"京城官庶九千九,九千九百入樱流"就描写了东京樱花会的盛况。

为什么日本人民会如此喜爱樱花呢?首先是因为樱花象征着勤劳勇敢,鼓励着日本人民不断勇往直前。其次是樱花带来了明媚的春光。再次,樱花盛开的时间虽然短暂,但却努力地绽放着自己的美丽。所以说,一种花被选为国花,一定是其人民对它有深厚的情结。

印度国花——荷花

荷花(又称莲花)作为印度的国花与其佛教历史有着深厚的渊源。众所周知,印度是佛教的发源地,而佛祖释迦牟尼的座驾就是一尊莲花,佛经中也常常提到荷花,因此,莲花与佛教有着密切的关联。

印度自古就有荷花,古印度人还将荷花当作纯洁的圣物崇拜。在印度,荷花象征着美丽,比如印度古代叙事诗《罗摩衍那》中有一个名叫"罗摩"的英雄,人们就用"蓝莲花眼的罗摩"来形容他。另外,荷花还有吉祥、平安、力量、光明等寓意,可以说,在印度,一切美好的事物都可以用荷花来表示。佛经中有提到这样一个故事,据说从前有一头母鹿,舔了一位仙人的尿后,怀孕生下了一个美丽的女孩。这个女孩长大成人后,美丽无双,凡她走过的地方都会生出荷花来。后来她嫁给乌提延王为妻,人称"莲花夫人"。现在,人们用"步步莲花"这个词来形容女子步态轻盈。

法国国花——鸢尾花

法国的国花为鸢尾花。鸢尾花花形较大,外形如一只翩翩起舞的飞蝶,美丽奇特。法国人民为何将鸢尾花作为国花呢?据说法兰克王国第一王朝的第一任国王克洛维洗礼时,上帝以鸢尾花作为礼物送给他,为了纪念始祖,法国人民就将鸢尾花作为国花。还有一个解释是,鸢尾花代表了光明和自由,以它作为国花,表明了法兰西民族追求光明和自由的勇气和决心。

另外,因为法国人民培育出了杂交茶香月季花,对月季的栽培做出了重要贡献。所以月季也被法国人民当作国花。二战时,还曾培育出花朵较大的"和平月季",深受人们喜爱。

英国国花——蔷薇花

英国的国花是蔷薇花。从前由于翻译的原因,把蔷薇译为"玫瑰",其实这是两种截然不同的花。蔷薇在英国有着悠久的历史,英国王室对蔷薇花有着特别的喜爱之情。1272年,英王爱德华一世宣布将蔷薇花作为王室徽章的图案,此后,蔷薇便成为英国王室的标记。

蔷薇在英国有着广泛的群众基础,人们都十分喜欢蔷薇,并不断培育出新的蔷薇品种。英国还有专门的蔷薇研究协会,"朋山蔷薇园"便是这个皇家蔷薇协会的总部所在地。协会现有会员近百万人,由此可见,蔷薇成为英国的国花绝非偶然。

比利时国花——虞美人

比利时的国花是以艳丽闻名于世的虞美人,又名"丽春花",属于罂粟科。娇媚的虞美人即使在众多美丽的花草中仍然显得很突出。虞美人还未绽放时,花蕾垂下,就像一位害羞的姑娘低头不语,但是一开放,就会显得光彩照人。

奇怪的是,虞美人一开花时,外面两片绿色萼片就会脱落,好像一个美丽的姑娘脱去外衣,露出里面的红装一样。此花常在花坛里成片栽植,极为美丽。比利时人喜欢它这种花形花色。虞美人的原产地就是欧洲。

二十、花与城市

花卉是大自然赐予人类的一份美好的礼物,人们自古就爱花、种花、赏花、寄情于花,不仅以花卉象征一个人的品格和精神,甚至还用花代表一个城市、一个民族、一个国家的精神文化风貌。所以,无论是在中国还是在外国,许多城市和国家的人民把自己最喜爱的一种或两种花卉尊称为国花、州花或市花,比如日本的樱花、朝鲜的木槿、泰国的睡莲、保加利亚的玫瑰、比利时的虞美人、荷兰的郁金香、中国的牡丹等，都成了各自国家高贵品格的象征。

花卉不仅有各国的国花，而且还有很多城市的市花。以中国为例，我国目前很多城市都有自己的市花。从1982年开始，市花的评选就已经开始了。作为市花应具有3个条件：首先如果是生长在当地的花，或被引入后能够适应当地气候环境条件，具有较长的栽培历史，便于繁殖和推广，栽培容易，受到当地人民的普遍喜爱；其次，观赏价值较高，在城市环境美化中具有重要地位；最后还要富有地方特色，与当地的人文历史有着密切联系。现如今，大部分城市都已经评选出了符合本市特征的市花。

1.北京的市花——月季、菊花

北京是中国的首都，在1987年3月12日，北京市第八届人民代表大会第六次会议确定，月季和菊花为北京的市花。

在我国，月季是十大名花之一，它的花语是希望、光荣、美艳、长新。不同颜色的月季含义也不同。月季为植物分类学中蔷薇科蔷薇属植物，是野生蔷薇的一种。野生蔷薇经过长期的人工栽培和品种选育工作，最后培育出在一年中能反复开花的蔷薇，即月季。

月季因月月季季鲜花盛开而得名。

月季色彩艳丽，千姿百态，深受中国人民的喜爱。不仅如此，月季也是国际上最为流行的花卉之一，同时也是欧美一些国家的国花。在全世界范围内，月季花是用来表达关爱、友谊、欢庆与祝贺时最常用的花卉。近几年，随着中国花卉产业的迅猛发展，具有自主知识产权的月季品种逐渐增多，涌现出更多更好的新品种，其中"中国红"月季无论是名称还是颜色都最具中国特色。充满着生机与活力的红色，是中国人最喜欢的颜色，象征着吉祥如意、幸福与欢乐，同时也象征着向上的活力。

2. 上海的市花——白玉兰

1986年10月25日,上海市第八届人民代表大会常务委员会第二十四次会议通过以白玉兰作为上海市市花。白玉兰作为中国原产植物,栽培历史悠久。在上海的气候条件下,白玉兰开花特别早,冬去春来,清明节前,它就繁花盛开;白玉兰花朵大而且洁白,满树盛开时朵朵向上,香气扑鼻。

白玉兰作为上海市市花象征着开路先锋、朝气蓬勃、奋发向上的精神。从外形上看,玉兰花与莲花极像,盛开时,花瓣展向四方,使庭院青白片片,白光耀眼,具有很高的观赏价值;再加上清香阵阵,沁人心脾,实为美化庭院之理想花卉。

在我国民间,也有关于玉兰花美好的传说。很久以前,在一处深山里住着3个姐妹,大姐叫红玉兰,二姐叫白玉兰,三姐叫黄玉兰。一天她们下山到一处叫作张家界的村子里游玩,却发现村子里冷水秋烟,一片死寂,三姐妹十分惊异,于是她们便向村子里的人打听,从中得知,原来秦始皇赶山填海,杀死了龙虾公主,从此,龙王爷就跟张家界成了仇家,龙王锁了盐库,不让张家界人吃盐,终于导致了瘟疫发生,死了好多人。三姐妹十分同情他们,于是决定帮大家讨盐。然而这又何等容易?在遭到龙王多次拒绝以后,三姐妹只得从看守盐仓的蟹将军入手,用自己酿制的花香迷倒了蟹将军,趁机将盐仓凿穿,把所有的盐都浸入海水中。村子里的人得救了,可是三姐妹却被龙王变作花树。

后来人们为了纪念她们,就将这种花树称作"玉兰花",而她们酿造的花香也变成了她们自己的香味。故事简单而唯美,反映了人们对美好事物的追求、对完美的向往。

3. 南京的市花——梅花

1982年4月,南京市第八届人民代表大会常务委员会第八次会议决定将梅花定为南京市的市花。梅花的花语是坚强和高雅，是中华民族的精神象征，具有强大而普遍的感染力和推动力。梅花又象征坚忍不拔，不屈不挠，奋勇当先，自强不息的精神品质。

我们知道的大多数的花都是春天开花，梅花却独具一格，愈是寒冷，愈是风欺雪压，花开得愈精神，愈秀气。它是我们中华民族最有骨气的花卉！几千年来，它那迎雪吐艳，凌寒飘香，铁骨冰心的崇高品质和坚贞气节鼓励了一代又一代中国人不畏艰险，奋勇开拓，创造了优秀的生活与文明。有人认为，梅的品格与气节几乎是我们"龙的传人"的精神面貌。几千年来中华民族对梅花深爱有加。文学艺术史上，梅诗、梅画数量之多，令许多花卉望尘莫及。

梅花株高约5~10米，干呈褐紫色，多纵驳纹。小枝呈绿色。叶片广卵形至卵形，边缘具细锯齿。花每节1~2朵，无梗或具短梗，原种呈淡粉红或白色，栽培品种有紫、红、彩斑至淡黄等花色，于早春先叶而开。梅花为落叶小乔木，花芽着生在长枝的叶腋间，每节着花1~2朵，芳香，花瓣5枚，白色至水红，也有重瓣品种。梅是我国特有的传统花木，已有3000多年的栽培历史。我国考古人员在安阳殷墟商代铜鼎中发现了梅核，这说明梅已在当时用作食品。

在现代历史上，人民领袖毛泽东曾写有一阕著名的咏梅词——《卜算子·咏梅》："风雨送春归，飞雪迎春到。已是悬崖百丈冰，犹有花枝俏。俏也不争春，只把春来报。待到山花烂漫时，她在丛中笑。"这阕词是毛泽东喜爱梅花的最好写照。显然，《卜算子·咏梅》是一首怀念诗。毛泽东喜爱梅花。瞻仰过毛泽东遗容的人大都看到过，在毛泽东纪念堂里，水晶棺前摆放着五盆梅花。这是根据毛泽东生前酷爱梅花的性格而摆设的。毛泽东生前，无论是居室还是工作室，都要摆上几盆梅花。他之所以喜欢梅花就是因为梅花本身所具有的那种高贵品质和文化精神令人尊敬。

当然，梅花的文化非常博大，人们把"梅、兰、竹、菊"合称为"四君子"，把这些自然物人格化，就是因为从它们的生长中流露出一种值得人们学习的精神。

4.济南的市花——荷花

济南是山东省的省会,在1986年,市人大决定将荷花定为济南市的市花。荷花的花语是清白、高尚而谦虚,"出淤泥而不染,濯清涟而不妖"同时也象征着坚贞纯洁!

荷花,中国的十大名花之一,不仅花大色艳,清香远溢,凌波翠盖,而且适应性极强,既可广植湖泊,又能盆栽瓶插,别有一番情趣。自古以来,荷花就是宫廷苑囿和私家庭院的珍贵水生花卉,在今天的现代风景园林中,愈发受到人们的青睐,应用更加广泛。

荷花又称作莲花,由于"荷"与"和""合"谐音,"莲"与"联""连"谐音,所以在中华传统文化中,经常以荷花即莲花作为和平、和谐、合作、合力、团结、联合等的象征;以荷花的高洁象征和平事业、和谐世界的高洁。因此,从某种意义上说,赏荷也是对中华"和"文化的一种弘扬。荷花品种繁多,是"荷(和)而不同",但又共同组成了高洁的荷花世界,是"荷(和)为贵"。弘扬中华"和"文化,对于我们促进祖国统一、维护世界和平、构建和谐社会的伟大事业有着特殊而又重要的意义。

自北宋周敦颐写了"出淤泥而不染,濯清涟而不妖"的名句后,荷花便成为"君子之花"。据史书记载:远在2500多年前,吴王夫差曾在太湖之滨的灵岩山离宫(今江苏苏州)为宠妃西施欣赏荷花,特意修筑"玩花池",移种野生红莲。这可以说是人工砌池栽荷的最早记录,至今南北各地的莲塘比比皆是。湖南就是我国最大的荷花生产基地。每逢仲夏,采莲的男女,泛着一叶轻舟,穿梭于荷丛之中,那种"乱入池中看不见,闻歌始觉有人来"的情景多么美妙。至于旅游赏荷的去处就更多了,诸如济南大明湖、杭州西湖、肇庆七星岩等都可看到成片荷花的芳容。昔日曾是"铁道游击队"的故乡——山东济宁微山湖,竟有10万亩野生荷花的壮丽景观,年年花繁叶茂,吸引无数游人。真可谓"多情明月邀君共,无主荷花到处开"。

荷花出尘离染，清洁无瑕，故中国人民都以荷花"出淤泥而不染，濯清涟而不妖"的高尚品质作为激励自己洁身自好的座右铭。

在江南苏州一带，每年农历六月24日为观莲节，称为荷花生日。届时人们成群结队，兴高采烈地观赏荷花。1993年3月31日，第八届全国人大第一次会议审议通过《中华人民共和国澳门特别行政区基本法》，通过了以莲花为图案的澳门区旗和区徽，表达当地人民特别崇尚莲花，以象征纯洁和高贵。1989年在北京专门成立了中国荷花协会，促进了荷花栽培以及荷花文化在中华大地上的兴盛和发展。

5.长沙的市花——杜鹃花

1985年11月，长沙市八届人大十四次会议决定，以杜鹃花为长沙市的市花。

杜鹃属花卉，绝大部分出自我国，花大色艳，种类繁多，是观赏价值极高的中国天然名花。但是，古人把它比喻成："疑是口中血，滴成枝上花。"因此，在中国人的文化积淀中，杜鹃鸟、杜鹃花都成为思乡怀旧、哀怨伤感的意象。古人之所以这样描述杜鹃花是因为杜鹃花的颜色鲜艳如血。但是，目前杜鹃花的品种远不止红色一种，它还有白、粉、紫等一些颜色。并且花型与形态也各不相同，早已不是传说中的那种哀伤的象征，而是美好、吉祥的信物，要不然怎么可能会成为长沙市的市花呢！

目前杜鹃花的栽培品种有二三百个，分属东鹃、毛鹃、西鹃、夏鹃4个类型。特别是西洋鹃，因其颜色、瓣型十分丰富，观赏价值高，更为名贵。不过它的习性比较娇嫩，喜欢温暖、湿润的气候，严格要求酸性土壤，故常作盆栽。

杜鹃花十分美丽。管状的花，有深红、淡红、玫瑰、紫、白等多种色彩。当春季杜鹃花开放时，满山鲜艳，像彩霞绕林，被人们誉为"花中西施"。五彩缤纷的杜鹃花，唤起了人们对生活热烈美好的感情，同时它也是国家繁荣富强和人民幸福生活的象征，这就是我国人民热爱杜鹃的原因所在。

从前有一个和平富庶的国家，那里土地肥沃，物产丰盛，人们过着丰衣足食、无忧无虑、幸福快乐的日子。可是，无忧无虑的富足生活，使人们慢慢地懒惰起来。他们一天到晚醉生梦死，纵情享乐，有时搞得连播种的时间都忘记了。蜀国的皇帝名叫杜宇，他是一个非常负责而且勤勉的君王，他很爱他的百姓。看到人们乐而忘忧，他心急如焚。为了不误农时，每到春播时节，他就四处奔走，催促人们赶快播种，把握春光。可是，如此年复一年，反而使人们养成了习惯，杜宇不来人们就不播种了。终于，杜宇积劳成疾而终，告别了他的百姓。可是他对百姓还是难以忘怀，他的灵魂化为一只小鸟，每到春天，就四处飞翔，发出声声啼叫：快快布谷，快快布谷，直叫得嘴里流出鲜血。鲜红的血滴洒落在漫山遍野，化成一朵朵美丽的鲜花。人们被感动了，他们开始学习他们的好国君杜宇，变得勤勉和负责。他们把叫人劳作的小鸟叫作杜鹃鸟，他们把那些鲜血化成的花叫作杜鹃花。后来著名的诗人李商隐在《锦瑟》一诗中还写道："庄生晓梦迷蝴蝶，望帝春心托杜鹃。"唐代大诗人白居易也曾赞美杜鹃花"花中此物是西施"。

6.广州市的市花——木棉花

广州是广东省的省会，1982年6月，该市人民政府决定将木棉花定为广州市的市花。木棉花的花语是珍惜身边的人，珍惜身边的幸福。因为木棉花通常在3~4月份开花，所以4月11被定为木棉的节日。木棉花又名攀枝花，落叶大乔木，树高可达25米。树干基部密生瘤刺，枝轮生，叶互生。每年3~4月份先开花，后长叶。花冠五瓣，橙黄色或橙红色。花萼黑褐色，革质。花后结椭圆形蒴果，内为卵圆形的种子和白色的棉絮。

木棉最早见载于晋葛洪的《西京杂记》：西汉时，南越王赵佗向汉帝进贡烽火树，"高一丈二尺，一本三柯，至夜光景欲燃。"据说此烽火树即木棉树。广州人对木棉有着特殊的情感，这是因木棉一直造福岭南。

粤人以木棉为棉絮，做棉衣、棉被、枕垫，唐代诗人李琮有"衣裁木上棉"之句。宋郑熊《番禺杂记》载："木棉树高二三丈,切类桐木,二三月花既谢,芯为绵。彼人织之为毯,洁白如雪,温暖无比。"木棉花还可以做药,每逢春末采集,晒干,经拣除杂质和清理洁净后,用水煎服,可清热去湿。

木棉花较大,色橙红,极为美丽,可供欣赏。在古代,广州种植的木棉树种极其广泛,其中以南海神庙前的10余株最为古老。每年农历二月,木棉花盛开,每天来观者达数千人,场面热闹,清代屈大均以《南海神庙古木棉花歌》颂之。现在南海神庙仍有两棵古木棉,久经风霜,挺拔依然。

木棉树属于速生、强阳性树种,树冠总是高出附近周围的树群,以争取阳光雨露,木棉这种奋发向上精神及鲜艳似火的大红花,被人誉之为英雄树、英雄花。最早称木棉为"英雄"的是清人陈恭尹,他在《木棉花歌》中形容木棉花"浓须大面好英雄,壮气高冠何落落"。1959年,广州市市长朱光撰《望江南——广州好》50首,其中写道"广州好,人道木棉雄。落叶开花飞火凤,参天擎日舞丹龙,三月正春风。"

另外古人还有很多关于木棉花的诗句呢！如苏东坡的"记取城南上巳日,木棉花落刺桐开"；刘克庄的"几树半天红似染,居人云是木棉花"等。由此可以看出,木棉花在我国有着很深的文化底蕴,也是文人墨客所喜爱和赞赏的花卉。

7.香港的市花——紫荆花

唐朝的大诗人韦应物曾在《见紫荆花》一诗中写道：

"杂英纷已积,含芳独暮春；还如故园树,忽忆故园人。"

虽然诗句寥寥,所用笔墨不多,但是游子思归、忆念故里之情却溢于言表,感人至深。现在人们一说到紫荆花,大部分人都会想到香港。因为它是香港的市花。香港是我国的特别行政区,在香港除了要挂中华人民共和国国旗外,还要挂一面带有紫荆花的旗帜,那是香港的区旗,它是由五星花蕊的紫荆花组成。紫荆花寓意香港是祖国不可分割的一部分,并将在祖国的怀抱中兴旺发达。

紫荆花又叫红花羊蹄甲,为苏木科常绿中等乔木,叶片有圆形、宽卵形或肾形,但顶端都裂为两半,似羊的蹄甲,故得名。花期在冬春之间,花大如掌,略带芳香,五片花瓣均匀地轮生排列,红色或粉红色,十分美观。紫荆花终年常绿繁茂,颇耐烟尘,适于做行道树。树皮含单宁,所以可用作鞣料和染料。树根、树皮和花朵还可以入药。

紫荆花为常绿小乔木,高达10米。单叶互生,革质,阔心形,花为总状花序,花大,盛开的花直径几乎与叶相等,花瓣5枚鲜紫红色,间以白色脉状彩纹,中间花瓣较大,其余4瓣两侧成对排列,香味清新。

香港的历史上还有一段关于紫荆花的悲壮故事呢!1898年6月19日,丧权辱国的《展拓香港的租界专条》在紫荆城签订。英国政府强行租借九龙半岛大片土地及附近200多个岛屿(后称新界),租期99年,两个月后,英方不顾中国民众的强烈反抗和抵制,在大炮的轰鸣声中,强行提前举行占据仪式,数千名爱国群众揭竿而起,武装保卫自己的家园,反攻英国军营,使英军受到重创。与此同时,民众也遭到了残酷的镇压,新界10万人口丧失了土地。劫变过后,人们在挂角山建造了一座大型坟墓,合葬了那些壮烈牺牲的英雄。后来在挂角山上长出了一棵人们从未见过的开着紫红色花的树。几年后,这种花开遍了新界山坡,色彩缤纷,尤其是清明前后,花期正盛,好像是对烈士的缅怀,民众便将其命名为紫荆花。1965年,紫荆花被当选为香港市的市花。

在中国古代,紫荆花常被人们用来比拟亲情,象征兄弟和睦,家业兴旺。其中也有一个典故。传说南朝时,京兆尹田真与兄弟田庆、田广三人分家,当别的财产都已经分好后,最后发现院子里还有一株枝叶扶疏、花团锦簇的紫荆花树不好分。当晚,兄弟三人决定将这棵紫荆树截成三段,每人分一段。第二天清早,兄弟三人前去砍树时,发现这株紫荆花树的枝叶已经全部枯萎,花朵也全部凋零。田真见此状不禁对两个兄弟感叹道:"人不如木也。"后来兄弟三人又把家合起来,并和睦相处。结果,那株枯萎的紫荆花树好像颇通人性似的,也随之复活了,并且长得比以前还旺盛。

二十一、送花的艺术

自古以来,中国就是一个礼仪之邦,特别是在古代社会中,需要讲究的礼节很多。因此,人们受此影响很大,即使到了现代社会,人们还在遵循和沿用着古人留下来的许多礼仪。其中在送花这方面就特别有讲究。比如什么节日适合送什么样的花,什么样的花适合送给什么样的人,在选择花卉的时候应该注意一些什么……

1.情人节

每年阳历2月14日,虽然是西方的情人节,但是由于现在文化交流日益广

玫瑰

泛,一些比较典型的节日变得不分国界。所以情人节在中国和西方国家一样盛行。每当到这一天,无论是在热恋中的情侣,还是已经结婚的夫妻,男方通常会

给女方送红玫瑰来表达两人之间的感情。将一支半开的红玫瑰衬上一片形色漂亮的绿叶,然后装在一个透明的单支花的胶袋中,在花柄的下半部用彩带系上一个漂亮的蝴蝶结,以此作为情人节的最佳礼物。

玫瑰是世界主要的礼品花之一,表明专一、具有活力。玫瑰一般有深红、粉红、黄色、白色等色彩。著名品种有伊丽莎白女王(红色)、初恋(黄色)等。情人节以送红玫瑰的最多,但是要送几枝玫瑰花为宜也是特别有讲究的。对于不同的人有不同的讲究,比如:1枝代表情有独钟,3枝则代表"我爱你",6枝代表顺利,8枝代表弥补,10枝代表十全十美等。一般在花店都会贴出一个关于花语的花单,方便买花的人参考。

2. 母亲节

在西方,每年5月的第二个星期日便是母亲节。母亲节这一天,通常以大朵粉色的康乃馨作为母亲节的用花。粉色是女性的颜色,康乃馨的层层花瓣代表母亲对子女绵绵不断的感情。送花时既可送单枝,也可送数枝组成的花束,或插成造型优美别致的插花。

不同颜色的康乃馨表达的意思也不同。红色康乃馨,用来祝愿母亲健康长寿;黄色康乃馨,代表对母亲的感激之情;粉色康乃馨,祈祝母亲永远美丽年轻;白色康乃馨,除具有以上各色花的意思外,还可寄托对已故母亲的哀悼思念之情。

3. 父亲节

在西方,每年6月的第三个星期日是父亲节。通常以送黄色的玫瑰花为主。在一些国家,把黄色视为男性的颜色。但是在日本,父亲节时必须送白色的玫瑰花,枝数和造型不限。父亲节送黄色玫瑰花象征着身为一家之主的父亲的地位,也象征着人性的勇敢和正直,同时还表示对父亲的尊敬和爱戴。现在很多国家都有父亲节,在那一天子女会回家陪父亲吃饭,和他们聊天等,以此来报答父亲的养育之恩!

4.圣诞节

圣诞节定在每年公历的12月25日,是为了纪念耶稣基督诞生的日子,同时也是普通庆祝的世俗节日。现在的圣诞节,通常以一品红作为圣诞花,花色有红、粉、白色,状似星星,好像下凡的天使,含有祝福之意。在这个节日里,可用一品红鲜花或人造花插做成各种形式的插花作品,伴以蜡烛,用来装点环境,增加节日的喜庆气氛。

5.结婚

举行婚礼的场合适合送颜色鲜艳并且富含花语的花束,可增进浪漫气氛,表示甜蜜。如百合、月季、郁金香、香雪兰、荷花(并蒂莲),用以象征"百年好合""永浴爱河""相亲相爱"等。在结婚纪念日,可选择百合花、并蒂莲和红掌,祝愿其"爱情之树常青""恩爱相印如初""百年幸福长存"等!

6.生日献花

在朋友过生日时,送圣诞花是最为贴切的;另也可以送玫瑰、雏菊、兰花等,表示永远祝福。如果是恋人或夫妻之间的一方过生日,比较适合送玫瑰、百合等;如果是比较年轻的朋友可送一束月季、木本象牙红、石榴花等,表示前程似锦,年华火红;如果是给老年人祝寿,比较适合送万年青、龟背竹、鹤望兰、寿星橘、寿星桃等,用来祝贺老人健康长寿。总之,对于不同的人送花的讲究也是不同的,所以在送花之前要先向卖花者咨询一下。

7.探病送花

去看望病人一般适宜送剑兰、玫瑰、兰花。因为这些花都是比较有生命力的花,并且香味也不是太浓。同时要注意的是不要送白色、蓝色、黄色或香味过浓的花,因为这些都是代表哀悼的意思。花束的搭配可选择香石竹、月季花、水仙花、兰花等,配以文竹、满天星或石松,以祝愿病人贵体早日康复。但是,如果去探望产妇,宜选用大红、粉红色的香石竹、月季,配以文竹、满天星,以表示祝福、健康之意。

8.乔迁

朋友乔迁新居时比较适合送稳重、高贵的花木,例如剑兰、玫瑰、盆栽、盆景等,用来表示乔迁的隆重和喜庆之意。

9.公司庆典

在公司庆典的时候,适合送大型花篮。花篮的装点可选用月季花、大丽花、香石竹、美人蕉、山茶花等,配以万年青、苏铁叶、桂花叶、夹竹桃或松柏枝。用来表示祝贺发财致富、兴旺发达、四季平安的意思。

10.丧事

在办丧事的场合,送白色的花束比较合适,例如:白玫瑰、白莲花、白色康乃馨等,表达惋惜怀念之情。对于不同的关系所送花的品种也是不同的,如果是朋友的母亲去世,适合送白色的康乃馨;如果是朋友的妻子去世适合送白玫瑰。总之在这种特殊的场合一定要多注意。

11.送给老人的花

如果打算带花去看望老人,最好选一盆梅花盆景。因为,梅花寓意为"冰中育蕾,雪里开花,不畏寒冷,独步早春的刚强意志和崇高品格"。所以,送梅花也是对老人的一种祝福和赞扬,特别是对于比较有学识的老人来说尤其如此。

12.送给小朋友的花

小孩子一般都比较喜欢花,但对于送花的艺术他们却不怎么懂。那么,是不是在送给小朋友花时就没什么讲究了呢？其实不是这样的，因为小孩子是纯洁的、单纯的，所以送给他们花时也要符合他们年龄段的特性。因为仙客来的花语是"天真无邪"的意思，所以把仙客来送给小朋友，以示祝愿他们生活快乐，无忧无虑。另外，大葱花适宜送青少年或小朋友，有越来越聪明的意思。

二十二、购花小窍门

在生活中，当你想买束鲜花馈赠亲朋好友时，是不是常常会遇到一个问题，就是怎样选购质量上乘的鲜花？其实，选择鲜花是有一定技巧的。不过，首先你要弄明白什么是切花。其实，切花就是指花卉植物的某一部分被剪切下来脱离母株之后，仍然依靠自身营养器官能较长时间维持鲜活的花。目前花店出售的鲜花都称为切花或鲜切花。那么，选择鲜花和切花之间有什么关系呢？下面我们就以几种比较常见的花来一一介绍。

1. 如何选购康乃馨

在选择康乃馨时，一要看产地，康乃馨以昆明产的为最上等，无论花色、质量，都优于其他产地，当然价格也比其他产地的要贵一些。

二是选空运产品，一般情况下，康乃馨是由苗圃大棚经剪切、包扎、装箱后运输到外地的。运输一般通过火车或空运。火车运输时间长，在火车内经闷压，鲜花质量就会受到严重影响，造成色差，花期短。但是如果是空运的话离开母体的时间就短，脱水积压时间相对也较短，保鲜程度就比较好，到运抵地后用水养一下，就能恢复元气，茎挺花美。

三要看色泽，当你把一束康乃馨拿在手中时，先看它的颜色是否鲜艳；再看花苞是否大而整齐，茎干粗壮挺直，无焦斑、黄褐斑，叶片灰绿色无焦斑。如果是这样的话,就说明康乃馨无病害,营养足,花期长。反之,有病害,花色差,花期短。

四要选花苞开放3~4成的,因为康乃馨开8成以上就是盛花,容易枯谢,同时用手指压按花苞,有弹性感为佳,而硬性为差。

五要看有无臭味,当一束康乃馨从桶中拿起,看花茎底部是否发白,有无臭味。如有臭味,说明花不新鲜,茎部开始变质,不可选购。

六要看是不是冷藏花,在冬季或春节期间,要注意康乃馨包装的塑料袋内是否有水汽雾滴出现,如有说明是冷藏花,此花一定色差,花期短。

2.如何选购玫瑰

玫瑰花是世界上主要切花材料之一,属蔷薇科。现在市场把月季和玫瑰花都混称为玫瑰花,实际上,二者是有区别的。月季是常绿灌木,羽状复叶,叶面平展,刺少,而玫瑰是落叶灌木,叶面皱凸,叶背面有毛。叶厚,刺肉质多。因此,在选择玫瑰花时要注意以下几个问题:

一要看产地。玫瑰本地产最晚集中在每年5月份,这时质量好、花色鲜艳,而且花期长。而其他时间玫瑰基本都是从昆明、广州、广西、成都等地运来。如冬季、春节玫瑰大都来自广州和昆明。

二要看是不是空运产品。由于空运时间短一般当天便可到达,所以花的色泽、质量较好,花期长。而火车运输时间长,花经闷压后,色淡、叶萎,甚至花苞脱落,切不可选。

三要看色泽。色泽艳丽、叶鲜、茎干挺直粗壮为佳。

四要看是不是冷藏玫瑰。凡冷藏玫瑰,塑料袋内有明显水汽,花色变紫,经风一吹马上落叶、落花瓣,花叶明显没有精神。

总之,选择鲜花的程序都是大同小异,在选择的时候只要注意以上几个方面,选购质优的好花就不成问题了。

二十三、花的鉴赏

在我们中国有所谓"十大名花",但是你知道哪些是属于十大名花之列的吗?如果你还不知道,那就让我们一起来观赏它们吧!

1.十大名花

(1)群花之魁——梅花

梅花别名春梅、干枝梅、红绿梅,属于蔷薇科。梅花为落叶小乔木,高达10米,常具枝刺,树冠呈不正圆头形。树干褐紫色,多纵驳纹,小枝呈绿色或以绿为底色,无毛。花多,每节1~2朵,多无梗或具短梗,淡粉红或白色,花径为2~3厘米,有芳香,多在早春先叶而开,花瓣5枚,近圆形;萼片5枚,多呈绛紫色;雄蕊多数,离生。核果近球形,径约2~3厘米,黄色或绿黄色,密被短柔毛,味酸。核面具小凹点,与果肉粘着,4~6月果熟。

(2)花中之王——牡丹花

牡丹花别名鹿韭、白术、木芍药、百两金、花王、洛阳花、国色天香、富贵花等,毛茛科、芍药属。牡丹是落叶小灌木,一般茎高1~2米,高者可达3米。枝多挺生。叶片宽大,互生,羽状复叶,具长柄。顶生小叶,卵圆形至倒卵圆形,先端3~5裂,基部全缘,侧生小叶为长卵圆形,表面绿色,具白粉,平滑无毛或有短柔毛。花单,两性,顶生,直径10~30厘米,有多数雄蕊,基部全被花盘所包裹。萼片5枚,宿存,绿色。花瓣原本5~6枚,经过栽培,一部或全部雄蕊变成花瓣,成重瓣花。瓣数少的称为多叶,瓣数很多的称为千叶。花有黄、白、红、粉、紫、绿等色。

(3)花中君子——兰花

兰花有许多别名,例如山兰、幽兰、芝兰等,兰花是兰科、兰属草本花卉,单生或由多数花柄长短略等的花着生在花梗上,排成总状花序。花被共有6瓣,分内外两圈排列,外三瓣为萼,主瓣(或中萼)、副瓣(或副萼,俗称"肩")形状基本相似;内三瓣为花瓣,上侧两瓣同形,平行直立,俗称"捧"或"捧心";下方一瓣较上侧的两瓣大,有种种形状,称"唇瓣"或"舌";上面散布红、紫红斑点的称"彩瓣";白、纯绿或微黄而无斑点的称"素瓣"。兰花为两性花,在两捧中间有一柱状物,俗称"鼻",是储藏香气的部分;鼻的顶端有着生粘韧的花粉粒的雄蕊1~3枚,与花核结合。花药无柄,花粉粒结成花粉块,即"胚茎",胶粘盘位于其基部。

(4)水中芙蓉——荷花

荷花别名莲花、芙蕖、水芝、芙蓉、水华、水芙、水旦、水芙蓉、泽芝、玉环、草芙蓉、六月春、中国莲等,为睡莲科,莲属。

荷花是中国的十大名花之一,它不仅花大色艳,清香远溢,凌波翠盖,而且适应性极强,既可广植湖泊,又能盆栽瓶插,别有情趣;自古以来,就是宫廷苑囿和私家庭园的珍贵水生花卉,在今天的现代风景园林中,更加受到人们的喜爱,应用更加广泛。

我国早在3000年以前,就已经开始栽培荷花了。现今在辽宁及浙江均发现过碳化的古莲子,可见其历史悠久。

(5)寒秋之魂——菊花

菊花别名鞠、寿客、傅延年、节华、更生、金蕊、黄花、阴成、女茎、女华、帝女花、九华等,科属菊科、菊属。菊花为多年生宿根亚灌木,营养繁殖苗的茎,分为地上茎和地下茎两部分。地上茎高0.2~2米,多分枝。幼茎色嫩绿或带褐色,被色柔毛或茸毛,开花后茎大部分都枯死了,次年春季由地下的茎发生萌芽。菊花叶系单叶互生,叶柄长1~2厘米,下两侧有托叶或退化,叶卵形至长圆形,边缘有缺刻及锯齿。叶的形态因品种而异,可分正叶、深刻正叶、长叶、深刻长叶、圆叶、葵叶、蓬叶和船叶等8类。菊花的花(头状花序)生于枝顶,径2~30

厘米,花序外由绿色苞片构成花苞。

菊花之所以被称为"寒秋之魂",是因为它一般在秋季开放,那时天气已经开始变冷,它却好像专门为寒而来,不怕秋风秋雨,力争为人们的生活增添光彩!

(6)花中皇后——月季

月季别名斗雪红、长春花、月月红、四季花、瘦客、胜春、胜花、胜红等,蔷薇科、蔷薇属花卉,蔷薇属植物为有刺灌木或呈蔓状、攀缘状植物。叶互生,奇数羽状复叶。花单生或排成伞房花序、圆锥花序;花瓣为单枚或重瓣。在开花后,花托膨大,即成为蔷薇果,有红、黄、橙红、黑紫等色,呈圆、扁、长等形状。

人们为什么称月季为"花中皇后"呢? 不仅因为月季花容秀美,千姿百态,四季常开,而且还因为月季大多都非常耐寒,生长特别繁茂,容易繁殖。因此月季深受人们喜爱,被评为我国十大名花之一。我们都知道,月季还是很多城市的市花呢!

(7)花中贞女——山茶花

山茶花别名山茶、茶花、曼陀罗、晚山茶、洋茶、菇春、山椿,山茶科、山茶属。山茶是常绿阔叶灌木或小乔木。枝条黄褐色,小枝呈绿色或绿紫色至紫褐色。花两性,常单生或2~3朵着生于枝梢顶端或叶腋间。花梗极短或不明显,苞萼1~9片,覆瓦状排列,被茸毛。花单瓣,花瓣5~7片,呈1~2轮覆瓦状排列,花朵直径5~6厘米,色大红,花瓣先端有凹或缺口,基部连生成一体而呈筒状;雄蕊发达,多达100余枚,花丝为白色或带有红晕,基部连生成筒状,集聚花心,花药金黄色;雌蕊发育正常,子房光滑无毛,有3~4室,花柱单一,柱头3~5裂,结实率高。

山茶花被称为花中的"女贞"不仅是因为它的株形优美,花形艳丽,花期早,而且还由于它是在冬季开花,花期长,叶片亮绿。即使生长在高大的树冠下,仍然长势良好。正由于此,常被广泛用于公园绿地、自然风景区和名胜古迹旁。在庭园之中,可小片群植或与其他树种搭配组合,也可做主景欣赏。山茶花亦是盆栽的佳品,某些矮生的山茶花灌木型品种,常被作为盆栽应用,从南到北十分普遍。

(8)金秋娇子——桂花

桂花别名木樨、月桂、金桂、岩桂、九里香,是木樨科、木樨属花卉,常绿灌木或小乔木科,为温带树种。叶对生,多呈椭圆或长椭圆形,树叶叶面光滑,革质,叶边缘有锯齿。树冠圆球形。树干粗糙、灰白色。花簇生,3~5朵生于叶腋,多着生于当年春梢,叶腋生成聚伞状,花小,黄白色,极芳香。花腋生呈聚伞花序,花形小,花色因品种而异。桂花原产于中国的四川、云南、广西、广东和湖北等地,而且在湖南浏阳分布有野生群落。

桂花

桂花不仅是十大名花之一,而且还是中国20多个城市的市花。桂花的品种繁多,有金桂、银桂、丹桂、四季桂等。金桂,花朵金黄,气味较淡,叶片较厚;银桂,花朵颜色较白,稍带微黄,叶片较薄;丹桂,花朵颜色橙黄,气味浓郁,叶片厚,色深;四季桂,别称月月桂,花朵颜色稍白,或淡黄,香气较淡,叶片薄,长年开花。

(9)寒冬仙子——中国水仙

中国水仙,别名天葱、雅蒜、雪中花、姚女花、女史花、凌波仙子、俪兰、配玄、水鲜,水仙是石蒜科、水仙属的花卉。中国水仙为多年生单子叶草本植物。地下鳞茎卵球形,叶从鳞茎顶部丛出,狭长,剑状,具平行脉,叶尾稍钝,被有白粉,

12月至翌年1月开花,花茎从叶丛中抽出,中空成管状,高15~50厘米或更高;伞房花序,着生于茎顶,外有苞状膜质紧覆着,花数约5~7朵,最多可达16朵。中国水仙可分为单瓣与复瓣花两种。单瓣花品种称为"金盏银台""百叶水仙",花瓣为纯白色,但其中心托出一个金黄色杯状副冠,清奇美观,香味浓郁。复瓣花品种称为"玉玲珑",香味稍逊于"金盏银台"。

水仙秋季开始生长,冬季开花,春季贮存养分,夏季休眠,适合生长于冬季暖和地区,但也有一定的耐寒能力。我国江南一带,如果冬季不加防寒措施,亦可露地越冬。喜湿润肥沃的沙质壤土,福建漳州因气候土质适宜,故盛产水仙。

(10)黄金花卉——君子兰

君子兰别名剑叶石蒜、大叶石蒜,为石蒜科君子兰属多年生草本花卉;肉质根粗壮,茎分为根茎和假鳞茎两部分;叶为剑形,互生,排列整齐;聚伞花序,可

君子兰

着生小花10~60朵;冬春开花,尤以冬季为多,小花可开15~20天,先后轮番开放,可延续2~3个月。每个果实中含种子一粒或多粒。

君子兰是著名的温室花卉,既怕热又不耐寒,喜欢半阴而湿润的环境,畏强烈的直射阳光,生长的最佳温度在18℃~20℃之间,在5℃以下、30℃以上,生长将受到阻碍;君子兰喜欢通风的环境,喜深厚肥沃疏松的土壤。

君子兰叶片宽阔呈带形,质地硬而厚实,并有光泽及脉纹。叶片从根部短

缩的茎上呈二列迭出，如管理得当，叶片排列整齐，则更为美观。君子兰花葶自叶腋中抽出，一般具有20~25片叶时才开花。盛花期从元旦至春节，也有在夏季6~7月间开花的，花后能结少量籽。君子兰长着粗壮的乳白色的根，很有肉质感。根和叶具有一定相关性，长出新根时，新叶也会随之发出，根部如果受伤或坏死，叶片也会相对应地枯萎；叶片受到伤害，同样会影响根部。

　　君子兰原产于非洲南部，后来我国又从欧洲和日本引进了两个品种。前者花小而下垂，称垂笑君子兰；后者花大而向上，称大花君子兰，是目前栽培最普遍的两个品种。

　　目前，我国主要采用播种法繁殖君子兰，从而形成了形形色色的品种。目前，一共有五类君子兰，即垂笑、大花、细叶、有茎、神奇、沼泽君子兰。

　　君子兰的花朵虽不及牡丹花那样富丽堂皇，也比不上茉莉花的芳香浓郁，更没有月季花的艳丽多姿，但它叶色苍翠有光泽，花朵向上形似火炬，花色橙红，端庄大方，是美化环境的理想盆花，垂笑君子兰花朵下垂，含蓄深沉，高雅肃穆，别有一番韵味。

　　君子兰叶片厚实而光滑，直立似剑，象征着坚强刚毅、威武不屈的高贵品格。它丰满的花容、艳丽的色彩，象征着富贵吉祥、繁荣昌盛和幸福美满，所以被人们广泛培育。近年来，中国培植了160多个名贵的君子兰品种，是百姓家庭常见的花卉品种。

　　君子兰之所以特别惹人喜爱，不仅是由于它有鲜艳娇美的花容，更由于它具有一种其他花卉所无可比拟的优越性。这就是它既有令人赏心悦目的花朵，更有值得欣赏的碧绿光亮、晶莹剔透、光彩照人的叶片。所以，不少鉴赏花卉的行家认为：君子兰即使没有娇艳动人的花朵，仅仅它那犹如碧玉琢成的叶片，就已经使一些观叶植物望尘莫及了。因此，君子兰被列在十大名花之中。

2.花卉之最

　　（1）世界上最大的花——大王花

在苏门答腊的热带森林里,生长着一种奇特的植物,它的名字叫"大花草"。终其一生只开一朵花,花也特别大,一般直径在1米左右,最大的直径可达1.4米,是世界上最大的花,因此又称它"大王花"。这种花有5片又大又厚的花瓣,整个花冠呈鲜红色,上面还有点点白斑,每片长约30厘米,一朵花就有6~7千克重,因此看上去绚丽而又壮观。花芯像个面盆,可以盛7~8千克水,因此也是世界"花王"。

(2)花序最大的花——巨魔芋

巨魔芋是花序最大的草本植物,个子不高,茎一般只有0.5米左右,但是它的花序却大得出奇。生长到一定时期,巨魔芋便从茎的顶端抽出一个特大的肉穗花序。花序外的苞片颜色也与众不同,其内为红色,而外为深绿色。在大花序上密布着许多黄色的雄花和雌花,它的花并不芳香,而是散发出烂鱼一样的腥臭气味。整个花序和花序下面的茎连起来,看上去酷似一座巨型烛台,高达3米左右,直径约为1.3米。如此之大的花序,在草本植物中居首位。巨魔芋生长在亚洲苏门答腊的热带雨林中。

(3)最香的花——荷兰野蔷薇

荷兰的野蔷薇,又叫十里香,落叶灌木,枝细长,上升或蔓生,有皮刺。羽状复叶;倒卵状圆形至矩圆形,边缘具锐锯齿,有柔毛;叶柄和叶轴常有腺毛;托叶大部附着于叶柄上,先端裂片成披针形,边缘篦齿状分裂并有腺毛。伞房花序圆锥状,花多数;花梗有腺毛和柔毛;花白色,芳香。

关于蔷薇花的芳香,明代顾磷曾经赋诗曰:"百丈蔷薇枝,缭绕成洞房。蜜叶翠帷重,浓花红锦张。张著玉局棋,遣此朱夏长。香云落衣袂,一月留余香。"可见蔷薇花的香味要比其他花更胜一筹。据说,荷兰蔷薇花的香味能传到五千米以外的地方呢!

(4)最不怕冷的花——雪莲花

雪莲花是由雪莲所开的紫色花朵,是世界上最不怕冷的花,即使在零下50℃鲜花也能盛开。

雪莲为多年生草本花卉,高15~25厘米;根壮茎粗,黑褐色,基部残存多数棕褐色枯叶柄纤维茎单生,直立,中空,直径为2~4厘米,无毛;叶密集,近革质,绿色,叶片长圆形或卵状长圆形,先端钝或微尖,基部下延,边缘有稀疏小锯齿,具乳头状腺毛,最上部为苞叶,膜质透明,淡黄色,边缘具整齐的疏齿,稍被腺毛,先端钝尖,基部收缩,常超出花序2倍;总苞半球形,总苞片3~4层,边缘黑色;花蕊紫色,瘦果长圆形,羽毛状。不过要注意的是,雪莲不是雪莲果。

通常情况下,雪莲生长在高山雪线以上。那里气候多变,冷热无常,雨雪交替,最高月平均气温3℃~5℃,最低月平均温-21℃~19℃,年降水量约800毫米,无霜期仅有50天左右,土壤以高山草甸土为主。由于环境条件恶劣,一般植物难以生长。雪莲在这种高山严酷条件下,生长缓慢,至少4~5年后才能开花结果。但是,由于生长期短,它能在较短的时间内迅速发芽、生长、开花和结果,花期一般在7月份,果期一般在8月份。

目前,雪莲正面临逐渐绝种的局面,在我国主要分布于西北部的高寒山地,是一种高疗效药用植物。但是,正是由于它的药效作用,人们过度采挖,使它的种子发芽率越来越低,繁殖困难,生长缓慢,如不采取有效措施,严加保护,将有灭绝的危险。

(5)最耐高温的花——非洲的野仙人掌

世界上最耐高温的花就数非洲的野仙人掌了,即使生长在高温的沙漠里仍然能开出美丽的花朵。

野仙人掌大多生长在干旱的沙漠环境里。并且身上长着尖尖的仙人刺,有的寿命高达500年以上,可长成直径两三米的巨球,人们劈开它的上部,挖食柔嫩多汁的茎肉解渴充饥。野仙人掌类植物还有一种特殊的本领,在干旱季节,它可以不吃不喝地进入休眠状态,把体内养料与水分的消耗降到最低程度。当雨季来临时,它们又非常敏感地"醒"过来,根系立刻活跃起来,吸收大量水分,使植株迅速生长并很快开花结果。有些仙人掌类植物的根系变成胡萝卜状,可储存30~40千克水分。曾经有人把一个仙人球包在干燥的纸袋里放了两年多，尽管有些皱缩，但一种到盆里，浇水后又很快长出了新根，并恢复正常生长。仙人掌以它那奇妙的结构，惊人的耐旱能力和顽强的生命力，一直为人类所赏识。

此外，野仙人掌还有奇形怪状的茎、鲜艳的花。别看仙人掌的奇形怪状加上锐利的尖刺，使人望而生畏，但它们开出的花朵却分外娇艳，花色丰富多彩。还有流苏般的花穗，如长鞭状的"月夜皇后"，衬着白色的大型花朵，直径达50～60厘米。

二十四、花的故事

古埃及的玫瑰情结

公元前15世纪，埃及处于法老图特摩斯三世统治的时代。为了加强自己的统治，他四处征战，从各地掠夺了大量的黄金，并用这些黄金为自己制作棺椁、盔甲、面罩和饰物。图特摩斯三世有一个十分宠爱的妃子，她很想要一顶由黄金制成的玫瑰花冠。为讨爱妃欢心，图特摩斯三世命令埃及最出色的能工巧匠打造了一顶纯金的玫瑰花形王冠送给妃子。3000多年后的今天，这顶王冠在出土的古埃及墓葬品中被发现，它由九百朵金质的玫瑰花构成，上面镶嵌有彩色宝石，显得美艳绝伦。王冠由一只浅底金杯托着，这个杯底的正中也刻着一朵玫瑰，外面有一圈花萼和鱼形相联结的花纹。考古人员都为这些精致的艺术品所折服，也不由感叹道，原来玫瑰花在几千年前的尼罗河畔就已深受女人的喜爱了。

原来，古埃及的女子不仅喜爱玫瑰娇艳的花朵，更重要的是她们认为玫瑰迷人的芳香有催情的作用。在古埃及流传着一种制作玫瑰香水的方法，将玫瑰花浸泡在油脂中，再把带有玫瑰花香的油脂涂在身上，这样就可以使人像玫瑰花一样娇美诱人。不只是在埃及，古代很多地方都相信玫瑰具有一种神奇的魔力，比如波斯女人认为玫瑰香水能唤回迷途的爱人，而在古罗马，人们认为玫瑰花可以让女人更富魅力。历史上有一个女人更将玫瑰的这种诱惑发挥到了极致，她就是"埃及艳后"克娄巴特拉。

公元前4世纪，亚历山大大帝征服了埃及，使埃及成了马其顿帝国的一个行省。亚历山大死后，马其顿帝国也随之分裂。亚历山大同父异母的兄弟托勒密在埃及建立起托勒密王朝，尼罗河口的亚历山大城被定为首都，这样埃及就获得了名义上的独立，托勒密也被埃及人视为法老。公元前1世纪，托勒密十二世指定他的长子托勒密十三世和女儿克娄巴特拉共同执政统治埃及，但克娄巴特拉在登上皇位后不久便被她的兄长托勒密十三世驱逐流放。

公元前48年，作为罗马统治者之一的恺撒在追击他的政治对手庞培时来到埃及。在亚历山大大帝的宫殿里，恺撒被克娄巴特拉的美貌所征服，决定帮她夺回王位。托勒密十三世很快就被废黜，恺撒任命克娄巴特拉和她的弟弟托勒密十四世共同执政。相传克娄巴特拉为取悦恺撒，每次都要让侍女在寝室铺满厚达四五厘米的玫瑰花瓣，自己在用浸泡着玫瑰花的清水沐浴后，还要涂上玫瑰香脂，然后盛妆等待恺撒的到来。后来，克娄巴特拉为恺撒生了一个儿子，取名为"小恺撒"。她带着儿子跟随恺撒回到了罗马，住在罗马郊外的别墅里，恺撒经常去那儿看望她。不过，这种平静安乐的日子只持续了很短一段时间，公元前44年，恺撒遇刺身亡，克娄巴特拉回到了埃及。不久以后托勒密十四世遇难，女王克娄巴特拉指定她的儿子小恺撒和她共同执政。恺撒的助手马克·安东尼成了下一任的罗马统治者，像他的上任一样，他也拜倒在克娄巴特拉的石榴裙下，乘坐着用上万朵玫瑰装饰的花船随她来到了埃及。公元前37年，安东尼则宣布与克娄巴特拉结婚。这时的克娄巴特拉已为他生了一对孪生子，安东尼则将罗马东部行省的部分土地赠予了自己的妻子与儿子,这引起了罗马元老院的强烈不满。公元前32年,安东尼被元老院和公民大会宣布为"公敌"。公元前31年,安东尼在著名的阿克提翁战役中败于屋大维,第二年便自杀了。失去依靠的克娄巴特拉想再次用美色征服屋大维,但她这次没有成功,屋大维根本不为所动,甚至还要把她作为战利品带到罗马的凯旋仪式上去展示。听到这个消息后,克娄巴特拉十分绝望,便让一条毒蛇咬住自己的胳膊自杀了。

在历史上,克娄巴特拉被称为"通过征服男人来征服世界的女人"。叱咤风云的恺撒和骁勇善战的安东尼都成了她的裙下之臣。埃及艳后的故事流传了2000多年,人们对她的评价褒贬不一,有人说克娄巴特拉为了国家忍辱负重、鞠躬尽瘁;更多的人则把她形容成一位野心勃勃,为了权力不择手段的妖后,连玫瑰花都成了她实施阴谋的工具。其实克娄巴特拉被自己的亲兄弟放逐的时候只是一个20岁的少女,而且随时都可能有杀身之祸,投靠于恺撒实在是她无奈中的选择。后来恺撒被刺、安东尼自杀,两个深爱她的男人虽然权倾一时却都没有给她最终的保护。失去了依靠的克娄巴特拉似乎又成了那个被驱逐流放的少女,这次她选择了有尊严地结束生命。不知在她生命的最后一刻,有没有她心爱的玫瑰花与之相伴?

百合与圣女贞德

在欧洲的历史上,尤其是在基督教会占据统治地位的时代,百合有着非同寻常的象征意义,人们将这种清丽脱俗的花朵视为圣母与复活耶稣的标志。许多圣徒和殉道者都被誉为"百合",圣女贞德就是其中最传奇的一位。

1412年,贞德出生于法国北部香槟与洛林交界处杜列米村的一个普通的农民家庭。当时英国与法国之间的战争已经持续了80多年。这场战争的起因要追溯到中世纪早期,英国王室通过一系列联姻成了法国许多土地的主人。14

世纪初期,法国王室要恢复对其原有领地的主权,英法双方就此开战。到 15 世纪时,大片的法兰西北方土地都处于英国的控制之下,生活在这片土地上的法国百姓则饱受战争之苦。

1428 年,英国军队占领了巴黎,他们随后又倾注全力开始围攻通往法国南方的门户——奥尔良城,很快奥尔良就处于英军铁桶般的包围之中,情况十分危急。这时年仅 16 岁的少女贞德三次求见法国王太子查理,请求带兵出征,抵抗英军。1429 年 4 月 27 日,王太子授予贞德"战争总指挥"的头衔,并赐给她一匹白马和一身刻有百合纹章的甲胄。贞德腰悬宝剑、手擎大旗,率领 3000 多士兵向奥尔良进发。据史料记载,贞德只是一位普通的家牧女,既不识字也不懂任何战术,但她却有着非凡的勇气和无比坚定的信心,她深信自己是上帝派来拯救法国的信使,法国一定会获得最后的胜利。她出征时高举的旗帜上所绣的图案就是百合花和"耶稣玛利亚"的字样。

4 月 29 日晚 8 时,贞德指挥部队发起了对英军的猛攻。经过 10 天的激战,5 月 8 日,被英国军队围困了 209 天的奥尔良终于解围了。城中的百姓高唱赞美诗,歌颂贞德的战功,称她为"奥尔良姑娘"。奥尔良战役的胜利,改变了法国在整个战争中的劣势地位,奠定了法国最终获胜的基础。奥尔良也因此名垂青史,被誉为"贞德之城"。时至今日,奥尔良每年五月都要举行隆重的纪念活动,以缅怀这位民族英雄。

紧接着,贞德率领士气高昂的法军又收复了许多被侵占的北方领土,其中包括法国北部名城兰斯。兰斯的收复对于法国王室和法国百姓而言具有重大的意义,因为历任法国国王的加冕仪式都是在兰斯大教堂举行的。1429 年 7 月法国王太子查理在兰斯大教堂行加冕礼,正式从"布尔热王"变为"法王查理七世"。同年岁末,查理七世封贞德及其两位兄长为贵族,赐姓"利斯",意为百合,并授百合纹章为其族徽。族徽的图案由中间一柄宝剑、两边各一朵百合以及最上面的百合花冠组成。

一系列的胜利彻底扭转了法国在整个战争中的危难局面,贞德也因此威名大振,人们把她称作"天使",认为她真的拥有来自上帝的力量,是上帝派来救民于水火的使者。贞德成了法国百姓的精神领袖,但她却失去了法国王室的支持,她在民众中日益扩大的威望和影响力令法国宫廷贵族和教会组织感到恐慌和不满,一些亲英的法国势力甚至视贞德为仇敌。

1430年,为收复更多的领土,贞德率部向巴黎进军。在位于巴黎东北郊康边附近的一次战斗中,她却被法国亲英的勃艮第人所俘获,并以4万法郎的价钱卖给了英国。英国人把贞德交给了宗教法庭,宗教法庭则秉承英国人的意旨把贞德判为"女巫""异端",并于1431年5月30日对其处以火刑。拯救法国于危亡之中的英雄贞德在备受酷刑之后于鲁昂城下被活活烧死了,死时还不满20岁。

从贞德被捕到最终行刑这段时间里,法王查理七世没有表现出任何要营救她的意愿。更令人悲哀的是,判定贞德为女巫的宗教法庭中不仅有仇视贞德的主教们,还有一些竟然是巴黎大学的教授。作为知识分子的他们完全无视这位勇敢、纯洁的少女为自己祖国所做的一切,只因为她把自身的无畏归于上帝的指引就给她定下恶毒的罪名,随后还带着毫不掩饰地自得对英王亨利六世通报了他们的判决。后世的法国人在提起这件事时曾经说过"鲁昂城下焚烧贞德的柴堆灰烬,给巴黎大学的名字抹上了黑色的一笔"。

贞德之死引起了法国百姓对英国人的极大愤慨,也激发了人民高度的爱国热情。在人民运动的压力下,法国王室对军队进行了整顿,此后的战役便节节胜利。到1453年除了加来一地,失土已尽数收回,英法两国之间历时百年的征战终于结束了。

在民众的强烈要求下,罗马教廷重新审查了贞德一案,并于1456年推翻了25年前的判决,为贞德恢复了名誉。1909年,罗马教廷册封贞德为"真福圣人",1920年正式册封她为"圣女贞德"。

在奥尔良当年贞德率兵收复的第一座城池里,有一座圣十字大教学。教学里专门设立了一个个贞德小祭台人追思凭吊,在这里常年可以看到人们敬献的鲜花，其中大多是洁白的百合。因为在法国百姓的心中，百合花代表着贞德对信念的执着与忠贞。铭刻在另一座贞德纪念碑上的题词也表达了同样的意思——"圣女的剑保卫着王冠，圣女剑下的百合花安然闪耀"。

康乃馨的传说

关于康乃馨的诞生在希腊神话中有两种不同的说法，其中一个讲的是：从前有一位心灵手巧的美丽少女，擅长编织各种精巧别致的花冠与花环。她的手艺不仅赢得了世人的喜爱，连天上的神仙看了都赞不绝口，来找她定做鲜花饰物的人络绎不绝。这情景令一个以制作花冠为生的工匠十分妒忌，他借口有问题要请教，把少女骗到了一个荒凉的地方，将其偷偷地杀死了。少女不幸被害的事情被太阳神阿波罗知道了，阿波罗为了感激少女生前常用花冠来装点他的祭坛，于是就把她变成了一株秀丽芬芳的康乃馨，让人们能永远记住这个巧手的姑娘。

在另一个故事中出现的神是狩猎女神狄安娜。狄安娜是阿波罗的孪生妹妹，她最爱率领仙女们在森林原野中嬉戏玩耍，因此被称作"美丽的女猎手"。一次狄安娜在打猎归来时遇见了一位俊美的牧羊少年，少年一面吹着笛子一面含情脉脉地望着她。狄安娜在女神中以固守贞节而著称，她唯恐自己受到牧羊少年的诱惑，于是残忍地将少年的两只眼睛挖出来抛在一边。少年的双目掉落在地上，瞬间就变成了两株盛开的康乃馨，花朵上还挂着泪水一样的露珠。这个故事在欧洲广为流传，法国人还因此把康乃馨称作"小眼睛"。

很难想象聪明智慧的古希腊人为什么要给美丽的康乃馨赋予如此暴力的传说，因为各种文献资料都表明康乃馨在古希腊是一种极受喜爱和尊崇的花卉。2300多年以前的古希腊学者赛奥弗拉斯图在他的著作《植物研究》中把康乃馨命名为"Dios Anthos"，即"宙斯之花"，因为古希腊人认为这种花最早出现在爱琴海中的克里特岛上,那里正是传说中"众神之王"宙斯诞生的地方,康乃馨的植物属名"Dianthus"就是由"Dios Anthos"一词演化而来的。古希腊人视康乃馨为圣花,用康乃馨编织的花冠代表着荣耀与喜悦,是在举行宗教仪式和游行时敬献给各位神的饰物,因此又被称作"加冕之花"。

风信子与太阳神

风信子的学名"Hyacmthus",来源于希腊语"雅辛托斯"的译音。在希腊神

风信子

话中,雅辛托斯是一位英俊的斯巴达王子。他体格健美,擅长于当时流行的击剑、投掷、格斗等各种运动项目,因此深受太阳神阿波罗的喜爱。相传,阿波罗经常在希腊半岛北端的德尔斐举行竞技活动,其中不仅包括体育比赛,还有戏剧表演、乐器演奏等内容。在一次掷铁饼竞赛中,雅辛托斯不幸被阿波罗投出的铁饼击中头部,倒地身亡。阿波罗追悔莫及,他抱着雅辛托斯的身体哀叹道:"唉!唉!是我夺去了你年轻的生命,我会永远铭记你。你将化为一株鲜花,花瓣上刻着我的悔恨。"话音刚落,从雅辛托斯鲜血浸湿的土地上就长出了美丽的

花朵,花瓣上还有"AiAi"的暗纹。阿波罗将这种花命名为"雅辛托斯",以纪念他俊美的朋友。

在这个传说的另一个版本中,雅辛托斯之死并非阿波罗失手所致,而是由于西风神苏费洛嫉妒阿波罗对雅辛托斯的宠爱,于是在阿波罗投出铁饼的瞬间,猛吹起一股强风,使铁饼飞向了美少年雅辛托斯的额头,夺去了他的生命。

尊贵的太阳神,也无法令死去的王子复生,竞技场上再也看不到雅辛托斯矫健的身影。而每年春天,风信子花都会在德尔斐的土地上怒放。后来德尔斐太阳神庙的女祭司把风信子花移植进了神庙的花园,前来聆听神谕的人们就渐渐把它当作了太阳神的圣花。

每年到了风信子开花的时候,斯巴达人就会放下手中的工作,举办整整三天的活动,来纪念他们的王子和太阳神。

第一天,他们悼念逝去的雅辛斯,不娱乐,不唱歌,不吃面包,男女老少也不佩带鲜花和其他饰物。

第二天,人们向太阳神阿波罗举行祭祀仪式,然后开始盛装游行,载歌载舞。

第三天,在郊外进行盛大的竞技比赛,王公贵族与平民百姓都争相参与,连奴隶在这两天也可以充分享受自由,能和大家一同娱乐。

斯巴达人相信,雅辛托斯王子的身体虽已死去,但他那曾在运动中极致张扬的生命力却生生不息,随着一年一度绽开的风信子花永留人间。

彩虹女神的象征

鸢尾在拉丁文中被称作"艾丽丝",这原本是希腊神话中彩虹女神的名字,因为鸢尾有着色彩丰富的花朵,所以古希腊人将它奉为彩虹女神的象征花。

彩虹女神是传说中奥林匹斯山上的女信使。她有两件法宝:一件是生有翅膀的鞋子，穿上它可以飞快地往来于众神之间，为他们传递口讯；另一件则是由露珠编织成的外衣，这件外衣能把太阳的光芒反射成一道美丽的彩虹桥，让女神艾丽丝沿着它下凡到人间传达神谕。有时候彩虹桥还要延伸到冥河边上，因为女神还担负着引领女性灵魂进入冥府的使命。据说，在古希腊如果看到墓碑上雕刻着鸢尾，就可以确定这是一个女子的墓穴。不过更广泛的说法是，用鸢尾来装饰墓地能让艾丽丝女神把死者的灵魂由彩虹桥带到天国乐土之中。

　　彩虹女神的丈夫是西风之神苏费洛，这两位神经常会一起出现，并因此连累到了原本代表"消息"的鸢尾花。人们觉得一条消息若是被风吹来吹去、四处传播，就很有可能演变成不实不尽的谣传，因此后来鸢尾花又有了"谣言"与"传闻"这两项新的含义。

　　在意大利，人们把一种开紫色小花的鸢尾称作"爱的信使"，青年男女借这种花来传情达意、互递心声。若天上真的有彩虹女神，相信这才是她最乐于承担的工作。

二十五、花语解读

附子——敬意

牵牛花——爱情永结

紫菀——回忆

郁金香——魅惑

向日葵——敬慕

红玫瑰——我爱你

罂粟——安慰

秋牡丹——失恋

水仙花——尊敬

康乃馨——母爱

大丁香——神秘

芍药——恐惧

菊花——高尚

风铃草——温柔的爱

鸟不宿——慎重

豆蔻花——别离

铁线莲——高洁

勿忘我——永恒的爱

杜鹃花——节制

洋绣球——自私

梅花——高洁

鸡冠花——多色的爱

紫茉莉——小心

野蔷薇——悔过

百合花——纯洁

凤仙花——惹人爱

雪割草——忍耐

陆莲花——谴责

李花——纯洁

败酱——纯洁的恋情

大岩桐——欲望

金盏花——悲哀

波斯菊——纯洁

千日草——不朽

麒麟草——警戒

米红康乃馨——伤感

橙花——贞洁

紫丁香——初恋

杏花——疑惑

翠菊——远虑

桔梗——气质高雅

蝴蝶兰——初恋

桃花——疑惑

白茶——无瑕

红山茶——天生丽质

文竹——永恒

黑桑——生死

溪苏——愤慨

矢车菊——雅致

玉蝉花——信任

月苋草——魔力

飞燕草——轻薄

栀子——清雅

海芋——热情

芦荀花——常变的爱

香橼——刻毒之美

花菖蒲——优雅

长春花——快乐的回忆

百日草——思考

黄郁金香——绝望之爱

紫罗兰——贞节

燕竹花——友谊

林檎——引诱

石斛兰——父亲之花

雏菊——清白

三轮草——想念

白头翁——吟运

星辰花——永不变心

睡莲——清净

三色堇——思念

红花——差别

圣诞红——祝福

剑兰——性格坚强

荷花——默念

金雀儿——谦逊

鹤望兰——吉祥胜利

石楠花——庄重

福寿草——回忆

石竹——谦逊

大丽花——大吉大利

美人蕉——坚实

玛格烈菊——预言

火鹤花——热烈豪放

鹿子草——亲切

金缕梅——灵感

风信子——游戏

剑兰衬孔雀草——宏图大展

牡丹——富贵

白山茶——真爱

满天星——真心喜欢

郁金香(白)——纯情、纯洁

延龄草——美貌

樱花——淡泊

金鱼草——愉快

勿忘我衬满天星——友谊永存

樱草花——青春

春番红花——青春之乐

棕榈——胜利

铃兰——幸福

翠竹——胸怀坦荡

十字花——虔诚

红玫瑰衬情人草——情有独钟

羽扇豆——幸福

泰山木——威严

金鱼草——愉快

红玫衬满天星——温馨的爱

樱花——纯洁

莲花——信仰

橄榄——和平

罂粟——遗忘

银木星——初恋

亚卡夏——友情

黄玫瑰——分手

向日葵——爱慕

油菜花——奉献

紫罗兰——相信我

番红花——等待你

毛地黄——不诚实

桃花——爱情俘虏

紫苑——反省追思

茉莉——胆小内向

紫薇——沈速的爱

玫瑰——爱和艳情

薰衣草——等待爱情

松虫草——寡妇的悲哀

彩叶草——绝望的恋情

金盏菊——惜别、离别之痛

霍香蓟——信赖，相信能得到答案

拉云拉花——不可靠

卡斯诺尔——请原谅我

玛格丽特木春菊——暗恋

紫色郁金香——永恒的爱

龙头花又名金鱼草——多嘴、好管闲事

枸橼——不懂幽默的美人

柽柳——罪

丸叶桔梗——屈服、悲伤

水仙菖——爱的枷锁

麝香玫瑰——飘忽之美

晚香玉——危险的欢娱

双瓣翠菊——我与你共享哀乐

白色钟形花——感恩、感谢

香罗兰——困境中保持贞节

毛茛——孩子气

第四章 硕果累累的瓜果世界

一、瓜果趣谈

水果来源

从前,有一座山,五峰挺拔,插入云天,叫作"五峰山"。五峰山中住着一位老人,老人种了一棵果树。老人的管理方法很独特,这棵果树只留五枝,并且五枝中只有一枝是原树保留,其他四枝都是嫁接上去的。每到春天,五枝开五种不同颜色的花,黄、红、紫、青、白,结满树的果,老人只留五个,每枝一果。每天早晨,老人都用小瓶子收集露水,用来浇灌果树。然后就满山收集鸟粪,用来当作树的肥料。人们都很好奇,就问老人:"这是什么树啊?每天都那么细心的照顾它,还那么神秘。"老人说:"果树。"人们刨根问底:"什么果树?"老人答:"原枝是神圣果,嫁接的是勇敢果、智慧果、贤惠果、美丽果,果果滋润人。"

聪明的人发现老人有仙风道骨,就推断此树的果实一定非同一般。于是订购果实、买断果枝的人们,络绎不绝,五峰山下,门庭若市。但人们都无果而归。

不能买到果实,于是有的人就黑夜偷盗。可是这果实比铁还硬,树枝比钢条还坚韧，果实没偷到，常常有门牙被磕下来的，双手手掌的皮被勒下来的。对于这些情况，老人总是笑着说："偷盗，有果者几何？"后来有一群人，选了一个雨夜，想把果树挖走，最后还是失败了。老人笑着叹息："果树的根深扎在五峰之下，撼山易，撼果树难啊！"

一天，五峰山下的树木被折断，就像千军万马厮杀过一般，老人的房子倒了，人也不见了。这不是盗伙所为，就是乱兵之行，但是老人的果树却安然无恙。消息一传开，很多人都过来观看。一个女孩说："我要常过来收集鸟粪，给果树施肥。"她的话得到了同伴的支持。

女孩走向森林，去收集鸟粪。没走多远，女孩就大声尖叫。原来一条大蛇竖得比女孩还高。一个虎头虎脑的男孩看到了，捡起一块石子，扔向巨蛇，蛇倒下了。

一个有着宽宽额头的男孩说："把蛇挂在五果树上，就会引来鸟啄其肉，自然就有鸟粪了。"虎头虎脑的男孩走上前去，拉起巨蛇，疾飞而去，如猴攀飞鸟，蛇被挂在了树杈上。

宽额头男孩又对女孩说："你有金嗓子，学鸟叫能乱真，学雌鸟叫，引来雄鸟，学雄鸟叫，引来雌鸟。"不出所料，女孩的金嗓子引来了鸟儿。果树上，百鸟有上下盘旋的，有站枝不飞的，有呼朋喊偶的……

令人惊奇的是，男孩的石子只是让巨蛇休克了一会儿，现在它又苏醒了过来，蛇盘在树枝上，与树皮同色，可以吞鸟而食，于是就在树上安了家。从此，果树不怕盗贼了。世事真奇妙，真是一物降一物啊！

果子成熟后，鸟啄兽食。种子就这样被带到远方，于是漫山遍野都有了果树。

有人说，水果是"岁果"的谐音，是纪念那位有着仙风道骨的老者；也有人说，水果是天、地、人所有生灵的精髓的结晶，是"髓果"。

一骑红尘妃子笑——荔枝

荔枝是我国最具传奇色彩的一种水果。当荔枝成熟的时候,徜徉在荔枝林里,品尝着美味、香甜的荔枝,一段段神奇而优美的传说更让你回味无穷。

荔枝

荔枝在我国种植历史悠久,被誉为"岭南佳果"。"妃子笑"是优良的荔枝品种,听到这个名字首先感到很优雅,很动听,然后就会感到奇怪,为什么叫"妃子笑"呢?这还得从一段美丽的传说说起。话说,唐代杨贵妃非常喜欢吃荔枝。一天夜里,她梦见自己来到岭南的一个村庄,村边栽满了荔枝,果香飘溢,村里的人们都在兴高采烈地摘荔枝呢,真是热闹非凡!杨贵妃醒来以后,马上叫来了岭南人士高力士,他听完贵妃的梦后,马上向唐玄宗和杨贵妃推荐说:"我家乡的荔枝味道最好。"于是唐玄宗就命高力士日夜兼程把最好的荔枝送进京城。杜牧绝句《过华清宫》写道:"长安回望绣成堆,山顶千门次第开。一骑红尘妃子笑,无人知是荔枝来。"说的就是这件事。

高力士回到家乡以后,发现了一个荔枝园,里面有各种各样不同风味的荔枝,且品质上乘。满载荔枝的马车一路颠簸好不容易到了长安,可荔枝早已变味了。杨贵妃非常生气,终日茶饭不思,体香渐失。为安慰杨贵妃,唐玄宗命令高力士重回岭南。

一天,高力士采完荔枝,感觉很累,就在树下睡着了。他梦见一位仙风道骨的老翁,对他说:"竹能装,有水便能到长安……"高力士醒来以后,赶忙去准备了很多竹筒,将竹筒在水中浸了一些时候,就把荔枝一颗颗的装进竹筒,用蜂蜡封闭口盖。高力士又想家乡的荔枝酒远近闻名,何不带点给贵妃品尝,说不定她会喜欢,于是,又准备了一些荔枝酒。就这样,高力士带着荔枝和荔枝酒飞奔长安。

到了长安以后,竹筒里面的荔枝非常新鲜,丝毫没有损坏,就像刚刚采摘的一样。杨贵妃吃完以后非常高兴,又打开装着荔枝酒的酒埕,酒香直沁心脾,令她精神百倍。贵妃惊喜万分,马上开怀痛饮,饮完以后,体香重溢,还跳起舞来,唐玄宗非常高兴,连连叫好,并赐名荔枝为"妃子笑"。

杨梅的传说

杨梅在新石器时代就有生长,是中国历史上最早的水果之一。汉代时候,还成为贡品。杨梅树是一种非常美的长寿乔木,虽然树形不高,但是树冠却非常壮旺。从远处望,亭亭玉立;走近一看,亭亭的伞盖下撑起一方浓浓的绿荫,夏天的时候,人们都在杨梅树下乘凉。

有关杨梅的传说有很多,而最为动听的是"吾家果"的传说。

相传,古代梁国杨氏有个儿子叫杨修,他非常聪明,杨修九岁的时候,他父亲的朋友孔先生来家中拜访,正巧他父亲出去了,杨修就拿出几盘水果招待客人,其中一盘就是杨梅,孔先生指着杨梅对杨修说:"这才是你杨家的果子呢!"南宋著名诗人杨万里把杨梅说成"吾家果",就是从这个典故中来的。听说,杨梅开花很特别,是在夜里开放的,天亮以后就凋谢了,很难看到。

我们都知道,百花都是争奇斗艳,迎风怒放,尽情展现自己的风姿。可是杨梅花却怕人看,羞人望,美丽得不动声色,非常内敛,非常含蓄。纵有万种风情,也只在深邃的夜晚开放,是多么难能可贵!

石榴花的传说

传说张骞出使西域,到了安石国,住的地方门外有一颗石榴,花红似火。张骞觉得非常奇怪,因为他从来都没有见过花开得这么鲜红的树,所以有空的时候,张骞就在石榴树旁边观赏。当天气干旱的时候,就给它浇水,让它的叶子始终保持鲜绿,开好看的花。

在张骞要回国的前天晚上,一个穿红色上衣和绿色裙子的姑娘对张骞说:"我要跟你一起走。"张骞吓了一跳,还以为是安石国的使女要跟他逃走,立刻就拒绝了她的要求,那女子只好走了。

第二天,张骞要走了,他就对安石国的国王提了一个要求,说:"我别的东西都不要,我要把门口的那株石榴带走,因为我的国家没有这种树,带回去做个纪念。"国王便答应了,派人把石榴树挖出来送给了张骞。在回来的路上,张骞被匈奴人拦截,最后总算脱了身,但是却把石榴树弄丢了。

张骞回到长安时,忽然听见后面有个女子叫他:"张使臣,这一路你让我追得真是辛苦呀!"张骞一看,正是在安石国要跟他一起走的女子。张骞就问:"你为何要来这里?"那女子说:"你路中被匈奴人拦截,我不想离开你,一路追来,就是想报答你那些日子为我浇水救命的恩情。"说完就不见了,一会儿,在女子原来站的地方长出了一棵石榴树。

拿着木瓜当面梨

面梨最大的特点就是色黄、个大、有香气,它与木瓜很相似,所以有"拿着木瓜当面梨"的说法,关于这一说法的来历,还有一个传说。

　　传说,有一对老夫妻,无儿无女,就靠地里的几棵大梨树结的果子来过活。两位老人对梨树非常好,冬天的时候给它们刮皮挠痒,夏天的时候就搬到地里给梨树做伴,秋天就攒些粪肥给它们施肥。

　　一天,老太太对老头说:"现在咱们还能活动,还能吃得动梨,要是以后老了,啥也干不了,牙口也不好了,那可怎么办啊？要是梨树结的果子能当面吃,那就好了。"

　　老头笑着说:"种瓜得瓜,种豆得豆,你不给它面吃,它怎么会结面？"

　　老太太还真把这话当回事了,经常撒些豆面、玉米面在树下,嘴里还说:"说不定哪天还真就结面梨了呢！"

　　有一年,发了大水,颗粒无收。乡亲们只好出去逃荒,可是两位老人手脚不便,又没有人照顾,眼看就要活不下去了。就在这个时候,老太太突然发现有一棵梨树与众不同,结的果子特别大,摘下来一摸很柔软,揭掉皮一尝,面得很,吃快了还噎人。两位老人喜出望外,赶快摘下来分给邻居们,还留出一部分度过了饥荒。

　　奇怪的事总是传得很快,一传十,十传百,传到一个财主的耳朵里,财主忙派出一个家丁去看到底是真是假。家丁假装赶集路过,说要讨口水喝就进了院子,左瞅瞅,右看看,也没看出什么名堂,只是闻到了一股香味,正想接着问,突然看到了老人屋后的"木瓜树",木瓜成熟后很香,而且样子也很像梨,于是就回去了。家丁对财主说:"穷人嘛,见识短浅,哪有什么面梨,那是木瓜。"

桑葚救人

　　要说桑葚能救人,很多人都不相信:"桑葚是用来吃的,怎么能救人呢？"其实桑葚在历史上的确救过人。

古书记载:"金末大荒,民皆食葚,获活者不可胜记。""汉兴平元年……桑再葚时,刘玄德军小沛,年荒谷贵,士众皆饥,仰以为粮。"这些记载都充分说明了当时的天灾,民不聊生,桑葚充当了救荒"粮食"甚至军粮的角色。

我们都知道历史上汉代皇帝刘秀被王莽追杀的故事。西汉末年,天下大乱,群雄并起。

刘秀当了带兵的将官,驻扎在河北蓟县一带,王莽要夺走汉家的天下,刘秀坚决反对,王莽就想杀了他。刘秀为了避免与强大的王莽决战,就率领部队南逃。一次,在敌人的追击下,刘秀与部队逃散,一个人逃到树林中,肚子叫个不停,饿得厉害。他突然看见一棵大树上结满果子,果子的颜色是深紫红色的,也不管它有毒没毒,摘了就吃,一直吃到饱。

后来,刘秀当了皇帝,仍然记得这棵救过他命的树,并命人去给此树挂了金牌。这棵树是桑树,刘秀吃的就是桑葚。历史上的传说不一定可靠,但至少说明了汉代时民间已有桑树了。

"智慧果"的故事

《圣经》中记载了这样一个故事,说上帝首先创造了人类的祖先亚当,在亚当睡着的时候,又用他的一根肋骨创造出了女人夏娃。然后让亚当和夏娃结为夫妻,住进了鸟语花香、仙境一般的伊甸园。上帝告诉亚当和夏娃,一定不要吃伊甸园内树上的苹果。一天,一条蛇引诱夏娃,悄悄地对她说:"那树上结的是'智慧之果',吃了以后就会变得无比聪慧。"最终夏娃没能抵挡住诱惑,偷偷地吃了树上的苹果,于是上帝就把他们赶出了伊甸园,并给予他们非常严厉的惩罚,让他们的子孙世世代代受苦。因此苹果也被称为"智慧果"和"禁果"。

在希腊神话中,苹果象征着美丽。一天,争执女神埃里斯拿出一个刻着"给最美丽的女人"的金苹果,她说要送给最美丽的女神。天后赫拉、爱神阿芙洛忒

（罗马称其为维纳斯）、智慧女神阿西娜为了争夺这个金苹果，引发了长达数十年的特洛伊战争。

芒果的味道

芒果的故乡在印度，四千多年前，印度人首先发现并栽种了芒果，称芒果为"百果之王"。

据说，有个虔诚的信徒为了让释迦牟尼能在树荫下更好地休息，将自己的芒果园献给了他。至今，在很多佛教寺院里，我们仍然能看到不少芒果树、花、叶、果的图案。

芒果吃起来是什么味道？想要准确地描述还真有难度，好像既有水蜜桃的味道，又有菠萝的味道。关于芒果的味道还流传着这样一个传说：相传在很久以前，波斯国王派了一个大胡子官员到印度办事。这个官员到印度时，正是芒果成熟的季节，到处飘着果香，于是他只顾着吃芒果，忘记了国王交代的差事。

等回到波斯国，见到国王他马上告诉国王芒果有多么的好吃，把国王馋得直流口水。国王要他把芒果的色、香、形、味描述出来，色、香、形都描述完了，只剩下味了，这下急坏了官员，怎么都想不到恰当的词来形容其味道，又不敢乱说，因为乱说会犯下杀头之罪。最后他想到了一个办法，让人取来了蜂蜜，然后抹在胡子上，对着国王神秘地说："陛下请您舔舔我的胡子吧，芒果就是这个味道。"他靠着这个办法最终蒙混过关。

槟榔救人

在云南傣族人民的心里，槟榔是吉祥幸福的象征，男女老少都喜欢嚼槟榔，还用它来招待客人。槟榔不光好吃，还有一定的药用价值。傣族至今还流传着槟榔救人的故事。

相传，在很早的时候，傣族有个温柔、美丽、善良的姑娘，叫香兰。香兰勤劳贤惠、能歌善舞，很多小伙子都很喜欢她，但她偏偏喜欢"象脚鼓"跳得好的岩峰，两人相亲相爱，幸福得就像鱼儿离不开水。

可是，甜蜜的日子却很短暂，一件意外的事情破坏了这一切。香兰的肚子一天天的鼓了起来。于是，寨子里，风言风语就像长了翅膀似的到处飞，家人的责骂不断，心上人也离开了她。香兰的爹又生气又难过，摘来一串槟榔让香兰吃下去，让她死去，也许一切就解脱了，大家也清静了。香兰百口难辩，一狠心把槟榔全部吃下去了。人们都在等待香兰死去，香兰痛苦地捂着肚子，接着吐出一条长蛇一般的虫子，肚子也消下去了，原来香兰根本没有怀孕。人们不光知道错怪了她，还发现槟榔是一味驱虫良药。

槟榔是一味传统的中药。据《本草纲目》记载："槟榔治泻痢后重，心腹诸痛，大小便气秘，痰气喘急，疗诸疟，御瘴疠。"《名医别录》也有记载，槟榔"可杀肚虫，医脚气"。因此，我国民间有很多用槟榔治肚中虫病的验方。

西王母的圣果

在新疆有一个传说，核桃是西王母的圣果，生长在昆仑山上，并有两只奇兽日夜守护着。这棵树上的核桃可以让病人恢复健康，长生不老。

于阗国的国王听说了这件事，就许下承诺，如果谁能取回圣果，就封他为未来于阗国的国王。有一个叫阿曼吐尔的年轻人，他母亲是著名的织地毯能手，能织上百种图案的地毯。由于太劳累，阿曼吐尔的母亲病倒了。

阿曼吐尔决定去昆仑山上取回西王母的圣果救母亲，他先来到玉龙喀什河上游，磨砺出了一把玉剑，然后来到昆仑山，和奇兽激战了三天三夜，终于杀死了奇兽,西王母却阻止他摘核桃。阿曼吐尔绝望地说:"我母亲命在旦夕,我必须救她,求您让我取回圣果,救活我的母亲,然后可以把我处死。"西王母被他的孝心感动了,就将圣果交给了他。

但遗憾的是,阿曼吐尔回到家,发现他的母亲已经去世了。国王告诉阿曼吐尔,把圣果交出来,他就是未来的国王了。

但阿曼吐尔拒绝了,他把圣果种下,不久后便长出了一棵核桃树,并开了花结了果,更多的人吃到了它,从而摆脱了疾病的折磨,核桃成了和睦友爱的象征。

为什么矮化果树产量高

这是因为大果树树高冠大,一棵大果树要占有2~3棵矮果树的土地面积。从圆球体表面积计算,2~3棵矮化果树的树冠面积,比一棵大果树的树冠面积要大。因此,矮化果树能提高光能的利用率,从而提高单位面积产量。同样,密植矮化果树的根系,其吸收养分的范围也大于稀植果树的根系,这就提高了土地的利用率,能吸收更多的养分。另外,大果树的树干高、枝条长、分枝少、阴枝多,水分和养分的运输距离长、消耗大,而矮化果树的树干矮、枝条短、分枝多、阴枝少,水分和养分的运输距离短、消耗少,这也是矮化果树单位面积产量比稀植果树产量高的原因。

总的来说,矮化果树具有营养面积大,光能利用率高,积累多消耗少,管理和收获方便,提早开花结果等优点。

橄榄

在2004年雅典奥运会上,每个获奖的运动员头上都戴上了用橄榄枝编织的花冠。为什么要用橄榄枝呢？这是因为在《圣经·创世纪》中有这样一个故事：大地被洪水淹没，留在方舟里保全了性命的诺亚，为了探测洪水是否已经退去，就放出鸽子。当鸽子回来时，嘴里衔着一枝新摘下的橄榄枝。诺亚知道洪水已经退去，就回到陆地上。因此，鸽子和橄榄枝就成了和平的象征。

橘子辨为什么都连在一起

橘子瓣能连在一起，主要是因为橘子的细胞中有果胶质。果胶质含有多种成分，其中最主要的有三种性质不同的成分。其实，世界上几乎没有单一成分的生物体，它们都或多或少地夹杂着许多其他成分。

水果在从生到熟的过程中，果胶质在不断地减少，而且化学性质也起了变化。因此，当你把橘子瓣掰开后，就再也粘不上了。即使用胶接剂，也不能把橘子瓣再粘在一起。

果胶质可以把植物的细胞粘在一起。人们为了增加果酱的粘度，也常往果酱里加一些果胶质。

葡萄为什么那样酸

葡萄是人人喜欢吃的果品，有的味道很香甜，有的酸甜可口，也有的酸涩难受。这是为什么呢？据专家分析：每一种葡萄果实中含有的糖分和有机酸的多少是不一样的。最甜的无核白葡萄，糖分含量达到25%，果汁粘手，用它做的葡萄干最好。

野生的山葡萄含有8%~10%的糖分，含酸仅占2%左右，吃起来却非常酸。同样一种葡萄，管理得好，光照充分，肥料足，成熟后采下来吃，味道很可口。相反,光照不好,叶子得了病,没成熟就采下来吃,自然会酸得让你挤眼皱眉了。

为什么甘蔗一头甜

　　凡是吃过甘蔗的人,都知道甘蔗的上半截没有下半截甜,特别是甘蔗的梢头,简直淡而无味。为什么同一株甘蔗,甜淡悬殊这么大?

　　我们知道,当甘蔗还是幼苗的时候,生命活动的主要部分是根和叶。根吸收水和养分,输入叶子。叶子吸收了二氧化碳,连同根部送来的水和养分,在阳光下,制造成自身所需的养料。这种幼苗时期的甘蔗,如果取来尝尝,会发现梢头和老头都没有什么甜味。但随着甘蔗的成长,它们的内部活动不仅旺盛而且复杂起来了。甘蔗的叶子要被剥几次。剥叶子的作用,除了加速甘蔗向上发展以外,主要是使甘蔗的茎秆接受阳光的照射,制造出更多的养料。一般来讲,植物制造的养料除了供自身消耗以外,多余部分就贮藏在根部,由于甘蔗茎秆制造成的养料绝大部分是糖,所以根部就积贮了不少的糖分。

　　此外,由于甘蔗叶子在不停地蒸发水分,所以甘蔗上特别是梢头总是保持着充足的水分,供叶子消耗。这些水分总是越近梢头越多,越近根部越少,而水分越多的地方,糖的浓度也就相对降低,甜味也就淡了,所以我们吃甘蔗的时候,总会发现甘蔗的老头比梢头甜。不过,如果甘蔗在地里长到10月以后,情况就会有改变,梢部也会同样地甜。

无花果没有花吗

　　"无花果"实际上是有花的,只是它的花朵隐藏在肥大的囊状花托里,在植物学上称为"隐头花序"。

它的肉质花托的内壁上,生长许多绒毛状的小花,淡红色,上半部为雄花,下半部为雌花。有的品种里面有寄生蜂产的卵,日后就靠羽化出来的寄生蜂传粉结出种子来,因此被称为虫瘿花。人们吃的无花果并不是果实,而是膨大成为肉球的花托。由于种子小而软,在生食时常感觉不出来。

无花果的老家在西南亚的沙特阿拉伯、也门等地。全世界栽培无花果的品种有1000多个,可分为四大类:普通型有单性结实性,一年结两次果;斯米尔型只有雌花,依靠无花果寄生蜂传粉才能结果;野生型有雌花、虫瘿花,但雌花少,结果小,可供授粉用;中间型是春季开花,不授粉能结果,秋季授过粉,才能发育成聚花果。

无花果味道鲜美,酷似香蕉,营养丰富。鲜果中果糖和葡萄糖的含量高达15%~28%,香甜如酥,可加工成蜜饯、果干、果酱和罐头食品。果干入药,能开胃止泄,治疗咽喉痛,是治疗喘咳、吐血和痔疮的良药。

在植物王国中像无花果这样结果不见花的树,还有榕树、菩提树、橡皮树、薜荔等。

二、林林总总的瓜果

长生果——猕猴桃

猕猴桃又称"藤梨""奇异果"等,其果肉绿得像翡翠,味道清香酸甜,形状像桃子,又因为猕猴喜欢吃,故名"猕猴桃"。现在几乎没有人不知道猕猴桃了,但是在几年前它还是稀罕水果。猕猴桃的果皮比较粗糙,看起来不像水果,

猕猴桃树

因此，很多人都不把它看作水果，但只要剥开皮吃一口，就会被它酸甜可口的味道迷住！

猕猴桃是猕猴桃科落叶藤本植物，植株如葡萄藤，雌雄异株，夏天开花，花朵芳香，花期长达4~6个月，是理想的蜜源植物。猕猴桃的果实在9~10月成熟，果肉中有黑褐色像芝麻一样的种子，可以用种子繁殖。

猕猴桃原来是中国野生的，20世纪初传到别的国家。把猕猴桃培养成一种国际性水果的国家是新西兰，新西兰也是世界上栽培猕猴桃面积最大、产量最高的国家。很多年来，新西兰一直在对猕猴桃进行科学研究，功夫不负有心人，终于培育出了受到全世界人们喜爱的水果。

现在，有经济栽培价值的猕猴桃主要有中华猕猴桃和美味猕猴桃两种。中华猕猴桃的果实表面没有毛，不容易贮藏；美味猕猴桃的果实表面很粗糙，容易贮藏。据说，在英国伦敦的一家银行，有一个人看到朋友寄来的毛茸茸的猕猴桃，害怕极了，以为是定时炸弹，闹了一场虚惊。在有一年奥运会上，新西兰队的队员带来好多猕猴桃，分给各个国家的运动员品尝。有一个国家的队员不敢吃，最后一致决定由按摩师先吃，等按摩师吃过以后没发生什么事，队员们才开始吃。

味道、营养都打满分

猕猴桃的果肉比较嫩而且多汁，没有比猕猴桃营养更全面的水果了，它含有丰富的钙、铁、磷等元素和多种维生素以及脂肪、蛋白质、碳水化合物。最引人注目的是它含有丰富的维生素C，人体不能自行制造维生素C，想要得到维生素C没有别的办法，只有不断地补给，最直接的办法就是吃含有维生素C的食物，猕猴桃就成了首选。因此，味道、营养都是满分的猕猴桃成为"水果之王"是意料中的事情。

长生果

猕猴桃不但能补充人体所需的各种营养，防止致癌物质亚硝胺的生成，还可以降低甘油三酯和血清胆固醇水平，对高血压、消化道癌症、心血管疾病有明显的预防和辅助治疗作用，是一种长寿果品，因而被称为"长生果"。

猕猴桃还具有保健美容的功效。猕猴桃含有丰富的维生素E，能有效地改善免疫系统功能，延缓衰老。

猕猴桃所含的果胶对汞、铝或其他中毒性职业病有解毒作用，对放射性损伤也有一定的治疗作用，对防治乳腺肿瘤、皮肤癌和黑素瘤也有一定疗效。

甜瓜

甜瓜也叫"香瓜"，是葫芦科香瓜，属一年生蔓生草本植物。果实主要含蛋白质、糖类、有机酸类、维他命B、C以及胡萝卜素、脂肪、钠、磷等营养成分。甜瓜吃起来比较脆，而且水分多，味甜气香，可口宜人，不同的品种有不同的风味，都颇受人们的喜爱。除了生用嚼食外，还可以打成果汁、制罐头、制果酱、腌晒做脯，没成熟的果实可做蔬食烹调各种菜肴。

哈密瓜

哈密瓜古称"甘瓜",维吾尔语称"库洪",是甜瓜的一个变种。哈密瓜果实比较大,重1~10千克,形状为橄榄形或卵圆形。果皮表面有网纹,果肉有橙色、白色、绿色等多个品种,主要产于阳光充足、降雨量少、昼夜温差大的新疆哈密、鄯善、吐鲁番等地。

哈密瓜

哈密瓜味道香甜,鲜食或加工成哈密瓜干,冷却后再食用,会更甜,但是不能长时间冷藏,否则会破坏它的甜度。因此放冰箱里的话,最好不要超过两天。

哈密瓜营养丰富,不仅含有大量的糖分,还含有丰富的纤维素、维生素、苹果酸、果胶物质以及磷、钙、铁等元素。

兰州醉瓜

兰州醉瓜又被称为"麻醉瓜",皮薄肉厚,含糖量非常高,由于熟透了的瓜含有一股很浓郁的酒香,故名"兰州醉瓜"。

由于兰州醉瓜成熟以后,容易裂口,不方便运输,所以很难运到外地,产量在逐年降低,就连栽培历史悠久的兰州市青白石乡的种植面积也越来越小了,现在,年产量只有300多吨,因此显得很珍贵。

山东银瓜

山东银瓜的主要特点是表皮洁白、个大、味甜、肉脆、香气浓郁。主产区在流经山东省青州市的弥河岸边,由于沙滩具有水源充足、光照强烈、昼夜温差大的自然环境,使它形成了独特的薄皮甜瓜品种。

三、色、香、味俱佳的瓜果

历史三千年——苹果

苹果外形圆润,咬一口满嘴酸甜,几乎没有人不喜欢吃这种水果。苹果的颜色多样,有浅红、黄色、艳红、绿色等等,真可谓五彩缤纷,特别能勾起人的食欲。它气味清香,储存过它的地方,芬芳的气味能驻留好久,真是让人迷恋。

苹果古称"林檎"或"柰",据说,在苹果成熟的季节,鲜美的味道引得飞鸟来吃,故名"林檎"。在中国种植的历史悠久,汉武帝居住的上林苑扶荔宫,就种有林檎。

苹果的名字是由印度梵语"频婆"两字演化而来的,不过在印度,频婆并不是指苹果,而是另一种水果的名称。苹果的名称出现在明代,万历年间王象晋编纂的《群芳谱·果谱》中就有苹果,书中记载,苹果产在北方,山东、河北的质量最好。生的时候是青色,熟的时候半红半白,或者全是红色,在很远的地方就能闻到香味。

苹果有10000多个品种,但有经济价值的只有100多种,人们经常栽培的有20多种,如秦冠、金星、祥五、金帅、金冠、倭锦、国光、胜利、金红、红富士、红元帅、黄元9巾等。苹果是常年供应的水果之一,是人们日常食用、馈赠的首选。

苹果在每年的6月中旬到11月间陆续成熟,一直可以储存到来年苹果成熟的时候。所以,我们一年四季都能吃到苹果。

苹果的营养既全面又容易被人体吸收,是一种非常好的水果。美国流传一种说法:"每天吃一个苹果,就不用请医生。"这句话听起来很夸张,但苹果的营养和药用价值可见一斑。

特别是女孩子更应该吃苹果,因为苹果可以增加血红素,让脸变得更加红润,看起来比较自然,这才是真正的美。

饭后一苹果,老头赛小伙

在很久以前,人们就发现,吃苹果能增强记忆力、提高智能,因此称苹果为"记忆果"。我国有"饭后一苹果,老头赛小伙"的谚语。

苹果不仅含有丰富的糖、矿物质和维生素等大脑必需的营养素,而且更重要的是含有丰富的锌元素。锌是人体重要的组成元素之一,是促进生长发育的关键元素。研究表明,苹果汁治疗缺锌症比其他锌制剂更容易被消化吸收。

防治高血压的理想食品

苹果是防治高血压病的理想水果。高血压病的发生,多数都与人体摄取过量的钠盐有关,而苹果含有大量的钾盐,可以将人体血液中的钠盐置换出来,有利于降低血压。研究表明,每天吃三个苹果,血压就能维持在较低的水平。

宁神安眠的良药

苹果中含有容易被肠壁吸收的铁和磷元素,有补脑养血、宁神安眠的作用。在众多的气味中,苹果的香味对人的心理影响最大,它能明显的消除心理压抑,是治疗抑郁和心理压抑的"良药"。失眠的人在睡觉前闻一下苹果的香味,就能很快安静地入睡。据报道说《基度山伯爵》的作者曾经得过严重的失眠症,他就每天吃一个苹果,并强制执行自己的作息安排,最后,终于把失眠症治好了。

有助于通便

苹果的有机酸有刺激肠蠕动的作用,因此食用苹果有通便的作用。但需要注意的是,不可过多地食用,因为苹果富含果胶,过多食用会引起便秘。苹果能增加血红素,对贫血患者来说,食用苹果可以起到辅助治疗的作用。

冠心病人应多吃苹果

冠心病人应该多吃苹果,因为常吃苹果能使血液中的胆固醇下降。苹果不但不含胆固醇,还能促进胆固醇从胆汁中排出来。苹果中含有大量的果胶,果胶能阻止肠内胆酸的重吸收,使之排出体外,从而减弱了肠肝的循环,使胆固醇排出量增加。苹果含有丰富的果糖、维生素C和微量元素镁等,它们都有利于胆固醇的代谢。

冰箱里的"无法无天者"

你知道吗?好看又好吃的苹果如果保管不得当,它就会成为冰箱里的"无法无天者"。

有经验的人都知道,如果把苹果和其他水果一起放到冰箱里面保管,其他水果就会变蔫,味道也会变,这是为什么呢?这是由于苹果散发的叫"乙烯"的激素在作怪。"乙烯"是植物激素中的一种,它能促进植物落叶、发芽,加快果实的成熟。如果苹果周围其他水果受到"乙烯"激素的影响,就会熟得快、蔫得快,味道变得不好吃,像葡萄等颗粒性水果粒就会全部掉下来。

但是苹果的"乙烯"激素并不是一无是处,它也有有用的时候,那就是对柿子的影响。如果把没熟透的柿子和苹果放在一起,等4~5天,柿子就会被催熟、变甜。要想把新鲜的水果长期保存,就把苹果用塑料薄膜包装起来,因为塑料薄膜可以防止"乙烯"激素的生成。

毛荔枝——红毛丹

红毛丹是无患子科韶子属多年生常绿乔木。树干粗大,树冠开张,树叶为深绿色。果实呈长卵形、球形或椭圆形,串生于果梗上,果肉为白色。每年2~4月开花,6~8月果实成熟。

红毛丹

红毛丹原产于马来西亚,现在泰国、越南、菲律宾、马来西亚等地都有栽培。中国适合种植的地方很少,主要栽培在云南的西双版纳与海南等地,属于珍稀水果。湖南省保亭于60年代引种试种成功,至今已有数十年的栽培历史。

红毛丹是一种经济价值非常高的热带果树,在市场上声誉较高,售价高。我国海南省东南部和南部地区适于种植红毛丹,品质优良,产量高,很有发展前途。

红毛丹是一种新兴的特色水果,色泽艳丽,果形奇异,成熟时果皮为粉红色、红色或黄色,有肉刺,因此又叫"毛荔枝"。果实的味道带有葡萄与荔枝味,可口怡人。果实既可鲜食,也可制成果酱、蜜饯、果酒、果冻。

红毛丹不仅外观美,而且营养丰富。果肉含蔗糖、葡萄糖、氨基酸、维生素C、碳水化合物和多种矿物质,如钙、磷等。长期食用可清热解毒、润肤养颜、增强人体免疫力。

祛除黑斑——白果

白果又名"灵眼""银杏""鸭脚子"等。其形小如杏,洁白如玉,故名"银杏",为银杏科高大落叶乔木银杏树的果实。银杏成熟的果实,可煮食或炒食,味道可口,亦可做调味品和入药。白果在宋代被列为皇家贡品。食用白果,可益寿延年。

每100克白果中含碳水化合物36克、蛋白质6.4克、糖6.3克、脂肪2.4克、膳食纤维1.2克、磷218毫克、钾19毫克、蔗钙10毫克、铁1毫克、胡萝卜素320微克、核黄素50微克。此外,还含有白果酸、白果酚、白果醇等多种成分。

白果性平,味甘、苦、涩,具有敛肺定喘、缩尿、止带的功能。白果有助于消黑斑、祛皱纹。

莲子

莲子又名"藕实""莲实""莲蓬子"等,为睡莲科植物莲藕的果实或种仁。它生在小巧玲珑的莲蓬中,由于外壳比较坚硬,古人称它为"石莲子"。我国湖南、福建、江西、浙江等省,均是闻名的子莲产区。

莲子大都以形状或产地命名,大体分为壳莲、通心莲、红莲、白莲、湘莲等,而湖南安乡、湘潭等地出产的湘莲,福建建宁、建阳生产的建莲,江西鄱阳湖沿岸生产的大白莲,为全国三大名莲,在国内外享有盛名。

莲子(干)的可食部分达100%,每100克莲子肉含碳水化合物64.2克、蛋白质17.2克、烟酸4.2克、膳食纤维3.0克、脂肪2.0克、钾846毫克、磷550毫克、镁242毫克、钙97毫克、锰8.23毫克、钠5.1毫克、酸5毫克、铁3.6毫克、锌2.78毫克、抗坏血维生素E2.71毫克、铜1.33毫克、硫胺素0.16毫克、核黄素0.08毫克、硒3.36微克。此外,还含有氧化黄心树宁碱及大量生物碱等,对人体健康十分有益。

莲子有很好的滋补作用,是优质的滋补品。在历代达官贵人常食的"大补三元汤"中,莲子就是其中一元。古今丰盛的宴席上,都备有莲子,如宋代《武林旧事》描写的宋高宗的御宴、《红楼梦》中的贾府盛宴,都有"干蒸莲子""莲子肉",而"莲子汤"则是最后的压席菜,有"无莲不成席"的势头。一般家庭也常用莲子制作八宝粥,或制作冰糖莲子羹。

古人认为常食莲子能祛百病,还能返老还童。

莲子芯

莲子中央的青绿色胚芽是莲子芯。莲子芯味苦,有固神、清热、强心、安神的功效。取2克莲子芯,用开水浸泡饮用,可治疗因高烧引起的神志不清、烦躁不安和梦遗滑精等症。也用于治疗高血压、心悸失眠、头昏脑涨。

止咳良果——枇杷

枇杷为蔷薇科枇杷属常绿小乔木,原产我国四川、陕西。湖北、湖南、浙江等长江以南省份多做果树栽培。以安徽"三潭"最为著名。在徽州民间有"天上王母蟠桃,地上三潭枇杷"之说。

枇杷品种很多,约有200种。论成熟期,可分早、中、晚三类,早熟品种在五月成熟,中熟品种在六月成熟,晚熟品种可延至七月上旬。依果形分,有长果种和圆果种之别,一般长果种核少或独核,圆果种含核比较多。按果实色泽分,又分为白肉种和红肉种,白肉种枇杷皮薄肉厚,质细味甜,肉质玉色,古人称之为"蜡丸"。正如宋代郭正祥所描写:"颗颗枇杷味尚酸,北人曾作荔枝看。未知何物真堪比,正恐飞书寄蜡丸。"红肉种枇杷皮厚易剥,味甜质粗,果皮金黄,被称为"金丸"。正如宋代陆游所描写:"难学权门堆火齐,且从公子拾金丸。"

产于福建莆田的"解放钟",果肉厚嫩,汁多味美;产于江苏吴县的"照种白沙",汁多质细,风味鲜甜;产于浙江余杭的"软条白砂",肉白味甜,它们都是枇杷中的名品。

枇杷因果实形状似琵琶而得名。与樱桃、梅子并称为"三友"。它秋天养蕾,冬天开花,春天结果,夏天成熟,承四时之雨露,为"果中独备四时之气者"。果肉酸甜适度,柔软多汁,味道鲜美。

枇杷不但味道鲜美,而且营养丰富。每100克鲜枇杷中含水分90克、碳水化合物7.2克、蛋白质1.1克、脂肪0.5克、钙54毫克、磷28毫克、维生素C16毫克、镁10毫克、钠4.05毫克、胡萝卜素1.52毫克、铁1.1毫克。此外,还含有维生素A、柠檬酸、苹果酸、鞣质、果胶等成分。

止咳"良药"

枇杷还具有很高的药用价值。《本草纲目》记载:"枇杷能润五脏,滋心肺",中医认为,枇杷有清热健胃、生津润肺、祛痰止咳的功效。枇杷所含的胡萝卜素可转化为维生素A,对黏膜或皮肤有保护作用。

川贝枇杷膏就是以枇杷为主要药材制作而成,其效用为清热润肺、止咳化痰,还能养颜美容、滋补身体。

现代医学证明,枇杷中还含有丰富的白芦梨醇和苦杏仁甙等防癌、抗癌物质。

健康红绿灯

枇杷仁含有有毒氢氰酸，不可食用。枇杷易助湿生痰，所以，不可过多食用，脾虚泄泻者忌食。

水果王后——山竹

山竹原名"莽吉柿"，原产于东南亚，属藤黄科常绿乔木。树高15米左右，寿命可达70年以上。叶片为椭圆形，春天开花，花像蜀葵，花瓣为红色，花蕊为黄色。虽然山竹的种植成本不高，但是需要种植10年才开始结果。

山竹树

山竹果实呈扁圆形，大小如柿子，果壳又厚又硬，用筷子敲有"梆梆"的响声。文人称赞其为"坚强的外表下有一颗柔弱的心"。果壳里还含有紫色的汁液，吃山竹的时候千万不要舔到果皮，它味道很涩，也不要让紫色的汁液沾到衣服上，否则很难洗掉。在果皮的脐部，你可以看到像花朵一样的图案，从这图案可以判断出里面有几瓣果肉，也就是说，花朵一样的图案有几个花瓣，里面的果肉就有几瓣。洁白晶莹的果肉，酷似剥开皮的大蒜瓣，紧密的围成一团，非常好看。

山竹果肉又白又嫩，味清甜甘香，爽口多汁，为热带果品中的珍品，有"水果王后"的美誉。山竹营养丰富，果肉含柠檬酸0.63%、可溶性固形物16.8%，还含有蛋白质、维生素B_1、维生素B_2、维生素C和矿物质。

山竹不仅味美、营养丰富，而且对机体有很好的滋补作用，对营养不良、体弱、病后都有很好的调养作用，还有降燥、清热解凉的作用，可化解脂肪、降火润肤。如果皮肤生疮，年轻人长青春痘，可以生食或者用山竹煲汤。在泰国，人们将榴莲和山竹视为"夫妻果"。如果吃了榴莲上火，吃几个山竹就可以缓解，也只有"水果王后"才能降服"水果之王"了！

在热带地区，一年四季都有新鲜水果，但山竹每半年才出产一次，物以稀为贵，它的售价很高，比美国的"五脚苹果"还贵一两倍。在气候温和的欧洲和北美，人们几乎没有听说过山竹，而在热带雨林地区，没有人不知道它。

乌梅

乌梅又名"青梅""梅实""梅子""酸梅"等，为蔷薇科植物梅的干燥未成熟果实。乌梅呈不规则球形或扁圆形，表面皱缩不平，棕黑色至乌黑色，一端有明显的圆脐，果核坚硬，呈棕黄色，椭圆形，表面有凹凸不平的点，种子呈淡黄色，扁卵形。乌梅肉质软，呈棕黑色至乌黑色，气微，味极酸。

每100克乌梅可食部分含水分75克、脂肪0.9克、蛋白质0.9克、碳水化合物5.2克、磷36毫克、钙11毫克、铁1.8毫克。此外，还含有苹果酸、柠檬酸、琥珀酸以及维生素B_1、维生素B_2、维生素C和钾等成分。

乌梅用于久痢久泻、肺虚久咳、蛔厥呕吐腹痛、虚热消渴、胆道蛔虫等症。

长寿食品——山楂

山楂又名"山里红""牧狐狸"等,属蔷薇科落叶小乔木。开白色花,后期变为粉红色,果实球形,成熟后为深红色,表面有淡色的小斑点。

每100克山楂果中含水分74.1克、碳水化合物22.1克、膳食纤维2.1克、灰分0.9克、蛋白质0.7克、脂肪0.2克、钾289毫克、抗坏血酸89毫克、钙68毫克、镁25.5毫克、磷20毫克、铁2.1毫克、钠1.7毫克、烟酸0.4毫克、胡萝卜素0.82毫克、核黄素0.05毫克、硫胺素0.02毫克。此外,还含有单胺氧化酶、黄酮类等成分。

山楂除鲜食外,还可制成山楂糕、山楂片、山楂酒、果脯等。

长寿食品

山楂酸甜可口,具有很高的营养价值和药用价值,自古以来,就是消食化滞、健脾开胃、活血化痰的良药。山楂含蛋白质、糖类、维生素C、脂肪、淀粉、胡萝卜素、枸橼酸、苹果酸、钙和铁等物质,具有降血压、降血脂、强心和抗心律不齐等作用。山楂内的黄酮类化合物牡荆素,是一种具有较强抗癌作用的药物,山楂提取物能在一定程度上抑制癌细胞在体内的生长、增殖和浸润转移。

山楂以果实作药用,性微温,味酸甘,入脾、胃、肝经,对痞满吞酸、肉积痰饮、泻腰痛疝气、痢肠风、恶露不尽、产后腹痛、小儿乳食停滞等,均有疗效。

老年人常吃山楂制品能改善睡眠,增强食欲,保持骨和血中钙的稳定,预防动脉粥样硬化,使人延年益寿,因此,山楂被称为"长寿食品"。

健康红绿灯

山楂含有大量的有机酸、果酸、山楂酸、枸橼酸等,如果空腹食用,会使胃酸猛增，刺激胃黏膜，使胃泛酸、胀满。因此，不要空腹吃山楂。

健康人食用山楂也要有所节制。特别是正处于牙齿更替时期的儿童，如果长时间的贪食山楂或山楂制品，会不利于牙齿生长。另外，山楂片、果丹皮中含有大量糖分，儿童食用过多会使血糖保持在较高的水平，使儿童没有饥饿感，影响进食。

冰糖葫芦

南宋绍熙年间，皇帝最宠爱的妃子生了怪病，突然变得面黄肌瘦，不想吃饭。御医都急坏了，使用了许多贵重药品都没用。贵妃的病日渐严重，皇帝无奈张榜招医。一位江湖郎中揭了榜，他为贵妃诊完脉后说："只要将山楂与红糖煎熬，每顿饭前吃5~10枚，半个月病就会好了。"贵妃按此方服用，果然痊愈了。皇上非常高兴，命御医如法炮制。后来，这种酸脆香甜的山楂就传到了民间，也就是我们平常吃的冰糖葫芦。

柿子

目前，中国年产鲜柿70万吨，是世界上产柿最多的国家。柿子品种很多，约有300多种。从果形上可分为长柿、圆柿、方柿、牛心柿、葫芦柿等；从色泽上可分为黄柿、红柿、朱柿、乌柿、青柿、白柿等。经过人们长期实践，培育出很多优良品种，特别有名的有：华北出产的大盘柿，被称为"世界第一优良种"；河北、山东一带的镜面柿、莲花柿；浙江杭州古荡一带出产的方柿；陕西泾阳、三原一带的鸡心黄柿；陕西富平的尖柿，被誉为我国"六大名柿"。此外，还有华县的陆柿、彬县的尖顶柿、陕西临潼的火晶柿、益都的大萼子柿、青岛的金瓶柿等都是国内有名的柿子品种。这些名种柿子，个儿大、肉细、皮薄、汁甜如蜜，深受人们喜爱。

柿子又名"红柿""米果""猴枣"等,为柿科柿属常绿或落叶性灌木或乔木柿的成熟果实。它甜腻可口,营养丰富,是人们比较喜欢食用的果品。很多人喜欢在冬天吃冻柿子,别有一番味道。柿子营养价值很高,所含糖分和维生素比一般水果都高。一天吃1个柿子,就能满足一天所需维生素C的一半。所以,适当吃些柿子对人体健康非常有益。

每100克鲜柿子中含水分82.4克、碳水化合物10.8克、膳食纤维3.1克、蛋白质0.7克、脂肪0.1克、钾132毫克、磷19毫克、钙16毫克、抗坏血酸11毫克、镁8毫克、钠0.8毫克、烟酸0.3毫克、铁0.2毫克、铜0.16毫克、核黄素0.02毫克、硫胺素0.01毫克。此外,还含有丰富的黄酮苷、甘露醇、碘、鞣质及有机酸等物质。

每日一苹果,不如每日一柿子

柿子的营养成分很丰富,和苹果相比,除了铜和锌比苹果的含量少外,其他成分的含量都比苹果高。俗语说:"一日一苹果,医生远离我。"这句话说明了苹果的功效,但是,要论预防血管硬化,柿子的功效大于苹果。所以要想心脏健康,"每日一苹果,不如每日一柿子"。

柿子中含碘是它的一大特点,因缺碘引起的地方性甲状腺肿大患者,食用柿子非常有益。柿子有清燥火,养肺胃的功效,可以解酒、补虚、利肠、止咳、止血、除热,还可充饥。

健康红绿灯

不管是鲜柿,还是干制的柿饼,都非常好吃。但是,切记鲜柿不可多吃。因为鲜柿中含有较多的单宁,食用过多会有舌麻、口涩的感觉,单宁到达肠内后会刺激肠壁,造成肠液分泌少,影响消化吸收功能。

柿子中含有较多的果胶和鞣酸，如果空腹吃柿子，它们在胃酸的作用下就会形成大小不等的硬块，如果这些硬块不能到达小肠，就会在胃里形成柿石，最初胃柿石如杏核大小，但是会越积越大。如果柿石无法自然排出，就会造成消化道梗阻，出现上腹部剧烈疼痛、呕血等症状，严重的还会引起死亡，所以不要空腹吃柿子。

天堂之果——橄榄

中国是橄榄的故乡，也是世界上栽培橄榄最多的国家。我国橄榄分布最多的省份是福建，广东、广西、浙江、四川、台湾等省亦有栽培。世界上栽培橄榄的国家有泰国、越南、缅甸、老挝、菲律宾、印度以及马来西亚等。

橄榄

传说有一位老中医，他的医术非常高明。一天，一个人找他看病，这个人说："久闻先生大名，今天特来求医，我又黄又胖，非常懒，而且很穷，希望先生能把我治好。"老中医心想，这三种病的根源在于懒，要先将懒变为勤快。于是告诉病人说："从明天开始，你每天去饮橄榄茶，然后把橄榄核捡起来，回家种在房前屋后,要常常浇水施肥,等到橄榄成林结果,再来找我。"

这个病人照办了,精心呵护他的橄榄树。几年过去了,橄榄由树苗长成了树,由树变成了林,而且橄榄林也结了果,这个人终于勤快起来了,人长得也结实了。可是他还是很穷。于是他又去找老中医。老中医笑着说:"你现在已经不黄不胖了,也不懒了,你先回去吧,明天开始我叫你不再贫穷。"第二天,果然有很多人前来向他买橄榄,从此,他再也不贫穷了。老中医的高明"医术"让人佩服。

橄榄为橄榄科常绿乔木,适应性强,山丘、河滩、坡地以及房前屋后均可种植。它不仅能使农民脱贫致富,而且树姿优美,四季常青,还可以绿化环境,净化空气。

"桃三李四橄榄七",橄榄需要栽培7年才结果,一般在每年10月左右成熟。新橄榄树结果很少,一棵仅能生产几千克,要等25年才会显著增加,多则可达500多千克。橄榄树每结一次果,一般次年都会减产,故橄榄产量有大小年之分。

天堂之果

橄榄的果实呈长椭圆形,两端稍尖,绿色。一般的水果初生时为绿色,等到成熟的时候,就变了颜色,而橄榄始终是青绿色,故称"青果"。初食橄榄,味道酸苦,嚼一会就会觉得甜,满口清香,回味无穷。橄榄也可以用来比喻忠谏之言,虽然逆耳,但是有益。因此,又被称为"谏果""忠果'。土耳其人还将橄榄、无花果和石榴并称为"天堂之果"。橄榄除供鲜食外,还可加工成甘草橄榄、五香橄榄、丁香橄榄等。

橄榄含有丰富的维生素和矿物质。还含有挥发油、维生素C、香树脂醇、鞣酸等,其中钙、钾含量特别丰富,维生素C含量是梨、桃的5倍,苹果的10倍。核仁中含橄榄油,是一种营养价值非常高的食用油。

冬春橄榄赛人参

中医认为，橄榄性味甘、酸、平，入脾、胃、肺经，有清热解毒、生津止渴、利咽化痰、化刺除鲠、除烦醒酒的功效。冬春季节，每天食2~3枚鲜橄榄，可以有效预防上呼吸道感染，有"冬春橄榄赛人参"的美誉。儿童经常食用，对骨骼的发育有好处。

健康红绿灯

色泽已经变黄并且有黑点的橄榄已经不新鲜了，要用水洗干净后再吃，市场上卖的橄榄特别青绿，没有一点黄色，这说明是卖家为了好看，已经用矾水浸泡过，最好不要食用。

吉祥之果——火龙果

火龙果又名"红龙果""神圣果""青龙果"等，为仙人掌科三角柱属植物。火龙果的故乡在中美洲热带沙漠地区，是典型的热带植物。后来由荷兰人、法国人传到越南、泰国等东南亚国家，后又传入我国台湾，再由台湾改良引进海南省及广东、广西等地栽培。

在美洲印加人、玛雅人的金字塔和亚洲越南人的寺庙旁边，都有人们种植的火龙果。每逢重大的宗教活动，他们就会在祭坛上供奉火龙果，故被称为"神圣果"。

更让人称奇的是，不管是在美洲还是在欧洲，火龙果都与中华龙文化有着不解之缘。在古代印加，人们将火龙果与印有酷似中国龙的图腾一起祭祀，在印加语里，火龙果和这种图腾都是龙的意思。土著墨西哥人也许受了关于祖先是从中国漂洋过海来到美洲传说的影响，至今他们还称自己为中国男孩。

吉祥之果

火龙果的花光洁而巨大，香飘四溢，盆栽观赏让人有种吉祥的感觉，因此也被称为"吉祥果"。它的果实艳丽夺目，果肉血红或雪白，甜而不腻，有种淡淡的芳香。

每100克火龙果鲜果肉中，含水分83.75克、碳水化合物13.91克、葡萄糖7.83克、膳食纤维1.62克、蛋白质0.62克、脂肪0.17克、磷30.2~36.1毫克、钙6.3~8.8毫克、维生素C 5.22毫克、果糖2.83克、铁0.55~0.65毫克。此外，还含有大量花青素、植物白蛋白、水溶性膳食蛋白等。

火龙果含有较高的花青素，具有抗自由基、抗氧化、抗衰老、美白皮肤等作用，并可减肥、润肠通便、降低血糖。

美容养颜——李子

李子的品种很多，仅中国就有500种以上，我国传统的优良品种有嘉庆李、夫人李、红香李、携李、密李、玉黄李、五月李等。近几年李子的品种更是异彩纷呈。目前，我们在生产中推广应用的国产和引进的国外李子的品种主要有：日本李王、大石早生、密李、密丝李、玫瑰皇后、美丽李、长绥晚红、黑宝石、昌乐牛心李、美国大李、先锋李等。

李子的果实含有丰富的维生素、氨基酸、果酸、糖等营养成分，具有很高的营养价值。在100克李子肉中，含碳水化合物9克、蛋白质0.5克、脂肪0.2克、磷20毫克、钙17毫克、维生素C_1毫克、铁0.5毫克、胡萝卜素0.11毫克、维生素B_2 0.02毫克、维生素B_1 0.01毫克，是夏季人们常食用的水果。

除鲜食外，李子还可以制成罐头、蜜饯、李子干等。

新鲜的李肉中含有丝氨酸、谷酰胺、脯氨酸、甘氨酸等多种氨基酸，生食对治疗肝硬化腹水大有裨益。李子能促进胃消化酶和胃酸的分泌,有增加肠胃蠕动的作用,因而食李能增加食欲,促进消化,非常适合食后饱胀、胃酸缺乏、大便秘结者食用。

李子还有美容养颜的功效,《本草纲目》记载,李花和于面脂中,可以"去粉滓黑䵟","令人面泽",对脸生黑斑、汗斑等有良效。

健康红绿灯

俗话说:"桃养人,杏伤人,李树底下埋死人。"虽然李子汁多味美、酸甜可口,但是不宜多食。适量吃可以清除肝热、生津利尿,有利于身体健康。

杏

杏为蔷薇科杏属植物,原产我国,是我国北方主要栽培果树之一。以果实早熟、果肉多汁、色泽鲜艳、酸甜适口、风味甜美为特色,深受人们的喜爱。

我国栽培品种和野生种资源都很丰富。全世界杏属植物有8种,其中我国就有5种:西伯利亚杏、普通杏、东北杏、藏杏、梅。栽培品种近3000种,都属于普通杏种。

杏果实含有多种有机成分和人体所必需的维生素及无机盐类,是一种营养价值很高的水果。杏仁的营养更丰富,含粗脂肪50%~60%、蛋白质23%~27%、糖类10%,还含有钾、磷、钙、铁等无机盐类及多种维生素,是滋补佳品。

杏不但可以鲜食,其果肉还可以加工成糖水罐头、杏脯、杏干、杏汁、果酱和果丹皮等。杏仁可制成高级点心的原料以及杏仁露、杏仁霜、杏仁酱、杏仁酪、杏仁油、杏仁酱菜等。杏仁油微黄透明,味道清香,除作为食用油外,还是一种高级的润滑油，可作为高级油漆涂料、优质香皂及化妆品的重要原料，还可提取维生素和香精。

杏果在中草药中占重要地位，具有良好的医疗效用，主治风寒肺病，具有生津止渴、清热解毒、润肺化痰的作用。杏所含的胡萝卜素和维生素A有助于补肝明目，缓解眼睛疲劳。

健康红绿灯

日常生活中的经验告诉我们，杏能"酸倒牙"，对牙齿不利。强酸味对钙质有破坏作用，可能影响小儿骨骼发育。一次吃太多的杏，还可能引起邪火上窜，使人流鼻血、烂口舌、生眼眵，还可能生疮长疖、拉肚子，因此要适量食用。

养血安神——龙眼

传说，在很久以前，福建一带有条恶龙，每年八月海水涨大潮的时候，它就兴风作浪，糟蹋房屋，毁坏庄稼，人畜被害无数。周围的百姓都很害怕，有家不敢回，呆在石洞里不敢出来。

当地有个少年，名叫桂圆，他非常英勇，决定为民除害。等到八月，他准备好了用酒泡过的猪羊肉。恶龙上岸后，看到猪羊肉，立刻就吃了起来。恶龙吃完以后，没走多远就醉倒了。桂圆的钢刀刺向了恶龙的眼睛，经过一段时间的搏斗，恶龙因失血过多死去了，桂圆也身负重伤，没过多久也离开了人世。

于是，这个地方长出了一种果品，人们为了纪念少年，就称它为"龙眼"，也叫"桂圆"。

龙眼是多年生常绿乔木，春天开花，夏天结果。果实呈球形，壳褐色或淡黄色，果肉白色透明，汁多味甜。

龙眼原产中国，种植历史悠久，已有2000多年。现广州白云区、增城、海珠区、番禺和花都市都有种植,其品种有石硖、乌圆、圆眼、水眼、米仔眼等。

诽血安袖响龙眼

早在汉朝时期,龙眼就已作为药用。在《神农本草经》《本草纲目》中都记载了龙眼具有养血安神、补益心脾的功效。如今,龙眼仍是一味补血安神的重要药物。

龙眼有润肺、补中益气、滋阴补肾、开胃益脾的作用,可作为病后虚弱、神经衰弱、贫血萎黄、产后血亏等的滋补品。国内外科学家发现龙眼肉有明显的抗癌、抗衰老作用。

健康红绿灯

如果龙眼的果粒已经变味,就不要再吃了。吃的时候还要注意,要与疯人果相鉴别。疯人果又叫龙荔,有毒。它的外壳比较平滑,没有桂圆的鳞斑状,果肉黏手,很难剥离,也没有龙眼肉有韧性,有带苦涩的甜味。

瓜中之王——西瓜

西瓜我们都熟悉,炎热的夏季,用西瓜解渴是一种惬意的享受。但是说起它的历史,知道的人很少。

据植物学家考证,西瓜的原产地在非洲南部的沙漠里。南非旅游学家李文斯顿曾经这样描写南非沙漠里的野生西瓜:"当雨下得比平常更多的时候,广大的地面上遍地有西瓜……当时各种各样的野生动物,尽情吃西瓜。象和各种犀牛都饱食西瓜的甜汁。羚羊、狮子、豺狼和老鼠也大吃西瓜……它们知道,这是大自然恩赐的礼品。"

就是这些动物吃西瓜时,到处走动,把种子传到别的地方。再加上南非沙漠雨季来临时,雨很大,狂风和暴雨把西瓜带到远处,西瓜烂了以后,有些完好的种子开始发芽生长。年复一年,广阔的地面就到处都有西瓜了。

西瓜

欧美许多专家认为,西瓜是先由埃及传到小亚细亚,然后兵分两路进行传播。一路传到欧洲英国、法国,由英国传到美国、加拿大,由法国传到德国,由德国传入俄国;另一路由波斯传入印度和阿富汗,由阿富汗传入我国和日本。

西瓜是什么时候传入我国的呢?据宋代欧阳修的《新五代史·四夷附录》中记载:"……胡峤居房中七年,当周广顺三年亡归中国,略能道其所见。……明日东行,……数十里遂入平川,多草木,始食西瓜。云契丹破回纥得此种,以牛粪复棚而种,大如中国冬瓜而味甘。"

由此可以知道,大约在隋唐之际,西瓜已经传入我国。五代时期传入内地。中国人把这种从西方传入的瓜叫作"西瓜"。

西瓜传入我国以后,得到迅速发展,南宋时期黄河以南地区已广为种植。目前,除少数边远寒冷地区外,各地均有种植。

瓜中之王

西瓜为葫芦科,西瓜属,一年生蔓生草本植物西瓜的果实。又称寒瓜、夏瓜,有"瓜中之王"的美誉。

西瓜的果实有卵形、圆球形、圆筒形、椭圆球形等。果面平滑或具棱沟,表皮呈绿、深绿、墨绿、绿白、黑色,间有细网纹或条带。果肉有淡红、大红、淡黄、深黄、乳白等色。肉质分紧肉和沙瓤。种子呈扁平、长卵圆形或卵圆形,平滑或具裂纹。种皮为浅褐、褐、白、黑或棕色,单色或杂色。

西瓜是夏季的主要水果。成熟果实除含有大量水分外,瓤肉含糖量一般为5%~12%,包括果糖、蔗糖和葡萄糖。甜度随成熟后期蔗糖的增加而增加。几乎不含淀粉,贮藏期间甜度会降低。瓜皮可加工制成西瓜酱,瓜子可作茶食。

生食西瓜能清热解暑,有"天生白虎汤"之称。西瓜防治疾病范围广,夏天吃西瓜对身体非常有益。有"夏日吃西瓜,药物不用抓"的谚语。不过需要注意,西瓜属于甘寒之品,患有胃炎、慢性肠炎及十二指肠溃疡者不能多吃。即使是正常人,一次也不能吃太多,因为西瓜含水分很多,过多的水分在胃里会冲淡胃液,有时会引起腹泻或者消化不良。小儿吃西瓜,既可以得到丰富的营养,又有开胃、助消化、促代谢、利泌尿、滋身体、祛暑疾的功效。

枣

铁杆庄稼

人们经常这样夸奖一种植物:"一斤枣,半斤粮,额外加上二两糖。"你知道这是说的哪种植物吗?是枣树。俗话说:"无功不受禄。"枣树有何功劳,值得人们这样褒奖?枣树有很强的适应性,不论平原、山区、沙地、河滩、碱地、旱地均能生长。如果种有枣树,在旱涝严重的年份,就能度过饥荒,因为枣树能做到"地上不收树上收",枣树救人功不可没。枣树的树龄很长,百年以上的枣树仍

枣树

然生机勃勃,硕果累累。因此人们称枣树为"铁杆庄稼"。

枣树在我国栽培历史悠久,在3000年以上。枣树是鼠李科落叶乔木,少有横枝。枣在4~5月间开花,花很小,黄绿色,香味特别浓,是优质的蜜源。在枣树开花的时候,在园内放蜂,既能获取蜂蜜,又能提高枣树的坐果率,一举两得。

枣树木材坚硬致密,是室内装饰、雕刻印章及细木家具的上等用材。在华北地区,枣树可防风固沙,是绿化山区和保持水土的良好树种。

天天吃仁枣,一辈子不见老

鲜枣风味极佳,含糖量达19%~44%,吃起来很甜。干制的红枣含糖量更高,达50%~87%,每100克果肉的热量与精白面粉、大米相近,故有"木本粮食"之称。

成熟鲜枣的维生素含量非常丰富,相当于橘子的15~20倍,苹果的100倍,比中华猕猴桃还要高3~4倍。它还含有多种氨基酸,其中有8种是人体不能合成的。它所产生的热量和葡萄干相当,而且磷、钙、烟酸、核黄素、蛋白质的含量又高于葡萄干。所以,人们历来把红枣视为上等的滋补品。我国民间流传着"五谷加小枣,胜似灵芝草"和"天天吃仁枣,一辈子不见老"的谚语。

除鲜食外,可以制成蜜枣、熏枣、枣醋、枣酒等,为食品工业原料。

在中医处方里，红枣是一味最常见的药食同源方药，味甘性温，主要功能为养血安神、补中益气，临床主要用于血虚萎黄、脾胃气虚、血虚、失眠多梦等症的治疗。

快乐水果——香蕉

在热带，到处都能看到香蕉树，蕉叶婆娑，碧绿一片。香蕉树是芭蕉科多年生常绿草本植物，每株每年结果一次，每株生十余梳，每梳果实 10~15 只。我国广东、广西、福建、云南、四川、台湾等地均有栽培。

快乐水果

香蕉又名"蕉果""蕉子""甘蕉"等，是热带水果中的"平民"，香甜可口，价格也便宜，是人们水果盘里的"常客"。欧洲人认为香蕉有解除忧郁的功能，因此称它为"快乐水果"。它热量不高，据测量，一根香蕉的热量为 87 卡，而且还含有丰富的膳食纤维，食用后不用担心会长胖，深受女孩子欢迎。香蕉还被称为"智慧之果"，传说，释迦牟尼就是因为吃了香蕉，才充满智慧。

香蕉是相当好的营养食品。每 100 克果肉中含蛋白质 1.23 克、粗纤维 0.9 克、脂肪 0.66 克、无机盐 0.7 克、碳水化合物 20 克、水分占 70%，并含有维生素 C、维生素 B、维生素 A 等多种维生素，此外，还含有人体所需要的磷、钙和铁等矿物质。

用香蕉汁搓手擦脸，可防止皮肤老化、瘙痒、皱裂、脱皮。常吃香蕉能使皮肤细腻。香蕉中含有丰富的钾元素，能增加头发的湿度，其所含的油性物质可以增强头发的弹性，从根本上改善发质。

在亚洲、非洲、美洲的热带地区，香蕉除了作水果外，也作粮食。香蕉除鲜食外，还可以制成各种加工制品和提取香精原料。

香蕉有润肺肠、止烦渴、填精髓、通血脉的功效,对高血压、胃溃疡、便秘、咳嗽、发热、肺热等均有一定疗效,还能防止血管硬化。

摘下来的香蕉会变黄

生活在香蕉产区的人们都知道,树上的香蕉硬且绿的时候就要摘下来了。若是等到它熟了,变黄了再摘的话,那运输起来就非常麻烦了。有人说,绿的香蕉怎么吃?不用担心,摘下来,过些日子,香蕉自己就变黄了。这是怎么回事呢?

我们都知道一句俗语:"无心插柳柳成荫。"你把柳枝攀下来,柳枝上的细胞还活着,插到地里,它就能成活,生根发芽。同样的道理,摘下来的香蕉细胞仍然活着,这些细胞会分泌出各种酵素。

香蕉的表皮中含有叶黄素和叶绿素,在没成熟的时候,叶绿素掩盖住了叶黄素的黄色,看上去是绿色的。摘下来的香蕉分泌的酵素与叶绿素发生化学变化,破坏了叶绿素,绿色就会消失,黄色便显示出来了,香蕉看起来就是黄色的了。

碰过的香蕉为什么会变黑?

香蕉皮被碰撞或挨了冻后,会出现黑色的斑点,这是因为在香蕉表皮中含有一种氧化酵素,平时它被细胞膜紧密地包裹着,没有机会与空气接触。但是一旦碰伤、受冻,细胞膜破了,氧化酵素就流出来与空气中的氧发生氧化作用,生成一种黑色的产物,所以,香蕉表皮就变黑了。

柚子

柚子又名"文旦""臭橙""霜柚""胡柑"等,为芸香科小乔木植物柚的成熟果实。柚子果实较大,一般都在1千克以上。在农历的八月十五——中秋节前后成熟。皮很厚,耐储藏,一般可以存放三个月,有"天然水果罐头"之称。

柚子外形较圆,有团圆之意,是中秋节不可缺少的水果。还有就是柚和保佑的"佑"同音,被人们视为吉祥之物。

我国栽培柚子树的历史非常悠久,在公元前的周秦时代就有种植。我国四川、浙江、江西、福建、广东、广西、台湾等地均有种植。东南亚的许多国家和地区也有种植,古巴、美国、巴西、南非以及日本也是柚子的主要产地。因此,柚子算得上是国际化的果品之一。

柚子味道酸甜,略带苦味,营养丰富。每100克鲜果含水分84.8克、碳水化合物12.2克、膳食纤维0.8克、蛋白质0.7克、脂肪0.6克、钾257毫克、磷43毫克、钙41毫克、抗坏血酸41毫克、镁16.1毫克、铁0.9毫克、钠0.8毫克、烟酸0.5毫克、胡萝卜0.12毫克、硫胺素0.07毫克以及核黄素0.02毫克。此外,还含有丰富的有机酸及枳属苷、柚皮苷、新橙皮苷、挥发油等物质。

中医认为,柚子果肉性寒,味甘、酸,有清热化痰、止咳平喘、解酒除烦、健脾消食的医疗作用。柚皮有散寒燥湿、健脾消食、理气化痰的功效。

减肥帮手

柚子的维生素P含量很高,对于肥胖者和心脏病患者来说,是非常好的水果。柚子中还含有能够消除疲劳的枸橼酸,其丰富的纤维素,可以促进大肠蠕动,有助通便。如果将柚子蘸白糖吃,可以祛除口中的酒气和口臭。

健康红绿灯

一次食用过量的柚子,会影响肝脏解毒,使肝脏受损伤,还会引起恶心、头昏、心悸、倦怠乏力、心动过速、血压降低等不良症状,特别危险的是在服用抗过敏药期间,饮用柚子汁或食用柚子,会导致心律失常,严重的可引起心宣纤维颤动,甚至猝死。因此,在服药期间,最好别吃柚子或饮用柚子汁。

选购技巧

选购柚子的方法一般是靠"闻"和"叩"。"闻"就是闻香气,熟透了的柚子很香。"叩"就是叩打柚子的外皮,外皮下陷且没有弹性的一般质量不好。挑选柚子时,最好选择表皮薄又光润,色泽呈淡黄或淡绿色,如果看起来比较柔软多汁更好。

刚摘下的柚子,不好吃,最好是放在室内两周,等到果实的水分逐渐蒸发,甜度提高了,吃起来味道更美。

柠檬

15世纪,欧洲的冒险家为了获得黄金和香料,纷纷横渡大洋去争夺殖民地。可是在航行途中,不幸的事发生了,成千上万的海员被瘟神似的坏血病夺去了生命。

柠檬

1593年,英国有10000多名海员死于坏血病,葡萄牙、西班牙也有80%的水手死于该病。在这些事件发生的同时,却有另一种奇迹在发生。在加拿大过冬的法国探险者中有110人患了坏血病,当地的印第安人告诉他们喝松叶浸泡的水就会没事,病员们在绝望中喝了这种水,结果真的得救了。

1772~1775年,英国的库克船长率领船队进行第二次远航,库克船长命令船员经常吃泡菜,船员们免受了坏血病的侵袭。在3年的时间里,118名船员中,只有一人死亡。

英国的医生林德最早开始了对坏血病的研究,他用新鲜的水果、蔬菜和药物对坏血病患者进行医疗实验。有一次,他把患有坏血病的水手分成六组,对他们采用不同的治疗方法。一段时间过后,他发现,吃药物的水手毫无起色,而吃柠檬的水手们像服了"仙丹",很快就恢复了健康。

后来英国海军规定水兵入海期间,每人每天要喝定量的柠檬叶子水。两年以后,英国海军中的坏血病就再也没有出现过。因此,英国人常用"柠檬人"来称呼水手和水兵。

松叶浸泡的水,泡菜和柠檬为什么能治疗坏血病呢?人们首先想到的是,它们中肯定含有同一种物质,这种物质能治疗坏血病。20世纪初,人们推测坏血病是由于人体缺乏某种维生素引起的。在20世纪30年代,人们确认了坏血病是人体缺乏维生素C引起的。柠檬中含有大量的维生素C,因此,它被人们称为"神秘的药果"。

柠檬酸仓库

柠檬是芸香科柑橘属常绿灌木植物。有硬刺,叶子比较小,呈椭圆状矩圆形。花簇生于叶腋内或单生,花瓣内面白色,外面淡紫色。果实呈椭圆形,黄色至橘黄色。柠檬最早发现于马来西亚,现在意大利、欧洲等地大量栽培。

柠檬,又称"柠果""洋柠檬"等,由于味道非常酸,孕妇最喜食,因此又称"益母子"或"益母果"。它的果实肉脆汁多,有浓郁的芳香气。柠檬中含有大量的柠檬酸,因此被人们誉为"柠檬酸仓库"。

鲜柠檬含有丰富的维生素,是美容佳品,用它泡水喝,可以防止皮肤色素沉淀,起到美白的效果。柠檬还有很高的药用价值,柠檬水中的柠檬酸盐,能抑制钙盐结晶,防止肾结石的形成。喝柠檬水可以缓解钙离子促使血液凝固的作用,还可以预防和辅助治疗心肌梗死和高血压。

感冒的时候,每天喝上500~1000毫升的柠檬水,可以减轻流鼻涕的症状。它还能生津止渴、开胃消食。

柠檬果汁是人们喜爱的饮料之一,它的制作非常简单、方便,直接用新鲜柠檬榨出果汁,再配上冰块、冰水和糖,搅拌后就能饮用。它那幽幽的清香和淡淡的酸甜味道,令人神清气爽!

长寿果——松子

松子是红松树结的果实,又称为"红松果""海松子""罗松子"等,是人们常见的干果。它主要产在东北的小兴安岭林区和长白山脉,野生的红松50年后才能结果,果实的成熟期为两年。

人们在很早以前就开始食用松子了,晋代的《搜神记》记载,上古有一个名叫僵俭的仙人,经常上山采药,他浑身都长着长长的毛,特别喜欢吃松子。僵俭仙人曾经赠送松子给尧吃,但是尧太忙了,没有吃他送的松子。传说,那些经常吃松子的人,都很长寿,能活到300多岁。

道家之人,常吃松子来辅助修炼。据道家文献记载,全真七子之一的丘处机,自幼父母双亡,备受命运的磨炼,童年的时候,他就下定决心要修炼成"仙"。他勤奋好学,并非常迷恋道学,少年的时候机敏,与松为友,与月为伴。到了19岁的时候,拜王重阳为师。以机敏、虔诚、勤勉而得到王重阳的器重,王重阳把毕生所学传授给他,丘处机终于成为一代大师。

松子的壳非常坚硬,咬起来很费力,实在是在考验牙齿的功力。不过现在已经好多了,有了用蒸汽喷过的松子,已经自动开口,吃起来非常方便。剥开一个,在嘴里嚼一下,浓浓的松香让人回味。

松子也可以做糕点辅料、糖果等。宋代时,经常用松仁作烧饼馅料,北宋的苏辙就曾说过:"蜀人以松黄为饼甚美。"清代的袁枚在《随园食单》中详细地描述了这种烧饼的制作方法。他用松子、核桃仁、糖、大油作为饼的馅料,用两面锅烤制。很快,松香味就飘了出来,香得让人直流口水,吃上一口,满口生香。

长寿果

唐代的《海药本草》中记载:"海松子温胃肠,久服轻身,延年益寿。"在人们心目中,松子被视为"长寿果",为人们所喜爱。

松子中含有丰富的脂肪、蛋白质、碳水化合物等。其中,脂肪多数为油酸、亚油酸等不饱和脂肪酸,是健脑益智的佳品,对促进脑细胞的发育有良好的功效。能使皮肤润泽、头发黑亮。松子还含有磷、钙、铁等微量元素,铁能增强身体的造血功能。

松子存放时间长了会产生哈喇味,不宜食用。有些不法商贩故意加大松子口味,来掩盖这种味道。因此,最好食用口味偏淡的松子。

中医认为松仁性温味甘,具有养阴、滑肠润肺、熄风等功效,能治疗头眩、风痹、燥咳、吐血等症。

喜食松子的交嘴雀

不光人喜欢吃松子,更有趣的是鸟儿也喜欢吃,交嘴雀就是以松子为主要食物的鸟。松子都被松塔紧紧地保护着,很难吃到。对于这样的严密守护,别的鸟儿都没有办法,但却难不倒交嘴雀,它们把那张上下交叉的喙伸入松塔的缝隙里,然后用力一扭,松塔就被弄开了。也许交嘴雀是为了吃松子才把嘴进化得这么独特吧!

加州果王——开心果

放眼望去,远处一片苍茫,光秃秃的,除了偶尔点缀几根耐旱的野草,什么也没有。一队无比疲惫的人马在缓慢地前行,主帅非常着急,想加快行军的速度。但是没有办法,他们已经好多天没吃东西了。主帅30多岁,虽然看起来很疲惫,但却掩饰不住眉宇间那份果敢和坚毅。他就是公元前3世纪闻名世界的军事家亚历山大。为了追击逃亡途中的波斯国王大流士,防止他重振旗鼓,亚历山大下定决心不管多疲惫,都要继续行军。

终于到了一个山谷,他们遇到了几个当地人,当地人看到他们如此疲惫,就告诉翻译,说山上有一种树,它的果子可以吃,吃了还能让人体格强健、精力充沛。得知这个消息后,亚历山大让部队去采摘这种果实。吃过果实以后,他们个个精神抖擞,很快就追上了大流士,并且斩杀了他,庞大的波斯王国宣告灭亡。

这种树就是开心果树,波斯人在很久以前就开始食用它了。传说在公元前5世纪,波斯与希腊发生战争的时候,波斯人就是靠吃开心果补充体力的。那时候,波斯牧民在游牧时,都会带上足够的开心果,这样才能进行较远的迁移生活。

阿月浑子

古时候的中国,称开心果为"阿月浑子"。唐朝的《本草拾遗》记载:"阿月浑子味温无毒,主治诸痢,去冷气,令人肥健。"宋代的《海药本草》中记载了阿月浑子具有治疗腰冷、阴肾虚弱之症的功效。

那时候,中国的开心果主要来自西亚,量非常少,主要用作药材。直到20世纪80年代以后,才被当作干果大量食用。

加州果王

现在,开心果是一种很时尚的休闲食品,样子有点像白果。烤制后有香气,越嚼越香,余味无穷。

开心果仅在新疆等边远地区栽培,而且产量非常小。主要从国外进口,因此价格比较贵。我国每年要进口两万多吨开心果。我们吃的开心果袋子上常常写着"加州果王"的广告词,那是因为它的主要产地是美国加州。

加州开心果又是从哪里引进的呢?20世纪30年代,开心果成为美国一种大众化的零食,并且在自动售卖机上出售。当时的这些进口坚果被染成了红色,一来可以吸引人们的目光,二来可以掩盖传统收获技术造成的污迹。那时候美国的开心果主要来自中亚、西亚地区。每年巨大的需求量,使得美国人决定移植这种作物。1929年,美国的一名植物学家,用了6个月的时间从伊朗成堆的产品中精选质量最好的开心果作种子。

20世纪60年代,开心果的种植拓展到整个加州。又过了7~10年,树上终于结出了累累硕果。他们的勤奋努力和不懈付出,终于使加州成为世界第二大开心果产地。

兴奋果——槟榔

南宋周去非长久在岭南做官,年老以后回到故乡浙江温州。回忆起在岭南的见闻,他整理成了《岭外代答》一书。书中记载了宋时岭南的生活习俗、社会经济等状况。还写到岭南人普遍吃槟榔和一些有关吃槟榔的趣事。

书中记载,岭南人待客不用茶,而用槟榔。新鲜的槟榔青绿而坚硬,需要加工成黑褐色,切成一瓣一瓣的,再点上胶状的芯子,才能嚼用。芯子的种类很多,广州地方的人常用桂花、三赖子、丁香等作芯子。吃过槟榔以后,人会觉得很兴奋，两颊潮红，像喝醉了酒一样，人们就称其为"醉槟榔"。

广东人特别喜欢吃槟榔，不论男女老少，还是贫富贵贱，从早到晚，宁可不吃饭也要嚼槟榔。穷人用锡盘子放槟榔，富人用银盘子盛槟榔。外地人都嘲笑他们，说他们像羊的嘴，一天到晚不停地咀嚼着，嘴巴红红的，一张嘴一口黑牙就像上了漆似的。数百年过去了，广东人已经不像以前那样成天嚼槟榔了，但是与广东相邻的湖南人却疯狂的迷恋上了它。湖南湘潭已经成为我国最大的槟榔加工基地。

据资料记载："1779年湘潭大疫，城内居民患臌胀病，县令白景将药用槟榔分于患者嚼之，臌胀病消失，终于解除瘟疫之害。自此，槟榔在此地流行开来。"

除湖南外，中国台湾也有很多人食槟榔。据有关资料显示，台湾嚼槟榔的人超过240万，这些人被誉为"红唇族"。

尽管岭南人食用槟榔的历史悠久，但直到汉代才在历史典籍中见到槟榔。西汉司马相如《上林赋》中提到"仁频并闾"，颜师古作注说"仁频"是指槟榔。《山海经》中记载的"黑齿国"，就是因为人们长期食用槟榔，槟榔紫红色的汁液使他们的牙齿变成了黑色。

文人墨客也喜欢槟榔，留下了很多写槟榔的诗句。北宋苏轼写下："两颊红潮增妩媚，谁知侬是醉槟榔。"明朝的王佐曾这样描写槟榔："绿玉嚼来风味别，红潮登颊日华匀。心含湛露滋寒齿，色转丹脂已上唇。"北宋的黄庭坚为了吃槟榔曾经写下诗句向朋友讨要："莫笑忍饥穷县令，烦君一斛寄槟榔。"意思是不要笑话我这个忍饥挨饿的穷县令，麻烦你送我一斛槟榔。

桃

桃花是美丽的象征，是春天的使者。它们盛开在枝头，如一片片美丽的红霞，与那婆娑的垂柳相互映衬，一派桃红柳绿的景象。诗人也喜欢桃花，白居易曾写道："村南无限桃花发，唯我多情独自来。日暮风吹红满地，无人解惜为谁开。"桃花美丽妖娆，就像美女的脸，人们常把女子粉红色的脸颊称作"桃腮"。元代王实甫曾在《西厢记》中这样描写崔莺莺："杏脸桃腮，乘着月色，娇滴滴越显得红白。"

桃树

桃果被列为天下第一果，果形美观、味道鲜美、营养丰富，被视为果中极品。桃在古代被列为祭祀神灵的五种果品之一，这五种果品分别是：桃、李、杏、枣、梅。

水蜜桃

桃子有很多种类，总的来看可分为两大类：一种是来自我国华南引进栽培多年已驯化的品种，即市面上的"毛桃"；另一种是自美国或日本引进的温带桃，通称"水蜜桃"。

水蜜桃是一种具有芳香气息、甜甜蜜蜜的水果，令人垂涎。但需要种植在高海拔地区，不适于平地种植。品种有砂子早生、松本早生、中津白桃、大久保、白凤等，而后又引进的品种有濑户内白桃、川中岛白桃、大玉白凤、红凤等品种，甜度高、果形大、多汁，色泽风味均佳。等到水蜜桃花盛开的季节，园内芳草鲜美、落英缤纷，仿佛置身于陶渊明的桃花源中，在不知不觉中就令人忘记了世俗的烦扰。而变化多端的四季高山景色,更让人流连忘返。

水蜜桃果实成熟分为硬熟期、适熟期和软熟期三个阶段。硬熟期的果实,果皮淡绿、毛茸长,果肉紧硬,略带苦味,缺乏风味,不适合生食。适熟期的果实,果皮白绿,并出现乳白或黄白色,见光的一面,带有红色斑点或红晕,果脆多汁,甜度增高,一般桃子此时食用风味最好。软熟期的果实,果皮绿素渐失,果肉果皮变软,色呈红晕或乳白,这时候食用水蜜桃,味道最香甜。

药补不如桃补

桃含有糖、脂肪、蛋白质、磷、钙、铁和维生素 B、C 等成分。桃中含铁量较高,铁对人体有特殊的生理功能,能促进体内血红蛋白的再生。因此,贫血的人应多吃桃。桃富含果胶,经常食用能预防便秘。

桃的脂肪含量低,可预防肥胖病、糖尿病及心脏病等。桃含有丰富的胡萝卜素,可预防多种癌症。桃有暖身的作用,是适合病人吃的水果之一。老年人气阴两虚,"药补不如食补",可用熟桃以果代药,是老年人的滋补佳品。

橘子

橘子树是柑橘属常绿小乔木,高约 3 米,小枝比较细弱,通常有刺。春暖时节,橘花开放,洁白的花朵散发阵阵清香。初夏,小小的橘子长了出来,有拇指那么大,精致灵巧,非常惹人喜爱。当秋霜染红了红叶,橘子熟了,橙色的果实掩映在绿叶间。唐朝诗人张彤曾这样描写这时的美:"凌霜远涉太湖深,双卷朱旗望橘林。树树笼烟疑带火,山山照日似悬金。"

橘子酸甜可口,味美多汁,自古就受到人们的喜爱。南宋诗人叶适曾写下"蜜满房中金作皮,人家短日挂疏篱"的诗句,让人体味那种垂涎欲滴的独特风味。中国种植橘子的历史悠久,早在西周,橘子就是王室重要的贡品。春秋战国时期,楚国大量种植橘子,广阔的楚国,到处都能看到橘子的踪影。屈原曾作《橘颂》:"后皇嘉树,橘徕服兮。受命不迁,生南国兮。"这两句话的意思是:"天地孕育的四季常青的橘子树,天生就适合生长在这片土地上,天地赐命你一直生长在南楚,永远不离开。"

橘子甜蜜清香,汁多味浓,营养丰富。研究表明,每100克可食部分中含有水分88.2克、糖类8.9克、膳食纤维1.4克、脂肪0.4克、蛋白质0.8克、磷18毫克、钙19毫克、锌0.1毫克、铁0.2毫克,还含有胡萝卜素1.667毫克、维生素B_2 0.04毫克、维生素C 19毫克、烟酸0.2毫克,以及柠檬酸、苹果酸、橙皮甙、琥珀酸等物质。

橘子中含有的营养物质,对调节人体新陈代谢等生理机能有很大好处,常食可益寿延年、防病强身。橘子含有多种有机酸和维生素,特别是维生素C的含量很高,比苹果、梨、葡萄的含量都高,因此它是获取维生素C的佳果。它还含丰富的维生素A和维生素B,所以生吃鲜橘对于预防皮肤角质化、夜盲症和高血压都有好处。

橘子除供鲜食外,还可加工成果酱、果汁、罐头、果醋、果酒、蜜饯、橘晶、果冻、果糕、果糖等,并可制筵席甜食,如橘味海带丝、烩橘子羹、什锦果羹、水晶橘子等。橘子的果肉还是重要的轻工业原料,可提取果胶、橙皮甙、柠檬酸、香精油。

橘子不仅是水果中的佳品,而且还有重要的药用价值。橘子性凉味甘酸,具有止渴润肺、开胃理气的功效。据《日用本草》中记载,橘子"止渴润燥,生津"。《日华子本草》中记载,橘子"止消渴,开胃,除胸中膈气"。《医林纂要》说它能消除烦恼,有醒酒的功效。

健康红绿灯

橘子虽然好吃,可以常吃,却不能多吃。橘子性温,食用过多就会"上火",会出现口干舌燥、口舌生疮、咽喉干痛、大便秘结等症状,从而促发牙周炎、口腔炎等。由于橘子的果肉中含有一定的有机酸,为了避免其刺激胃黏膜产生不适,饭前或者空腹时最好不要吃橘子。此外,橘子还含有大量的胡萝卜素,一次过多的食用橘子或者在一段时间内持续不断食用过多,会使血液中的胡萝卜素浓度过高,从而导致皮肤发黄,就是我们平时说的"橘子病"。如果出现了橘子病,除了暂时不吃橘子类水果和多喝水外,还要限制富含胡萝卜素食物的摄入量,一个月后,皮肤的颜色就会恢复正常。

让酸橘子变甜的技巧

冬天,是吃橘子的最好时节,但是,有时候也会买到酸橘子。这里有一个小方法,可以让酸橘子变甜。方法很简单,将橘子放进自行车篮子里,然后骑着自行车绕附近转一圈,回来后再吃橘子,你就会发现橘子变甜了。

你会不会觉得不可思议,橘子为什么会变甜呢?有人检测了橘子的成分,发现橘子的含糖量没有变化。但是橘子确实是变甜了,其实甜味的变化与橘子中的酸度变化有关系。橘子里含有产生甜味的糖,也含有产生酸味的酸,酸很容易受到冲击,并且受到冲击后,就会减少。说得简单点就是酸减少了,所以橘子变甜了。

如果你买到了酸味的橘子,就用这个方法试试吧,骑着自行车转一圈,既可以使身体得到锻炼,又可以吃上甜甜的橘子,而且吃橘子可以获取维生素C,让自己变得更美丽,真是一举多得啊!

橘饼

橘子经过蜜糖渍制,就成为橘饼,具有化痰、健胃、止泻、止咳的功效,民间常用橘饼煎水,治疗咳嗽痰多、胃口不开的病人。

陈皮

橘子成熟后,剥下果皮,低温干燥或晒干,得到的就是陈皮。陈皮也称"贵老",以陈久者为佳。《本草纲目》中记载:陈皮"疗呕哕反胃嘈杂,时吐清水,痰痞,痰疟,大肠闭塞,妇人乳痈。入食疗,解鱼腥毒"。"陈皮,苦能泄能燥,辛能散,温能和……同补药则补,同泻药则泻,同升药则升,同降药则降。"《本经》中记载:陈皮"主胸中瘕热,逆气,利水谷,久服去臭下气"。

中医认为,陈皮味辛、苦,性温,归脾、肺经,具有降逆止呕、行气健脾、燥湿化痰、调中开胃等功效。适用于脾胃气滞所致的嗳气、恶心、呕吐、咳嗽痰多及湿阻中焦所致的纳呆倦怠、大便溏薄等症。

陈皮中的挥发油能温和地刺激胃肠道,促进消化液的分泌,排除肠管内积气,显示了祛风下气和芳香健胃的效果。

陈皮煎剂与维生素K、维生素C并用,能增强抗炎作用。常用量为3~10克。民间常用橘皮、生姜加红糖熬水喝,来治疗风寒感冒咳嗽。用30克橘皮、3克甘草,水煎服,可治疗产后初期乳腺炎,一般2~3克可愈,而且不会影响乳汁分泌。

青皮

青皮是指橘子的干燥幼果或没有成熟果实的果皮。5~6月间,收集自然脱落的幼果,晒干,称"个青皮";7~8月间,采收没有成熟的果实,在果皮上纵剖成四瓣至基部,除尽瓤瓣,晒干,称"四花青皮"。青皮性温,味苦、辛,归肝'胆、胃经,具有消积化滞、疏肝破气等功效,主要用于治疗疝气、乳痈、乳核、胸胁胀痛、食积腹痛等症。研究表明,青皮富含挥发油,且多含黄酮甙等。常用量为3~10克。青皮性烈耗气,气虚者慎用。孕妇忌用。

橘红

橘红是橘皮去掉了内层果皮,所剩下的外层红色薄皮。橘红味苦、辛,性温,本品性较燥烈,能燥湿化痰、理气健脾,具有宽中散结、利气消痰的功效,主要用于治疗喉痒痰多、风寒咳嗽、消化不良、胸膈胀闷、恶心、嗳气、呕吐清水等症。

古有《橘红歌》："橘之红性温且平,能愈伤寒兼积食,消痰止咳功更奇,谁先辨此真龙脉,价值黄金不易求,寄语人间休浪掷。"

以橘红为主药制成的中成药有橘红痰咳颗粒、橘红痰咳液、橘红枇杷片、橘红痰咳煎膏、橘红化痰丸、橘红梨膏、橘红冲剂、橘红片等。

橘核

橘的种子,就是中药橘核,具有止痛、散结、行气的功效,可治乳腺炎、睾丸肿痛、疝气、腰痛等。以橘核为主药制成的中成药有橘核疝气丸、橘核丸等。

橘核治疗乳腺炎的外用方法是:取橘核若干,研成细末,用一般白酒、甜酒(适量稀释)或25%的酒精调配均匀铺于纱布上,敷于患处,干燥即更换。

橘叶

橘树的叶子,就是中药橘叶,具有化痰、行气、疏肝的功效,能治胁痛、消肿毒、乳腺炎等病症。常与郁金、柴胡等药同煎,治疗肋间神经痛及其他疾病引起的胸胁痛。也常与连翘、金银花、蒲公英等药配合治疗急性乳腺炎。一般将橘叶捣碎外敷,或将橘叶捣汁内服。

橘、柑、楷的区别

橙、橘、柑形相近而味相远,市场上三者的售价相差较大,如果不仔细辨认,买橘花了买橙的价钱不说,想吃甜却吃了酸,更是让人生气。那么该如何区别这三者呢?橘果实呈扁圆形,比较小,色泽呈朱红、橙红或黄色,果皮宽松而较薄,易剥离,瓤瓣易分离,不耐贮藏;橙又名广柑、广橘。果实圆形,色泽橙黄,皮厚而光滑,用手很难剥开,瓤瓣紧密相连,不易剥离,食用时需用刀切成块,香气很浓,耐贮藏;柑果实较大,稍扁形或圆珠形。果皮为橙红色或橙黄,皮粗厚,较易剥离,柑络较多,贮藏性比橘类强,但比橙类差。

疗疾佳果——橙子

橙子又名"黄果""黄橙""金橙""香橙"等,是芸香科柑橘亚科柑橘亚属小乔木香橙的果实。橙子颜色鲜艳,外观整齐漂亮,酸甜可口,深受人们的喜爱。橙子的种类很多,最受青睐的有冰糖橙、血橙、脐橙和美国新奇士橙。

橙子含有丰富的钾、磷、钙、柠檬酸、维生素C、橙皮甙、烯、醛、醇等物质。每100克鲜橙中含碳水化合物12.2克、蛋白质0.6克、膳食纤维0.6克、脂肪0.1克、钾182毫克、钙58毫克、抗坏血酸54毫克、磷15毫克、镁10.8毫克、氯1.0毫克、钠0.9毫克、烟酸0.2毫克、铁0.2毫克、胡萝卜素0.11毫克、硫胺素0.08毫克、核黄素0.03毫克。此外,还含有果胶、橙皮油、维生素P及有机酸等物质。

橙子中的一些营养成分能有效地补充眼部水分,发挥长时间的滋润效果,橙子的果皮,有出类拔萃的"抗橘皮组织"功能,可消除赘肉。

疗疾佳果

橙子味甘、酸,性凉。有开胃下气、生津止渴的功效。正常人饭后饮橙汁或食橙子,有消积食、解油腻的作用,橙子还能止渴、醒酒。

橙子中富含的维生素C和维生素P,能增加毛细血管的弹性,降低血液中的胆固醇含量。高血压、高血脂、动脉硬化者应常吃橙子,对身体有好处。橙子中所含的果胶和高纤维素,可以促进肠道蠕动,能清肠通便,把有害物质排出体外。橙皮性味甘苦而温,有止咳化痰的功效,是治疗感冒咳嗽、胸腹胀痛、食欲不振的良药。因此,橙子被称为"疗疾佳果"。

保健她用——补充体力

橙汁含有丰富的果糖,能迅速补充体力,高达85%的水分更能提神解渴,特别适合运动后饮用。需要注意的是,橙汁榨好以后要立即喝,否则空气中的氧会使维生素 C 的含量降低。

保健妙用——驱蚊、催眠

用橙皮做成香包,放在枕头旁边,既有催眠的功效,还能驱赶蚊虫。放在厨房、卫生间或冰箱,能除异味,保持空气清新。

橙子选购技巧

在购买橙子的时候,要精心挑选。记住,橙子的表皮并不是越光滑越好。进口的橙子一般表皮小孔比较多,比较粗糙。如果橙子表面很光滑,几乎看不到小孔,说明已经做过"美容"。还有就是在买之前最好用湿纸巾在橙子表面擦一下,如果湿纸巾上留有颜色,说明已经上了色素。

剥皮技巧

橙子虽然好吃,但是皮很难剥。告诉你一个剥皮的小窍门,用普通的小铁勺子,把橙子一头开个圈,然后把勺子凸起的那面朝上,从开好的小孔伸进去,顺着橙子的弧度向下用力,一直到底后,抽出勺子,重复这个动作,一直到整个橙子的肉和皮分离,这样橙子就很容易剥开,而且还不会伤到果肉。

干果之王——栗子

《列子》中记载了狙公用栗子喂猴子的典故,非常有趣。狙公非常喜欢猴子,花了很多钱买了很多猴子。后来,狙公家里变穷了,他就对猴子们说:"以后我只能早晨给你们吃三个栗子,晚上吃四个栗子。"这就是成语"朝三暮四"的由来。猴子们听了很不高兴,狙公马上又说:"那好吧,我早晨给你们四个栗子吃,晚上三个栗子。"猴子听了以后,非常高兴地答应了。后来人们就用"朝三暮四"来形容那些变化很快、反复无常的人。

你知道栗树的故乡在哪里吗?答案是中国。南京博物院里陈列着距今3600年前用来烧陶和炼铁的栗碳。科学家还在陕西挖出了距今6000多年前的栗果化石。栗子在种下5~8年后开始结果,果期很长,可以超过100年,有的甚至长达300~400年。

栗子

国外也有栗树的栽培与分布,但是栗子的色、形、味都没有中国的好。据说,在欧洲地中海西西里岛的一座火山下面,有一颗超过千年的古栗树,树干粗50多米,要30多人才能合抱,树高数十米。树干的基部有一个洞,采栗子的人可以在里面休息。有一个皇后来这里游玩,天忽然下起了暴雨,于是皇后和随从,共有100多人急忙躲进树洞里面避雨,雨过天晴,这么多人没有一个人的衣服被打湿。皇后为了感谢这棵栗树,封它为"百骑大栗树"。

得胜果

栗子又称"板栗",是山毛榉科落叶乔木,树高可达20米。人们常说"潦不死的栗子",这说明栗树有很强的适应能力,哪里都可以种,因此它还有"铁杆果树"的美称。

在春秋战国时期,栗子还曾让晋国取得过战争的胜利,被晋王誉为"得胜果"。相传,在一次战争中,晋国国王率兵追杀敌人,追到了深山之中,这时后方的粮食接济不上,士兵们都饿得不能走路了。当地的居民告诉他们,上山采摘些栗子煮熟了吃,可以充饥。士兵们吃过栗子以后,个个精神抖擞,一鼓作气打败了敌人,取得了最后的胜利。

在我国近代,栗子也曾立下过汗马功劳。抗日战争时期,在板栗之乡迁西县,革命老根据地的人们用栗子糕调养过很多伤员,他们才得以康复,重返前线。

干果之王

唐代大诗人李白,曾经在黄山夜宿时,听着歌曲,喝着酒,吃着栗子,心潮澎湃,写下了一首诗:"龙惊不敢水中卧,猿啸时闻岩下音。我宿黄山碧溪月,听之却罢松间琴。朝来果是沧洲逸,酤酒醍盘饭霜栗。"诗中说,美妙的歌声让龙都不敢在水里静卧,山上的猿猴都过来聆听。听着如此美妙动人的音乐,要以栗子相伴而食,这充分体现了诗人李白对栗子的喜爱。

栗子属于坚果类,营养非常丰富,含有大量的淀粉以及维生素B族、蛋白质、脂肪等多种营养素,素有"干果之王"的美称。栗子可以当粮食吃,是一种物美价廉、营养丰富的滋补品。

新鲜板栗的碳水化合物(糖类)含量达到了40%,是马铃薯的两倍还多。栗子中维生素B_1、维生素B_2的含量也极为丰富。100克栗子里含有24毫克维生素C,这是粮食所不能比的。新鲜的板栗维生素C的含量比西红柿还要多,是苹果的10多倍。此外,栗子所含的矿物质也比较全面,有镁、钾、锰、锌等,特别是钾的含量比较高。

不过需要注意的是,栗子碳水化合物(糖类)含量较高,因此在吃栗子进补的时候,一次不能吃太多,尤其是糖尿病患者,以免影响血糖的稳定。

栗子不仅可以作为粮食食用，还有一定的药用价值。中医认为，栗子有"益气补脾、厚肠胃、补肾强筋、活血止血"的作用。不论是生栗子还是熟栗子都有治疗尿频、腰腿无力、便血、反胃等疾病的功效。栗子的壳、树皮、树根也均可入药。著名的诗人杜甫就用食用鲜栗子的方法治好了自己的脚气病。

栗树树材紧密结实，是铁路枕木、高档家具、桥梁的最佳材料。除此之外，栗树的花蜜很多，是一种很好的蜜源植物。

延寿佳品——枸杞子

要想眼睛亮，常喝枸杞汤

枸杞子又称"红耳坠""枸棘""却老子"等，为茄科小灌木枸杞的成熟子实。它既可作为坚果食用，又是一味功效卓著的传统中药材，自古以来就是滋补的上品。俗语说："要想眼睛亮，常喝枸杞汤"。由此可以看出枸杞可以明目，所以老百姓称其为"明眼草子"。

延长青春的佳品

由于枸杞子具有可以提高皮肤吸收养分的能力，还能起到美白的效果，因此，人们常用枸杞来美容。

枸杞子含有丰富的维生素C、胡萝卜素、维生素B族、维生素E、亚油酸、多种氨基酸、甜菜碱、钾、铁、钙、锌、磷、硒等多种美颜润肤成分。现代医学研究发现，枸杞子能增强机体抵抗力，增强机体免疫功能，促进细胞新生，降低血中胆固醇含量，抗动脉硬化，改善皮肤弹性，延缓皮肤皱纹，抗脏器及皮肤衰老等。常服枸杞子，能使人须发黑亮，面色红润，美肤益颜，延缓衰老及提高性功能。

因此，枸杞子是延长青春的佳品。

民间圣果——桑葚

中国人信用桑葚的历史悠久，考古发现，中国人在距今 5000~6000 年前的新石器时代就已经种桑养蚕了。3000 多年前的甲骨文中多次提到了祭祀蚕神，人们开始用桑叶养蚕时就已经开始信用桑葚了。

桑葚被当作美好之物多次出现在先秦的典籍里，甚至认为吃了桑葚，人会变得善良。在《诗经·鲁颂·泮水》中写道："翩彼飞鸮，集于泮林，食我桑黮，怀我好音。"在古代飞鸮指的是猫头鹰，人们认为它的叫声是不吉祥的象征。《诗经·鲁颂·泮水》中诗句的意思是：猫头鹰吃了桑葚以后，声音变得柔和了，好听多了。后来人们就以"食葚"来比喻人感于恩隋而变得善良。

同在《诗经·国风·卫风·氓》中，桑葚却有另一种含义。这首诗歌的大体意思是：女子与男子成了婚，成婚之前男子对女子信誓旦旦，甜言蜜语，结婚以后，男子背叛了誓言，对女子非常粗暴，女子痛心不已。女子说道："桑之未落，其叶沃若。于嗟鸠兮，无食桑葚。于嗟女兮，无与士耽。士之耽兮，犹可说也；女之耽兮，不可说也。"这段话的意思是：桑树还没落叶的时候，它的叶子新鲜润泽。唉，斑鸠啊，不要贪吃桑葚！唉，姑娘啊，不要沉溺于男子的爱情中。男子沉溺在爱情里，还可以脱身。姑娘沉溺在爱情里，就无法摆脱了。

美丽的江南有采菱女、采莲女，也有采桑女。她们带着剪刀，为蚕宝宝准备粮食，为小孩子摘取美味的桑葚。她们拥有鸟儿般的动听歌声，她们那优雅的身姿更让人迷恋！

民间圣果

桑葚又叫"桑实""桑果""桑枣"等。在 2000 多年以前，桑葚就是宫廷御用的补品。由于桑树生长环境特殊,使得桑葚具有天然生长、无污染的特点,所以桑葚被称为"民间圣果"。

桑葚酸甜可口,快要成熟的桑葚,样子非常好看,红润诱人,但是吃起来很酸。真正成熟的桑葚,紫中透黑,黑中透亮。采摘成熟的桑葚,一定要小心,要掐住根蒂,不能碰其他部分,因为只要你一用力,它就会破碎,里面的汁液顿时会让你的手变成紫红色。

健康红绿灯

桑葚中含有很多胰蛋白酶抑制物,会影响人体对钙、铁、锌等物质的吸收,因此,儿童最好少吃桑葚。成人也不能过食,因为它还含有溶血性过敏物质及透明质酸,过量食用容易导致溶血性肠炎。

果中钻石——樱桃

樱花

早春,在其他花儿还在酝酿花蕾的时候,樱桃花已经开放了,一簇簇、一团团,开得红红火火,煞是好看!

看到早春的樱花,李白对妻子的思念涌上心头,随即写下了《久别离》:"别来几春未还家,玉窗五见樱桃花。况有锦字书,开缄使人嗟。至此肠断彼心绝。云鬟绿鬓罢梳结,愁如回飙乱白雪。去年寄书报阳台,今年寄书重相催。东风兮东风,为我吹行云使西来。待来竟不来,落花寂寂委青苔。"李白在外游荡,家中的樱花已经开了五次了,他还没有回来过,虽然给妻子写了信,但是妻子看完信后更加忧伤,忧思的心肠都快要断了。李白想象到,妻子梳好云鬟后守在窗前,心中愁绪就像雪花在空中飘舞,说好去年就回家团聚的,到现在都没来得及

樱桃

回去,那情景就如同静静的落花加上幽幽的青苔,真让人难受!

写完这首诗后,李白推掉了手中所有的事情,立刻回家与妻子团聚。

春果第一枝

樱桃花美果也美,成熟的时候,果实的光辉竟盖过绿叶,近看或星星点点,或串串簇簇,颗粒玲珑如珍珠,色泽鲜红似玛瑙,真是让人垂涎三尺,吃一颗酸甜宜人,让人恨不得一把一把地吃掉。

因为樱桃是最先成熟的水果之一,因此有"春果第一枝"的美誉。樱桃味道鲜美,受到人们的喜爱。富含大量的维生素C,常用樱桃汁涂抹面部,会让皮肤红润嫩白,祛皱祛斑,是女性的美容佳品。

樱桃的名字是由"莺桃"转化而来的,那又为什么叫"莺桃"呢?这是因为莺鸟喜欢吃。《说文解字》上记载:"莺桃,莺鸟所含食,故又名含桃。"

樱桃在我国栽培历史悠久,在河南新郑市裴李岗新石器时代的遗址中,就曾发现人们吃剩的樱桃核。古代人把樱桃叫作"含桃",据《礼记·月令篇》记载:"羞似含桃,先荐寝庙",这说明在周代,人们已经开始用樱桃作为祭祀宗庙的果品了。

水果中的钻石

樱桃被誉为"水果中的钻石",因为它具有非凡的营养价值,对关节炎、痛风等疾病有着特殊的食疗效果,是一种好吃且无副作用的天然药物。中医古著《名医别录》中有记载:"吃樱桃,令人好颜色,美志。"樱桃中含有丰富的维生素A、B、C及蛋白质,还有磷、钾、铁等矿物质以及多种生物素,高纤维,低热量。樱桃的含铁量比苹果高20~30倍,位居水果之首,经常食用能促进血红蛋白再生,养血补血,使人面色红润。维生素A的含量比葡萄高40倍,特别是维生素C的含量高得超乎人的想象,是一种既好吃又好看、养颜又养生的水果。

据最新研究发现,樱桃除了含有丰富的维生素外,还含有花青素、红色素、花色素等多种生物素,这些生物素的药用价值很高。一来它们是很好的抗氧化剂,比维生素E的抗衰老效果更显著。二来它们可以促进血液循环,有助于尿酸的排泄,能缓解因关节炎、痛风所引起的不适,其止痛效果比阿司匹林还要好。关节炎、痛风病人最好每天吃20颗樱桃。

晶莹剔透——葡萄

葡萄古称"蒲陶",是落叶藤本植物,是世界上最古老的植物之一。茎蔓长10~20米,花为黄绿色,较小。果实因为品种不同,颜色各异,有青、红、白、紫、黑等颜色。果实在8~10月成熟。

据记载,小亚细亚里海和黑海之间及其南岸地区最早开始栽培葡萄。大约在7000年以前,南高加索、叙利亚、中亚细亚、伊拉克等地区也开始栽培葡萄。

汉代张骞出使西域时,由中亚经丝绸之路把葡萄引进我国,故我国栽种葡萄已有2000多年的历史。葡萄名列世界四大水果之首,历来被视为珍果。我国长江以北地区均有栽培,尤其是新疆的葡萄,味甘品优,闻名遐迩。

葡萄果实晶莹剔透，玲珑可爱，累累成穗，令人垂涎欲滴，是人们喜爱的水果之一。

葡萄除了味美，还有很高的营养价值。每100克葡萄含水分87.9克、碳水化合物8.2克、粗纤维2.6克、脂肪0.6克、蛋白质0.4克、铁0.8毫克、磷7.0毫克、钙4.0毫克，并含有烟酸、维生素P、维生素B_1、维生素B_2、维生素C、胡萝卜素等，此外，还含有人体所需的十多种氨基酸及多量果酸。因此，常食葡萄，对过度疲劳和神经衰弱均有补益作用。

葡萄除供鲜食外，还可制作葡萄干、葡萄汁、葡萄酒和罐头等。也可成为羹、粥、茶、菜肴等食谱的原料。

新疆葡萄干

新疆葡萄干是精选吐鲁番无核葡萄，经纯天然风干而成的。色泽纯正，风味独特。营养丰富，含有天然果糖、纤维素、维生素、蛋白质以及钾、铁、磷、钙、镁等营养成分。此外，葡萄干中还含有一种特殊的抗癌物质，是一种多用途的纯天然健康食品。

以吐鲁番自然风干的无核葡萄干、脱脂奶粉、酸奶粉等为主要原料，经科学配方而制成酸奶葡萄干，香味适中、酸甜爽口。其外观乳白光亮，是一种低脂肪、高营养、老幼皆宜的开胃保健营养品。

用吐鲁番地区特产的葡萄干，加入优质可可脂、可可粉、脱脂奶粉等上等原料制成的巧克力葡萄干，色香味美，既有葡萄干甜细柔软的果香，又具巧克力香甜爽口的香味，味道适中。

葡萄对癌症的神奇功效

葡萄对癌肿有神奇的疗效。美国一名住在加利福尼亚的中年妇女，处在大肠癌和胃癌病痛折磨的死亡线上，每天呕吐不止，已经没有办法治疗了。医生建议摄入少量的葡萄。结果奇迹出现了，在24小时内妇女停止呕吐，激烈僵直的状态缓和了。而后,把毛巾用掺水的葡萄汁溶液浸过后,敷在妇女肿大的腿部,使毛孔张开,1~2天腿肿也消除了。

学者认为,癌症是由血液污染引起的,只要血液洁净,任何疾病都不会发展为癌症。葡萄之所以能对抗癌症,是因为葡萄能净化血液,并把血液污染物转移到排泄器官上,通过轻微腹泻排出体外,从而起到净化血液的作用。

肝炎患者的食疗佳果

葡萄中含有天然聚合苯酚,能与病毒或细菌中的蛋白质化合,使其失去传染疾病的能力。葡萄中,钠含量低,富含钾盐,有利尿作用。它含丰富的葡萄糖及多种维生素,对保护肝脏、改善食欲、减轻下肢浮肿和腹水的效果明显,还能提高血浆白蛋白,降低转氨酶。葡萄中的氨基酸、有机酸、葡萄糖、维生素的含量很丰富,对大脑神经有兴奋和补益作用,对肝炎患者缓解疲劳有一定效果。多数肝炎患者食欲差,葡萄含大量果酸能帮助消化,增强食欲。

三国时期,曹丕曾这样赞美葡萄:"甘而不黏,脆而不酸,冷而不寒。味长多汁,除烦解渴……"葡萄中的单糖不仅可以促进消化,还有保肝的功效,是肝炎患者的食疗佳果。

滋补佳品葡萄干

葡萄经阴凉风干,制成葡萄干,由于除去了水分,葡萄干中铁质和糖的含量相对增加,是妇女、儿童及体弱贫血者的滋补佳品;蛋白质的成分中谷氨酸的含量也相对提高了,谷氨酸是重要的健脑成分;再就是具有较强的促进食欲作用的有机酸的含量也相对提高了。

葡萄干为营养食品,有益气、健胃、滋养功能,适于虚弱体质者食用,能开胃增进食欲,并有止呕、补虚、镇痛的功效。

喝葡萄酒延缓衰老

金属在大自然中会逐渐"氧化"。人体和金属一样,也会被"氧化"。金属氧化是铜生铜绿,铁生黄锈。那人体"氧化"会怎样呢?不用着急,我们先找出罪魁祸首,然后就知道会怎样了。

人体氧化的罪魁祸首是一种细胞核外含不成对电子的活性基因,它就是氧自由基。这种不成对的电子很易引起化学反应,损害脱氧核糖核酸、脂质和蛋白质等重要生物分子,进而影响细胞膜转运过程,使各器官、组织的功能受损,促使机体老化。知道了罪魁祸首,也知道了它对人体的影响,接下来要做的就是如何减少和改变这种影响了。

红葡萄酒中含有较多的抗氧化剂,如鞣酸、酚化物、维生素C、维生素E、黄酮类物质、微量元素锰、锌、硒等,能消除或对抗氧自由基,所以,具有抗老防病的作用。据统计表明,在葡萄酒盛产区域生活的人们,由于经常饮用葡萄酒,所以平均寿命比较长。

吃葡萄而吐籽

法国波尔多大学的一位博士研究发现,葡萄籽中含有丰富的抗衰老、抗氧化的物质,它的功效比维生素E、维生素C高数十倍。而且葡萄籽进入人体后,很容易被吸收,在人体内有85%的生物利用性。对延缓皮肤衰老、增强人体免疫力的效果甚佳。

众所周知,葡萄肉鲜嫩味美、营养丰富,属水果之佳品。然而它的籽、皮连同叶、梗同样有益健康,不要轻易丢弃。在法国有这样一种说法:葡萄是大自然为人们的健康和美丽献上的一份厚礼。

在法国药房里,人们能够买到干燥后的红葡萄叶。这并不是什么特殊的葡萄叶,就是秋天由绿变红的葡萄叶。红葡萄叶对治疗痔疮、毛细血管脆弱、静脉曲张、腿部肿胀有很好的疗效。由于红葡萄叶中含有抗自由基的成分,既能补充维生素P,又能清理血管壁上的油脂。把买来的干红葡萄叶磨成粉状,吃饭时记得吃就行了,非常简单。

葡萄的选购

购买葡萄时，首先要认准品种，除此之外，还要保证果实达到该品种的成熟色泽，没有青粒，没有裂果，果实、果梗新鲜。用手提着果梗轻轻抖动，很少果粒掉落，皮色光亮无斑痕，果粉完整，说明果实比较新鲜。反之，果梗黑枯，抖动果穗，大多数果粒掉落，果皮萎暗或有褐斑，果粉残缺，说明果实已经不新鲜了，最好不要买。

健康红绿灯

吃完葡萄后，不要立即喝水，否则会引起腹泻。吃葡萄时，最好连皮一起吃，因为葡萄皮含有很多的营养素。葡萄汁的功能和葡萄皮相比，差之千里。因此，要记住一句非常有道理的话："吃葡萄不吐葡萄皮"。

由于葡萄的含糖量很高，所以糖尿病人应特别注意，不要吃葡萄。吃完葡萄后，不要马上吃水产品，最少要隔4小时再吃，因为葡萄中含有鞣酸，它会与水产品中的钙质形成难以吸收的物质，影响身体健康。

木瓜

木瓜花在春夏之交开放，花有红、白两色，色香兼备，美丽如海棠。古代的官宦人家喜欢把它栽于庭院，为庭院增添几分高贵和优雅。

木瓜果在秋天成熟，呈椭圆形，成熟以后果皮淡黄，泛着一些青色。它的味道酸甜宜人，香气非常浓郁。

木瓜在中国已有近3000年的种植历史，并且历来被人们所珍爱，《诗经·卫风》有："投我以木瓜，报之以琼琚。匪报也，永以为好也！"

人们喜爱木瓜的其中一个原因就是木瓜气味芳香，放在室内，幽香不断，让人心平气和、头脑清醒、愉悦舒坦。南宋诗人陆游曾这样赞叹木瓜的芳香："宣城绣瓜有奇香,偶得并蒂置枕傍。六根互用亦何常,我以鼻嗅代舌尝。"宣城的木瓜香味比较独特,后来被引入其他地方种植,因此人们也称木瓜为"宣木瓜",宣木瓜还曾被列为皇家贡品。

在《红楼梦》中,姑娘们的房间里就常放木瓜,在第六十七回中,紫鹃对宝玉说:"姑娘让把鼎放在桌上,说要点香,我们姑娘素日屋内除摆新鲜木瓜之类,又不大喜熏衣服。就是点香,也当点在常坐卧的地方儿。难道是老婆子们把屋子熏臭了,要拿香熏熏不成?究竟连我也不知为什么。二爷自瞧瞧去。"

木瓜除了闻香以外,还是重要的药材。它主治肢体酸重、风湿痹痛、脚气水肿。古人称它为"一切腿痛转筋的要药"。

丰胸良药——番木瓜

现在,很多人都把木瓜和南方种植的番木瓜混淆了,番木瓜来自美洲,在中国种植的时间很短,只有200多年,由于它样子像木瓜,因此被称为"番木瓜"。番木瓜成熟时为橙黄色,味道香甜。而木瓜味道酸甜,质坚实,吃起来有木渣感,因此被称为"木瓜"。木瓜和番木瓜是两种完全不同的植物。

木瓜现在多作药用,而作为水果食用的实际是番木瓜,又名"番瓜""乳瓜"。果皮光滑美观,果肉厚实细致、汁水丰富、香气浓郁、营养丰富、甜美可口,有"水果之皇""百益水果""万寿瓜"之雅称,是岭南四大名果之一。番木瓜富含17种以上氨基酸及铁、钙等,还含有番木瓜碱、木瓜蛋白酶等。其维生素C的含量非常高,是苹果的48倍,半个中等大小的番木瓜足供成人一整天所需的维生素C。在中国,番木瓜素有"万寿果"之称,顾名思义,多吃可延年益寿。

第一丰胸良药

番木瓜有乌发、护肤美容的功效，常食用可使皮肤柔嫩、光洁、细腻、面色红润、皱纹减少。自古以来番木瓜就是"第一丰胸良药"，番木瓜中含有丰富的木瓜蛋白酶，对乳腺发育非常有益，从而达到丰胸的目的。木瓜蛋白酶，它不仅可以分解糖类、蛋白质，还能分解脂肪，缩小肥大细胞，促进新陈代谢，把体内多余的脂肪排出体外，去除赘肉，从而达到减肥的目的。另外，番木瓜还可以坚固指甲。

喜庆水果——石榴

老北京有三样很普遍的东西，那就是花盆、鱼缸和石榴树，由此可见北京居民对石榴树的喜爱。石榴属于安石榴科，原产西域，汉代时传入中国。主要品种有粉皮石榴、玛瑙石榴、青皮石榴等。

每年的农历五月，石榴花开放，在绿叶的衬托下，显得更加红艳。唐代的韩愈曾经这样描写石榴花："五月榴花照眼明"。白居易也曾感叹像芍药、芙蓉这样美丽的花，在石榴花面前都逊色了，由此可以看出人们对石榴花的喜爱。

石榴花如此美丽，也受到了女人们的喜爱。唐代的时候，女人们都在石榴花开放的时节，将它戴在头上，显得更加美丽。

在古代，石榴花汁还被用来做颜料，用来染衣物或是做胭脂。唐代妇女都喜欢穿红裙子，因形状像石榴花，又用石榴花汁染成，因此被称为"石榴裙"。红裙舞动起来，像飘逸的火焰，烧得人心情澎湃，男人怎能不为之心动？

杨玉环在宴会上特别喜欢穿裙子，娇艳的罗裙加上粉红色的脸，让她更加妩媚动人，唐明皇特别喜欢此时的她，京剧《贵妃醉酒》讲的就是这一情节。

在一次宴会上，唐明皇让杨玉环弹曲助兴，杨玉环弹到最精彩的时候，琴弦突然断了。唐明皇赶忙问其原因,杨玉环说,这是因为听曲的人,对她不恭敬,不施礼,司曲之神替她鸣不平,所以才断弦。于是,唐明皇下令,以后无论将相大臣,见到贵妃都要行礼,否则杀无赦。席间,大臣们都诚惶诚恐地跪拜在杨玉环跟前,回去以后,大臣们私底下都以"拜倒在石榴裙下"解嘲。传到民间以后,就成了男人为女人倾倒的俗语。

喜庆水果

石榴成熟以后,皮为鲜红色或粉红色,常分裂开,露出晶莹剔透如宝石般的籽粒,宛如颗颗玛瑙一般,特别惹人喜爱。味道酸甜多汁,令人回味无穷。

古人在石榴歌中唱到:"萧娘初嫁嗜甘酸,嚼破水晶千万粒。"出嫁的女子非常喜欢吃酸甜的石榴,吃石榴就像咬破粒粒晶冰,形容得既贴切又美妙!

由于石榴色彩鲜艳,籽多饱满,常作为喜庆水果,象征着多子多福、人丁兴旺。我国民间有以石榴图案祝子孙繁盛的习俗。比如人们常用"连着枝叶、切开一个角、露出粒粒石榴籽"的图案,称为"榴开百子",是新婚时床单、枕头上的常见图案。

石榴能醒酒

晋朝潘岳在《石榴赋》中就说它"御饥疗渴,解醒止醉"。石榴有醒酒的功效,古人常在酒宴过后,用石榴款待客人。

石榴还有很高的药用价值,花、果皮、根都可入药,花可以缓解腹泻;果皮可以预防便血、腹泻、腹痛;根有驱虫的功效。

姻缘不断的象征——石榴

在古代神话中,珀尔赛福涅是农神德墨特尔的女儿,后来被冥王哈德斯掳去当冥后。失去爱女的农神,非常悲痛,不再赐给人间谷物收成,人类濒于绝灭。于是主神宙斯下令让冥王将珀尔赛福涅还给她的母亲。冥王害怕从此以后再也见不到珀尔赛福涅,就强迫她吃下了四粒象征姻缘不断的石榴籽,并且必须在冥界住四个月,这四个月就是人间的冬季。

珀尔赛福涅回到母亲的身边,大地便重新结出了果实。于是便有了一年四季,一年的枯荣。

椰子

在许多描绘热带风景的画卷里,经常能看到高耸挺拔、果实累累的椰子树。椰子被誉为"热带植物之王",它代表了一种热带风情。

椰子树与大海结下了不解之缘,世界上绝大多数椰子都生长在沿海岛屿或海岸。这是因为椰子有很轻的不透水的外壳,中间充满空气和纤维组织,因此非常容易漂浮,它就像一位"航海家",漂至热带海岸或沿海岛屿,然后开始繁衍生长。

椰子树起源于亚洲热带地区,考古学家在新西兰发现了距今100万年的椰子化石。大约在公元前2000年,新加坡、马来西亚以及太平洋的海岛上已经遍布茂密的椰子树林,人们依靠椰子作粮食并作其他用途。以后椰子传到印度以及非洲的埃塞俄比亚、肯尼亚,亚洲的菲律宾、泰国等地。

在海南岛你可以看到各种各样的椰子树。砂糖椰子汁非常甜,可以用来熬制砂糖和甜酒。油椰子果实含油量非常高,达到60%左右,是世界闻名的木本油料植物。象牙椰子可以用来磨制光亮的戒指、纽扣以及各种装饰品。西谷椰子含有大量的淀粉,每棵树一年可产100多千克淀粉,是主要的粮食来源。大王椰子树的形状像一个花瓶,非常好看,是南国著名的观赏树种。除此之外,还有笔椰子、水椰子、孔雀椰子、猩猩椰子等,数不胜数。

生命树

椰子又名"越子头""胥余""椰栗""胥椰"等,是棕榈科植物椰子树的果实。

　　椰子的用途非常广泛,素有"宝树""生命树"之称。椰子的果实越成熟,所含的脂肪和蛋白质就越多,其他南方水果无法与之比拟。椰子汁清如水,甜如蜜,是夏季清凉解渴的上好饮料,在鲜椰子上打一个洞,然后再插一根吸管,就可以尽情畅饮了。椰子肉芳香滑脆,类似核桃仁的味道,也可以用它加工成蜜饯、椰茸、椰丝食用。

　　椰子油无色透明,是营养价值非常高的植物油,在造纸、化学、纺织、制革等行业也有广泛的用途。椰子壳可以制成茶杯、茶壶、碗等工艺品。椰果外皮的椰棕,弹性很大,拉力强,可以制成刷子、绳索。椰子树干是很好的建筑材料。我国海南省是椰子的主要产地,云南西南部、广东湛江、台湾南部也有种植。在海南岛,椰林绵延数百千米,充满南国风隋,是旅游的好去处。

榴莲

　　榴莲盛产于东南亚,是一种四季常绿乔木,树高可达25米左右,枝叶茂盛,树冠像一把遮天避阳的大伞,叶子呈椭圆形,叶面比较油光,叶背长有鳞片,开很大的白花。果实大小如足球,果皮坚硬结实,密生三角形刺,果实成熟时为椭圆形或球形,一般不会裂开,不过也会有少数裂开的。它成熟时人在树下要特别小心,因为它的果实掉下来会扎伤人。

　　在东南亚,人们特别喜爱榴莲。特别是泰国人,它们常常被榴莲独特的"香味"所吸引。泰国流行"典纱笼,买榴莲,榴莲红,衣箱空",意思就是把衣箱里的衣服卖了也要吃榴莲,还有"当了老婆吃榴莲"的谚语,这些充分体现了泰国人民对榴莲的喜爱。

为什么叫它榴莲

　　传说明代时郑和下西洋,船员中有些人非常思念家乡。到了马来群岛,郑和就劝它们多吃榴莲,这些人吃的时间久了,就上了瘾,因此有了乐不思蜀的感觉,慢慢地就不那么思念家乡了,后来人们为这种果子取名为"榴莲",意思是让人"流连忘返"。

榴莲的味道

现代小说家郁达夫曾写下一部《南洋游记》,里面写道:"榴莲有如臭乳酪与洋葱混合的臭气,又有类似松节油的香味,真是又臭又香又好吃。"

大家会觉得奇怪,"又臭又香又好吃"是什么意思?榴莲的味道颇具争议,有人赞美它"滑似奶膏,齿颊留香",让人垂涎欲滴;不喜欢的人讨厌它的味道,说它臭如猫屎,唯恐避之不及。真是泾渭分明,如此极端的评价,让榴莲多了些许神秘。由于它的味道奇特,所以飞机上不准许旅客携带它。

其实,榴莲从树上自然脱落者为佳,不过也要在三天内吃完。泰国有好的榴莲品种,它的果肉不发黏,气味很少,吃起来比较甜,并且没有种子。这也许会为厌恶榴莲味道的人提供一个品尝的机会。榴莲的价格在水果中算是比较贵的了,因此被人们称为"富人的食物"。

一只榴莲三只鸡

榴莲的营养非常丰富,果肉中含13%的糖分、11%的淀粉、3%的蛋白质,还含有多种维生素等。民间有谚语:"一只榴莲三只鸡",人生病后、产后常用它来补身子。但它也不是适宜每个人,感冒的时候就要少吃,高血压、糖尿病患者不宜食用。

榴莲的果肉除了鲜食以外,还可以制成果糕、果酱,或油煎、或糖渍、或发酵,都别具风味。它又可作药用,主治心腹冷气和暴痢。榴莲的种子有鸟蛋那么大,煮熟了吃像芋头,也可以炒着吃。

吃多了会上火

榴莲虽然好吃,但一次也不能吃太多,吃多了会上火。像其他热带水果一样,榴莲自身具有对立的功效。果肉内含火气,过量食用,会流鼻血,但是,榴莲壳煎淡盐水服用,可以降火解滞。

如果吃多了榴莲,可以吃几个山竹,山竹能够清热去火。

梨

世界上哪个国家最早种植梨树?答案是中国。早在公元前1000多年,我国就已经把野生梨树驯化为栽培梨树了,公元630年,唐代的玄奘就记述了梨

梨树

从我国传入印度的情景。在1972年湖南长沙马王堆发掘出的古汉墓中,发现了保存完好的距今2100多年的梨核,这是西汉时期长江各地栽培梨树的见证。

梨是蔷薇科落叶乔木或灌木,在果树栽培中,分为中国梨和西洋梨两大类。中国梨的栽培品种很多,分为白梨、沙梨、秋子梨三个系统。西洋梨原产欧洲东南部、中部以至中亚细亚等地。

我国的梨资源非常丰富,北方的鸭梨,有着金黄色的果皮,肉质细嫩,贮藏后香气诱人。山东的莱阳梨,果皮呈黄绿色,味甜多汁,以前是进贡佳品。安徽的砀山酥梨,果实个头大,味道浓香,闻名全国。北京的京白梨,果实为扁圆形,

皮薄肉厚,小巧玲珑。

内热病人的最爱

古时候,梨被称为"宗果",就是"百果之宗"的意思。因为梨汁多、味道甜,又被称为"玉乳""蜜父"。

梨富含营养物质,汁多味甜,自古以来就是广大群众喜爱的水果。据测定,梨含有85%左右的水分、6%~9.7%的果糖、1%~3.7%的葡萄糖、0.4%~2.6%的蔗糖。

我们平时吃梨的时候大多是鲜吃,但是在我国兰州,人们却把它们煮熟了吃,称为"热冬果"。在兰州的街头,常常能听到"热冬果"的叫卖声,买一碗熟梨加热汤,喝完以后顿时感觉浑身暖和,寒气全消。梨也可以加工成果汁、果酱和罐头,既别具风味,又能长时间储存。

此外,梨还可以作药用,有润肺止咳、润喉生津、滋养肠胃等功效,最适宜冬春季节发热和有内热的人食用。《本草纲目》中记载,有一个人患了一种热病,当时的名医都没有办法,他只能等待死亡的到来。一天,患者听说有一个道士医术高超,便向他求医。道士说:"不用担心,你只要每天吃一个梨,病就会好。"一年以后,那个人的热病果然痊愈了。

此外,梨还有清热镇静、降低血压的作用。高血压病人,如果有心悸耳鸣、头晕目眩的症状,经常吃梨就会减轻。但是凡事都有个度,梨性寒,不能多食。特别是脾胃虚寒、消化不良的人,更要少吃。

岭南佳果——荔枝

有这样一个谜语,说是"红布包白布,白布包猪糕,猪糕包红枣",打一水果。你知道是什么水果吗?谜底就是荔枝,它是我国南方出产的珍贵水果。宋代诗人苏东坡曾写下"日啖荔枝三百颗,不辞长作岭南人"的名句,表达了人们对荔枝的喜爱。

荔枝树高20米左右,花的颜色为绿白和淡黄色,有芳香。果实心形、卵形或近圆形,成熟以后果皮多为红色,有平滑或隆起的龟裂片。食用部分为假种皮形成的半透明果肉。种子呈棕褐色,椭圆形。

据说在公元前116年,汉武帝从现在的广东,将很多稀奇植物的苗种带回京城,其中就有荔枝树苗,汉武帝将荔枝树苗种在御花园里,并派人日夜守护。如果荔枝苗枯萎了,就把看护人杀掉,结果杀了十几个人,还是没种活荔枝。后来好多大臣都上奏皇上,说荔枝受区域气候条件的限制,无法在长江以北栽种成功,汉武帝才放弃了在京城栽种荔枝的念头。

但我国南方热带与亚热带地区,非常适合荔枝生长。尤其是广东省,是我国荔枝栽培面积最大、产量最高的地区。

两千多年来,我国劳动人民用自己的智慧和勤劳培育出了无数优良的荔枝栽培品种。目前,主要优良品种有广州一带的妃子笑、糯米糍、白糖罂、大晶球、状元红、白蜡、大造、黑叶、香荔等几十个栽培品种。

我国广东的"增城挂绿"被誉为荔枝的极品,增城位于广州市郊,具备"天时、地利、人和"的优越条件,增城西园的千年挂绿古荔闻名中外,据说挂绿名字的由来,还有一段美丽的传说。说唐代有个何仙姑,一天晚上她从天上来到人间,游遍了名山大川,当她来到增城西园的时候,被荔枝园果实累累的景色迷住了,不禁发出声声赞美,于是就坐在荔枝树下绣起花来,在这美丽的景色里,何仙姑忘记了时间,不知不觉天已将近拂晓,她便匆匆离开了,留下一丝绿线挂在了树枝上,说也奇怪,从此这棵树结的果子就都有了绿色的丝痕,故名"挂绿"。挂绿荔枝,果蒂旁一边突起稍高的被称为"龙头",一边突起稍低的被称为"凤尾"。果实成熟的时候,红绿相间,一条绿线直贯到底。

新鲜的荔枝,色、香、味俱佳,受到人们的喜爱。但是荔枝成熟后正值炎热的夏季,气温高,空气湿度大,因此荔枝极易腐烂,很难保存。所谓"一日色变,二日香变,三日味变,四五日外,色香味尽去矣"。

岭南佳果

荔枝是我国岭南佳果,驰名中外,有"果王"之称。荔枝果实营养非常丰富,含有大量的葡萄糖、蔗糖、维生素 B_1 和维生素 B_2、铁、磷等,有补血养颜的功效。荔枝果肉中含有钾、美、铁、锌、钠等人体必不可少的微量元素。

病后身体比较虚弱的人,每天吃鲜果 60~150 克,半个月左右,可增加体力,荔枝对胃寒、贫血和口臭患者也有很好的作用。

荔枝性偏温热,不可一口气吃很多,尤其是小孩、老人和糖尿病患者们更应该少吃,吃多了会出现低血糖为主的"荔枝病",严重的还会出现抽搐、昏迷等症状,这时候要立即送入医院。

"罐头之王"菠萝

菠萝是凤梨科凤梨属多年生草本植物,矮生,高 0.5~1 米,无主根,具纤维质须根系。叶子呈剑状,有的品种叶子边缘有刺,有的品种则无刺。每株只在中心结一个果实,果实为椭圆形,和木瓜差不多大小。表皮长有很多黑色的菠萝钉,坚硬棘手,食用前必须把皮削掉。菠萝还有一个特点是果实的顶端有芽状体的冠芽,当冠芽长到一定的长度可以摘下来栽种,用来繁殖新株。

印第安人在长期驯化和栽培菠萝的过程中,进一步发展了菠萝的栽培技术和品种选育。在印第安人心目中,菠萝占有重要的地位,在古印第安人部族的宗教仪式上,祭祀菠萝女神的仪式十分隆重。穿戴美丽的菠萝女神,左手握着色彩艳丽,装饰有五片白色羽毛的盾牌,右手拿着绿色的菠萝叶片。人们穿着新衣,载歌载舞、敲锣打鼓地感谢大自然赐给他们丰富的果品和粮食。他们还把菠萝画挂在墙壁上,绣在纺织品上,刻在陶瓷上。

公元1505年,葡萄牙的一位航海家把菠萝带到了欧洲,引起了巨大轰动,从此,菠萝被视为奇珍异宝,并出现在贵族的宴会上。1512年,一位法国大使送给英国国王查理二世一个菠萝,查理二世为此举行了一个别开生面的盛大菠萝宴会。在富丽堂皇的宫殿里,桌子上摆满了美味佳肴。一个金灿灿的菠萝摆放在一个洁白的瓷盘里,放在查理二世面前。宴会开始了,国王端着菠萝环绕大厅,让贵宾一一品尝,宫殿里的其他水果顿时黯然失色。

18世纪末到19世纪初,古巴最著名的诗人曼努埃尔在他的《菠萝颂》中,把菠萝描绘成来自希腊神话中以宙斯为首的众神居住地的神果,是罗马神话中家室之神的水果袋中最上乘的仙品。

在18世纪末,古巴首都哈瓦那已经成为著名的殖民城市,各种建筑物拔地而起,更吸引人的是许多建筑物的门上以及室内屏风、地板、家具、窗幔、酒杯上都装饰有菠萝的图案。

在希腊神话中,丰饶角象征着丰足,里面装的是葡萄和苹果,一位有名的雕塑家在雕塑哈瓦那塑像时,居然在丰饶角中装上了菠萝,还放在了显著的位置。后来,菠萝还成了古巴的国果。

罐头之王

在春夏交替时,水果摊上都摆着菠萝,切开它就可以看到黄嫩嫩的果肉,非常诱人。轻轻咬一口,汁水慢慢流到心里,舌头上、嘴唇上沾满甜甜的汁水,越吃越想吃。

菠萝除了色、味俱佳外,营养也非常丰富,果肉中含有大量的蔗糖、还原糖、粗纤维、蛋白质、有机酸以及人体所必需的维生素C、硫氨酸、胡萝卜素等。

菠萝能防止皮肤干裂,能有效滋润皮肤和头发,还可以消除身体的紧张感并增强机体的免疫力。经常饮用新鲜的菠萝汁能降低老年斑的产生率,还有解渴、提高免疫力、保护肠道的功效。

菠萝除了可以鲜食,还可以做糖果、蜜饯、清凉饮料,还可以制成菠萝酒、菠萝色拉、菠萝醋和酒精、乳酸、柠檬酸,以及加工成罐头,菠萝还有"罐头之王"的美称。

吃菠萝前,先用盐水泡一下

菠萝的果肉中含有不少有机酸,如柠檬酸、苹果酸等,另外还含有"菠萝酶",这种酶能够分解蛋白质,对于我们的嘴唇和口腔黏膜有刺激作用,让我们有一种涩麻刺痛的感觉。食盐能抑制菠萝酶的活力,所以,我们在吃菠萝前,最好先用盐水泡上一段时间,这样就不会刺激口腔黏膜和嘴唇了,同时也会感到菠萝更甜了。

"热带水果皇后"菠萝蜜

菠萝蜜又叫"树菠萝""木菠萝",是海南特产的一种桑科常绿乔木,在我国北方,很难看到这种树。菠萝蜜是一种茎花植物,顾名思义就是在茎上开花的植物。它为什么会在茎上开花呢?

我们知道,一般树木的树干上都有很多的叶芽和花芽,在植物的生长过程中,有些叶芽和花芽不生长,就变成了隐芽,一旦顶端受到伤害或条件有利时,隐芽就能得到生长。菠萝蜜就是一种有很多隐芽的植物,在热带高温多湿的气候条件下,菠萝蜜的花芽得到充分发展,从而有了茎花的特性。

热带水果皇后

我们在水果店里经常能看到菠萝蜜,它的形状很像菠萝,大约有30厘米长,表面有六角形的凸起物,芳香可口。

菠萝蜜在每年春天开花,果实在6~7月成熟,果实比较大,重的达20~25千克。果肉中含有脂肪、糖分、蛋白质,味道甘甜。仁核内含有淀粉,可以吃,味道像板栗。果实内藏有无数金黄色的肉包,非常柔软,香味浓郁。当地的年轻人约会前会将其放在嘴里咀嚼几下,来改变口腔异味。另外,菠萝蜜还有健体益寿的作用,有"热带水果皇后"的美称。

"人生健康的保护神"无花果

无花果又叫"密果""天生子""文仙果""奶浆果"等,是桑科落叶低矮木本植物无花果树的干燥花托。无花果树叶厚而大,而开的花很小,经常被枝叶掩盖,不仔细看很难发现,当果子悄悄露出来的时候,花早已脱落,所以人们以为它不开花就结果了,因此称它为"无花果"。

无花果总轴的内壁上生长有许多绒毛状的小花,呈淡红色,上半部是雄花,下半部是雌花。这个总花轴的顶端向下凹了进去,长成了一个肉质空心圆球,圆球顶部还有一个小孔,无花果靠虫媒传粉。

在无花果开花的季节,有一种小虫子从小孔爬进去帮助它传粉。无花果有的品种里面有寄生蜂产的卵,随着幼果花序的不断长大,卵也羽化成小的寄生蜂爬了出来,它们在花里不停地绕,身上粘了好多花粉,然后从小孔飞出来飞到另一个无花果中去,就这样,传粉便完成了,雌花就此结出种子,因此这种无花果的花被称为"虫瘿花"。

无花果的老家在西南亚的沙特阿拉伯、也门等地,大约在唐代传入中国,至今约有1300多年了'目前属我国栽培面积最小的果树种类之一。

21世纪人类健康的守护神

我们吃的无花果并不是果实,而是膨大为肉球的花托。由于种子比较小,而且柔软,在生吃的时候常感觉不出来。无花果的味道非常鲜美,酷似香蕉,肉质松软,口味甘甜,具有很高的营养价值和药用价值。日本的很多无花果产品包装上都印有"美容""健康食品"的宣传字样。

无花果最重要的药用价值表现在对癌症的抑制方面,抗癌功效也得到了世界各国的公认,被誉为"21世纪人类健康的守护神"。它含有多种抗癌物质,是研究抗癌药物的重要原料。日本科学家从无花果汁中提取补骨酯素、佛手柑内脂、苯甲醛等抗癌物质,这些物质对癌细胞能起到抑制的作用,尤其对胃癌的治疗效果更为显著。胃癌病人服用无花果提取液后,病情明显好转,镇痛效果也非常明显,无花果有望成为世界第一保健水果。

"果中皇后"草莓

说到"士多啤梨"很多人都感到陌生,不禁会问:"是不是一种梨呢?""士多啤梨"是依据"strawberry"这个词的读音翻译过来的。现在知道了吧,"士多啤梨"不是梨,而是草莓。一说草莓大家的脑海中就会闪现那个心形的水果。

草莓

草莓最早栽种于古希腊罗马时期,14世纪时开始在欧洲栽培,由野生培育为家种。后来又被移植到北美,在17世纪经过改良后的草莓传入新大陆以后,北美最早的殖民者荷兰人用北美洲草莓和欧洲草莓杂交,培育出新的草莓品种。这种草莓味道非常鲜美,受到人们的喜爱,很快就传到欧洲,成为宫廷贵族们喜爱的水果,风靡一时。

18世纪的奥匈帝国是世界上最富有的国家,而最能表现其奢华的就是甜点。它的很多甜点都配有草莓,著名的甜点"千层酥"就是用酥皮加淡奶油、蜂蜜、糖粉、草莓酱、新鲜草莓、白兰地等做成的。

马可波罗在《马可波罗游记》中记载,他在北京最爱吃的东西是冻奶,并且附上了配方,于是冻奶就在意大利的阿尔卑斯山脚下流传开了,后来,冻奶就演变成了冰激凌。在人们喜爱吃草莓以后,草莓就成了冰激凌中最重要的水果之一。"草莓圣代"从18世纪末逐渐流行起来。

在烈日炎炎、闷热无比的夏季,女孩子都特别喜欢吃草莓圣代,粉红鲜艳的草莓躺在奶油冰激凌里,散发着阵阵清香,吃上一口,凉爽中带着酸甜和奶油的浓香,是多么惬意的一件事啊!

果中皇后

草莓又叫"地莓""红莓"等,是蔷薇科草莓属植物。

草莓的茎既不直立也不爬藤,而是平卧在地上,这种茎叫作匍匐茎。有趣的是草莓还是个"多胞胎",是由同一朵花中许多雌花发育而成,很多小果长在一起形成一个果实。它的外观是心形的,鲜美红嫩,不仅颜色好看,还有其他水果没有的清香,果肉多汁,酸甜可口,是水果中难得的色、香、味俱佳者,因此,人们称其为"果中皇后"。

草莓营养非常丰富,果肉中含有大量的有机酸、蛋白质、糖类、果胶等营养物质。此外,草莓还含有丰富的维生素B以及磷、钙、钾、铁、铬、锌等人体所需的矿物质和部分微量元素。草莓的食用方法很多,可根据不同口味制成草莓粥、草莓酱、草莓蜜饯等小食品。

草莓的神奇功效

草莓富含铁质和维生素C,能够使肤色红润,非常适合皮肤干燥、脸色灰暗、缺乏光泽的人，常食用草莓还能抑制黑色素生成，防止黑斑、雀斑的形成，对粉刺、暗疮有治疗作用。

我国医学认为草莓有药用价值，其味甘、性凉，具有利咽生津、止咳清热、滋养补血、健脾和胃等功效。在西方国家，食用草莓是一种时尚，他们还把草莓当成预防癌症和心脑血管疾病的灵丹妙药，由此可见，草莓对人体健康大有益处。

走过你的草莓园

女人都喜欢吃草莓，而女人也总是和爱分不开，于是，草莓被封为"恋之果"。

"恋之果"是一个美丽而优雅的名字，一个让人思考良久的名字。草莓的外观为心形，就像一颗火热的心，红红的草莓代表了两颗永远相爱的心。草莓成熟在恋爱的季节——初夏，酸甜的草莓和酸甜的爱情蔓延开来，被誉为"恋之果"再合适不过了。正如一首诗中写道："草莓是象征爱情的水果，鲜嫩欲滴，像女人诱人的红唇，清新的香气如少女的气息。"

可是谁能想象到草莓在淡绿色的叶子下面，开着一朵美丽的小花，胆怯地望着这个偌大的世界，是何其的无助和孤独！

一直很喜欢结束了猫王时代的甲壳虫乐队，不是因为它的名气，而是因为爱上了它的一首歌——《永远的草莓园》，这首"历史上最好听的歌"表达了年轻人的孤独和惆怅，在喧闹的都市中他们觉得很迷茫。歌中唱到："星期六下午，不论在家或出门，不论在办公大楼或车库之中，别忘了站起来，走过你的草莓园。"

白色的草莓花代表纯洁，开着白花的草莓园，也许是世界上躲避繁琐和嘈杂最好的地方。

"爱情之果"芒果

芒果是常绿乔木,树高可达20余米,每年2~3月开花,花虽然小,但是数量多,每一花序都有数百朵甚至上千朵小花,分为雌、雄两种。果实5~7月成熟,果实成熟时一般是绿色的,果肉比较硬,称为"绿熟果"或"硬熟果"。但是也有果皮是红色的品种,如红象牙芒、红芒。

芒果树

采下来的果实放置一段时间后,果皮由绿色转为黄色,果肉变软,香气诱人,这时候就可以食用了。芒果兼有杏、柿、蜜桃、凤梨的滋味,尝一口回味无穷,盛夏季节吃上几个,会让人觉得清爽无比。

有趣的外形

芒果的外形很有趣,有的为圆形,有的为心形、肾形或鸡蛋形。果肉为金黄色,多汁且味道香甜,里面有一枚很大的核,核的表面有大量纤维。没有成熟的芒果含有淀粉,成熟以后淀粉转化为糖。

热带水果之王

芒果有吕宋芒、泰国芒、夏茅香芒、几内亚鹦鹉芒、仁面香芒、象牙芒等40多个品种。果实最大的要数印度红芒,一个就有1千克重。

芒果的品种不同,味道也不同。芒果除了气味芳香之外,营养价值也很高,果实含有蛋白质、粗纤维、糖,芒果中维生素A的含量非常高,是其他水果中少见的,其次为维生素C。另外,蛋白质、矿物质、糖类、脂肪等,也是其主要营养成分。

中医认为,芒果味甘、酸,性凉,有益胃止呕、生津解渴及止晕眩等功效,甚至可治胃热烦渴、呕吐不适及晕船、晕车等症状。过去,凡漂洋过海者,经常会购买许多芒果制品,以解晕船之症。芒果还能滋润皮肤,是女士们的美容佳果。由于芒果集热带水果之精华,因此老百姓把它誉为"热带水果之王"。

爱情之果

印度有一株数千岁的芒果树,人们都称它为"芒果树的祖先"。每当芒果成熟的时候,男女老少都聚集在这棵树下庆祝丰收,年轻人唱歌跳舞,老人讲述着古老的传说。

在印度古老的神话中,传说有个勇敢英俊的王子,爱上了一个美丽善良的仙女,王子和仙女过得非常幸福。可是他们的爱情遭到了山神的反对,山神于是派将士去捉拿他们。勇敢的王子打退了无数将士,却没有挡住山上滚下的巨石,仙女的脚被压住了,王子想救出仙女,却失败了。后来仙女变成了一棵芒果树,用茂密的枝叶迎接太阳,结出幸福的果实。因此芒果象征幸福和爱情,被人们称为"爱情之果"。

印度人将芒果花看做是春天的灵魂,它的五片花瓣代表爱神的箭,那箭射中一个人的心,就会让他倾心于一个人。

直到今天,印度人仍然把芒果当作一种吉祥之果,用芒果做贡品、做菜,有的人还用新鲜的芒果树叶接来清水,在日出的时候洒在神龛前面。如果婚礼中没有芒果的装饰,会被认为这对新人的婚姻不圆满,婚后生活不会幸福。

中国的芒果是从印度传入的。最早向中国人介绍芒果的是唐朝的玄奘,称它为"庵波罗果"。在公元632~645年间,一个叫文桑的中国人把芒果引种到印度以外的国家。

"果中玛瑙"杨梅

杨梅又名"朱红""龙睛",是杨梅科杨梅属常绿乔木,由于果形像水杨子,味道像梅子,故名"杨梅"。杨梅小枝比较粗壮,雌雄异株,叶为革质,穗状花序单独或数条丛生于叶腋。杨梅的果实为稍扁圆或圆形,有的品种具有缝合线,果实表面多为紫黑色或红色,也有白色品种。肉质柔软,汁多,味道酸甜。

杨梅

杨梅鲜果中含磷、钙、钾、铁、镁、钠以及葡萄糖、多种有机酸、果糖等,维生素C的含量也非常丰富。杨梅性温,味甘酸,鲜果味酸,食之可增加胃中酸度,消化食物,促进食欲,生津止渴,是夏季祛暑良品,可以预防中暑,去痧,解除烦渴。杨梅汁液丰富,酸甜可口,是我国特产水果之一,在6~7月成熟,素有"初凝一颗值千金"之称。

四、世界四大干果

核桃

核桃属于胡桃科落叶乔木干果。我国栽培核桃历史悠久,汉张骞出使西域时传入我国。

核桃

核桃的故乡是亚洲西部的伊朗,目前广泛分布在欧洲、美洲和亚洲的很多地方。核桃在很久以前就被传入我国的新疆地区,晋人张华在《博物志》中云:"张骞使西域还,乃得胡桃种。"宋人苏颂的《图经本草》中记载:"此果(胡桃)本出羌湖。汉时张骞使西域,始得种还,植之秦中,渐及东土,故名之。"西域和羌湖,都包括今天的新疆。我国内地的核桃是从新疆引种过来的,因此又称"胡桃"。

在我国，核桃产区主要有云南、陕西、山西、甘肃、河北、北京、山东、河南、四川、贵州、新疆等地也有分布，其中山西所产的核桃质量最好。

核桃刚传入内地的时候，被看作珍贵的果木，栽培在京都的名苑中。后来，才逐渐传到民间，广泛种植于长江南北、黄河两岸。唐代的《酉阳杂俎》详细地描写了核桃的形态及种植区域："胡桃树高丈许，春初生叶，长三寸，两两相对，三月开花，如栗花，穗苍黄色，结实如青桃。九月熟时，沤烂皮肉，取核内仁为果。北方多种之，以壳薄仁肥者为佳。"

正如《酉阳杂俎》所记载的，"核桃以皮薄仁肥者为佳品"。核桃有的品种皮特别薄，就像鸡蛋壳一样薄，故名"鸡蛋壳核桃"。最好的品种是"绵核桃"，它的皮非常薄，把核桃握在手心，稍微用力一捏，核桃皮就碎了。

核桃有很多吃法，可以直接取仁食用，也可以炒、糖醮、煮、烧菜等，椒盐五香核桃就是一种很有名的特色小吃，味香可口，非常好吃。

核桃的药疗效果

核桃有很高的药用价值，中医应用广泛。《神农本草经》将核桃列为久服延年益寿、轻身益气的上品。唐代《食疗本草》中记载，吃核桃仁可以开胃，还可以通润血脉，使骨肉细腻。明代李时珍的《本草纲目》中记述，核桃仁有"补气养血，润燥化痰，治虚寒喘咳，腰脚重疼，心腹疝痛"等功效。

现代医学研究认为，核桃中的磷脂，对脑神经有非常好的保健作用，能够提高记忆力。

营养专家建议，每周最好吃两三次核桃，尤其是绝经妇女和中老年人，因为核桃中所含的油酸、精氨酸、抗氧化物质等能保护心血管，对中风、冠心病、老年痴呆也有一定的预防作用。核桃仁的镇咳平喘效果显著，秋、冬季节对慢性气管炎和哮喘病患者疗效极佳。

核桃与黑芝麻、阿胶、红枣、冰糖同煮，文火熬至膏状后食用有补血补气、活血化瘀的功效，适合体虚、贫血的人食用。其中，不要小看冰糖的作用，因为其他四种食物的性质都偏温热,只有冰糖是凉性的,可以抵消一部分温热,这样吃起来就不那么容易上火了。

从以上可以看出,吃核桃既能保持身体健康,又能抗衰老。有些人经常吃补药,其实每天吃几颗核桃比吃补药还好。在食用时,有些人不喜欢吃核桃仁表面褐色的薄皮,就将它去掉,其实这样做会损失一部分营养。因此,在吃核桃仁时要将褐色、略带苦味的薄皮一同吃掉。

榛子

榛子树多为野生,属落叶灌木,高可达 2 米,大都生长在山坡的中下部及林间空地上,往往形成丛林。果实俗称"榛子",又称"山板栗""槌子""尖栗"等。采收后要脱苞,果苞脱落后果壳呈棕色。

榛子外形像栗子,外壳坚硬,果仁有香气,肥白而圆,含油脂量很大,吃起来非常香美,余味绵绵,是最受人们欢迎的坚果类食品。

榛子的果皮为什么长刺?

榛子的果实虽然好吃,但是采摘非常不方便,因为榛子的外皮长着细细的毛刺。榛子为什么要长这些讨厌的毛刺呢?这是因为榛子不想让人和动物轻易碰它,有了毛刺,人和动物就会讨厌它,不敢轻易动它,它就可以保护种子,繁殖后代了。否则人和动物都一起来吃榛子,榛子没有机会繁殖后代,就会逐渐走上灭绝的道路。

坚果之王

在世界四大坚果中,榛子被人们食用的历史最悠久,营养价值也是最高的,被誉为"坚果之王"。榛子中含有丰富的不饱和脂肪酸和蛋白质,维生素 A、维生素 B、维生素 C、维生素 E、胡萝卜素以及锌、磷、铁、钾等,这些在四大坚果中都占据优势。

榛子既可生食又能炒食，味美可口并有止咳作用。果仁可以制成榛子脂、榛子乳等高级营养补药，也可以制成精美的糕点，还可以制淀粉或榨油，出油率高达50%，油色橙黄，味香质清，为高级食用油。

别看榛子含油脂多，但都是对人体有益的，有助于降血脂、降血压、保护视力、延缓衰老。而且，榛子中的油脂有利于人体对脂溶性维生素的吸收，对病后虚弱、体弱、易饥饿的人有很好的补养作用。榛子含有天然的香气，在口中越嚼越香，是很好的开胃食品。

榛子中还含有抗癌化学成分紫杉酚，这种物质是红豆杉醇中的活跃成分，可治疗乳腺癌和卵巢癌以及其他一些癌症，可延长病人的生命周期。

杏仁

杏仁中除了含有大量的不饱和脂肪酸外，还含有较多的维生素E和维生素C，这使得它的美容效果非常显著。当然，杏仁中的钙、磷、铁等人体不可缺少的微量元素的作用也毫不逊色。在这些营养元素的共同作用下，杏仁可有效降低心脏病的发病率。

最新一项研究表明，胆固醇水平正常或稍高的人，可以吃适量的杏仁来取代膳食中的低营养密度食品，从而降低血液中胆固醇的含量，有助于保持心脏健康。

中医认为，在四大坚果中，杏仁是唯一的性凉之物，所以非常适合在干燥的秋季食用。

杏仁粉蒸肉

用杏仁粉代替蒸肉粉，加上酱油、料酒、适量的盐，用蒸锅蒸。这道菜有利咽、清肺化痰、润肠通便的功效。

杏仁粥

取大米 100 克,杏仁 30 克,加适量的水煮粥。此粥有养心安神的功效,有烦躁、失眠症状的朋友可以试一试。

腰果

腰果是热带木本油料植物,有很高的经济价值。由于它的果似肾形,如"腰子"一般,故名"腰果"。又因为它的种子像花生一样多油而香,因此又有"树花生"之称。

腰果原产热带美洲,莫桑比克、印度、巴西是其主要生产国。我国引种腰果已取得成功,从 1958 年起在海南大量种植。广西南部、雷州半岛和云南南部均有种植,都能开花结果。

腰果为世界著名的四大干果之一,果实成熟的时候香气四溢,清脆可口,干甜如蜜。过去,产地以外的人们很难品尝到,现在已经成为常见的干果。

腰果果仁不仅味美,而且营养丰富,含 48% 的脂肪、21% 的蛋白质、10%~20% 的淀粉、7% 的糖,以及少量的矿物质和维生素 A、维生素 B_1、维生素 B_2。多用来制造点心、腰果巧克力和油炸盐渍食品。用腰果仁榨出的油为上等食用油,榨油后剩下的油饼,营养丰富,含有 35% 的蛋白质,是家禽的优良饲料。副产品有果梨、果壳液等。

果壳含壳液 40% 左右,是一种干性油,可制彩色胶卷有色剂、合成橡胶、高级油漆等。果梨柔软多汁,含维生素 C0.25%,脂肪 0.1%,蛋白质 0.2%,碳水化合物 11.6%,水 87%,以及少量铁、磷、钙、维生素 A 等。可做水果食用,也可制果汁、酿酒,以及制作果酱、果冻、泡菜、蜜饯等。

腰果不仅味道香美,还有非常好的保健功效。腰果果仁中的亚麻油酸能预防脑中风、心脏病;油酸可以预防动脉硬化、心血管疾病;不饱和脂肪酸对预防心肌梗死有帮助。而其维生素 B_1 的含量也较高,仅次于花生和芝麻,有消除疲劳、补充体力的效果,适合易疲倦的人食用。除此之外,腰果还含有优良的抗氧化剂——维生素 A,具有催乳功效,有益于产后乳汁分泌不足的妇女,还能使气色变好、皮肤有光泽。而且其中的大量蛋白抑制剂,能控制癌症病情。

第五章 不可缺少的特色蔬菜

一、减肥美容的黄瓜

黄瓜原产在印度热带潮湿地区,现在我国已经广泛栽培。据载"张骞出使西域得此种",故又叫胡瓜。

黄瓜

黄瓜的营养价值很高,还可入药,它含有多种维生素、蛋白质、碳水化合物及磷、钾、铁、镁、钙等,有开胃增进食欲的作用。其中维生素C,能增强抗病能力和预防坏血病;丰富的钾盐,还能治疗肾脏病和水肿病等症。鲜黄瓜中含有抑制糖类物质转化为脂肪的丙醇二酸,肥胖者常食,可起到减肥的目的。鲜黄瓜汁具有润肤去皱的美容效果。黄瓜还含有促进蛋白质吸收的酶,与肉类同烹,可提高蛋白质的吸收率;它还有生物活性酶,能促进肌体代谢。黄瓜的藤、叶、果实都可入药,自然干燥的黄瓜藤,有扩张血管、减慢心率、降低血压的功效;其叶晒干研末,可治腹泻;老黄瓜皮可治疗初期浮肿。

黄瓜属葫芦科一年生草本植物,喜温、喜光。它的茎蔓,靠茎卷须攀缘在别的物体上生长,在栽培时需设立支架扶持。

二、能够食用的野菜

萝卜、白菜、茄子、豆夹、黄瓜等常见蔬菜,都是经人工的培养护理长成的。可是地里还有很多很多的野菜,味道也很鲜美,采摘来做菜食用再好不过了。由于野菜自生自长,没有农药污染,有的还可以入药治病。常见的能够吃的野菜有荠菜、车前草、刺菜、灰灰菜、马齿苋、野苋菜、苦苣菜、猪毛菜等。把这些野菜的嫩茎、叶冲洗干净,用开水泡一泡,做成菜汤、炒成盘,进行凉调冷拌,都很好吃。马齿苋、苦苣菜还能治痢疾,牙龈流血等病。常食用野菜,能促进消化,增强体力,清热解毒,明目。

三、富含营养的蔬菜胡萝卜

胡萝卜是一种栽培历史悠久的蔬菜,它在欧洲已栽培2000多年了,古代罗马人和希腊人对它都很熟悉,在瑞士曾发现过它的化石。在13世纪时,胡萝卜由小亚细亚传入我国,因为它有一个像萝卜那样粗、长的根,所以被称为"胡萝卜"。

胡萝卜含有丰富的胡萝卜素,以及大量的糖类、淀粉和一些维生素 B 和维生素 C 等营养物质。特别是胡萝卜素,它经消化后水解,变成加倍的维生素 A,能促进身体发育、脂肪分解、增加角膜营养、骨骼构成等。

是不是所有的胡萝卜都富含胡萝卜素呢?胡萝卜的根有红、黄、白等几种色泽,其中以红、黄两种居多。经分析,胡萝卜根的颜色越浓,含胡萝卜素越多。每 100 克红色胡萝卜中,胡萝卜素的含量可达 16.8 毫克;每 100 克黄色胡萝卜中,只含 10.5 毫克;而白色胡萝卜中,则缺乏胡萝卜素。同一种胡萝卜,生长在 15℃~21℃ 的气温条件下,根的色泽较浓,胡萝卜素的含量就高;如生长在低于 15℃ 或高于 21℃ 的气温条件下,根的色泽就淡些,胡萝卜素的含量也低些。土壤干旱或湿度过大,或者氮肥用量过多,都会使胡萝卜根的颜色变淡,胡萝卜素的含量降低。

许多豆类和蔬菜煮熟后,它们所含的蛋白质和维生素 C 就会凝固或被破坏,供人体吸收的营养已不多。胡萝卜素则不然,它不溶于水,受热的影响很小,经炒、煮、蒸、晒后,胡萝卜素仅有少量被破坏。所以,胡萝卜生、熟食都适宜,尤其是煮熟后,比其他蔬菜的营养价值高多了。

四、"营养辣袋"辣椒

辣椒富含维生素 C、赖氨酸,素有"营养辣袋"之称。

辣椒又名番椒,原产南美热带地区。它是一年生的草本茄科植物,在南方热带地区为多年生植物。辣椒的果形多样,有长角、椭圆、扁圆、纺锤形等;果皮颜色有红、绿、黄、紫等。世界上最辣的辣椒是中国云南景颇族地区出产的辣椒。据测定,它的辣度至少相当于朝天辣椒的 10 倍。

辣椒的辣味来自"辣椒碱"。辣椒不仅是大众喜爱的调味蔬菜,而且还有健胃、祛风、行血、散寒、解郁、导滞之功。适当食用辣椒,可以刺激味蕾,增进食欲,促进消化。但是胃病、高血压、眼疾患者应禁食辣椒;肝炎、肾炎、肺炎、咽喉炎、疖肿患者以少吃为宜。

五、"保健蔬菜"萝卜

常言道:"冬吃萝卜夏吃姜,不劳医生开药方",充分说明萝卜的保健防病作用。

萝卜

萝卜又称"菜菔",属十字花科。它是一年生或二年生草本植物,直根粗壮,肉质,呈圆锥圆球、长圆锥、扁圆等形状,有白、绿、红、紫等色。萝卜有的较耐寒,有的较耐热。其中四季萝卜生长期短,除了严寒酷暑外,随时可以播种,适于在壤土或沙壤土中生长。萝卜原产我国,几乎各地均有栽培,它的种子播入土中,经半个月左右,便长出有两片高叶的幼苗,叫"娃娃萝卜菜",用它炒食或做汤鲜嫩爽口;幼苗长出4~5片叶后,形如鸡毛,叫"鸡毛菜",或煮或炒,脆嫩清鲜;肉质根开始形成时,刚刚"破肚",叫"泡根菜"。

萝卜是我国人民喜食的主要蔬菜之一,脆甜多汁者可代水果。它营养丰富,含维生素、碳水化合物及钙、磷、铁等矿物质。据测定100克鲜萝卜中含维生素C在30毫克以上,比梨和苹果的含量还要高,故有"萝卜赛梨"之说。萝卜中的芥子油和淀粉酶能促进胃肠蠕动,增进食欲,帮助消化;它还含有消化酶和木质素,具有抗癌作用;种子可入药,称"菜菔子",具有下气、消积、化痰等作用,主治食积腹胀、咳嗽痰喘等症。

六、"乡村蔬菜"南瓜

南瓜是我国乡村习惯种植的食用瓜之一。由于它叶腋侧边生有一种卷须,因此具有攀援爬行的本领。南瓜茎蔓呈五棱形,无硬刺。叶子为五角状心脏形。花冠裂片大,黄色;果实有长圆形,扁圆形等形状,果面平滑或有瘤;老熟后外皮粘有白粉。人们常常将它种在田边的棚架下,有意让它向上爬。当它茎叶繁茂时,宽宽的叶子就会爬满棚架,不但能充分吸收阳光,还可以给人造就天然的凉棚,供人们纳凉避暑。到了果熟期,那大大小小、横七竖八的南瓜,有的像木桶,有的像磨盘,有的像梭子,形形色色,美不胜收。

南瓜属葫芦科,一年生草本植物。别称番瓜、饭瓜。南瓜是当今国内外公认的保健食品,除果实供食用外,其嫩梢、花朵、种子均可食用。

南瓜有补中益气、润肺化痰等作用。近年来研究表明,南瓜中含有丰富的果胶,可延缓肠道对糖和脂质的吸收;微量元素钴是胰岛细胞合成胰岛素所必需的微量元素。

七、最好的"大众化蔬菜"马铃薯

马铃薯也叫洋芋、土豆、山药蛋。它是粮食作物之一,也是最好的大众化蔬菜。原产南美洲,现广植于全世界温带地区,我国各地均有栽培。

马铃薯

马铃薯的块根是贮藏养分的器官,也是供食用的部分。其营养成分主要有胡萝卜素、维生素和铁、钙等矿物质,同时它含钠量少而含钾量高,营养学家们称它为高钾低钠食品,除用作主食外,还可制作粉丝等食品。工业加工以鲜薯或干薯提取淀粉,广泛用于纺织、造纸、医药等工业。马铃薯的根、茎、叶还可作为畜禽饲料。

值得一提的是,马铃薯含有一种叫龙葵素的毒素,平时含量极少,对人体健康无害。但当块茎发芽或已经变绿或开始溃烂时,龙葵素的含量明显增加,因此,食用发芽、变绿或溃烂的马铃薯时,就有中毒的危险。所以在食用马铃薯时,一定要削去嫩芽、变绿或溃烂的部分。此外,将马铃薯彻底煮熟煮烂,龙葵素的毒性也随之消失。

八、"高纤维食物"芹菜

芹菜原产于地中海地区和中东;古代希腊人和罗马人用于调味,古代中国亦用于医药。芹菜属伞形科植物,有水芹、旱芹两种,功能相近,药用以旱芹为佳。旱芹香气较浓,又名"香芹",亦称"药芹"。

芹菜是高纤维食物,它经肠内消化作用产生一种木质素或肠内脂的物质,这类物质是一种抗氧化剂。常吃芹菜,尤其是吃芹菜叶,对预防高血压、动脉硬化等都十分有益,并有辅助治疗作用。芹菜是高纤维食物,含酸性的降压成分,可平肝降压。有专家还从芹菜中分离出一种碱性成分,其对动物有镇静作用,对人体能起镇静安神作用,有利于安定情绪,消除烦躁。

芹菜含有丰富的胡萝卜素、碳水化合物、脂肪、B族维生素、维生素C、糖类、氨基酸及矿物质和膳食纤维,其中磷和钙的含量较高。另外芹菜叶营养成分要高于芹菜茎,叶中胡萝卜素的含量是茎的88倍;维生素C的含量是茎的13倍;维生素B_1的含量是茎的17倍;蛋白质的含量是茎的11倍;钙的含量是茎的2倍。

九、"蔬中良药"大蒜

大蒜又名蒜、胡蒜,原产欧洲南部和中亚。我国栽培大蒜已有2000多年历史,全国各地均有栽培。食用部分分为幼嫩的青蒜、长大的蒜苔和成熟时的蒜头。青蒜和蒜苔可炒食,蒜头可生食、淹渍和佐餐调味。另外,蒜中含植物杀菌素，这种物质具有极强的杀灭各种真菌、细菌、病毒的能力。科学家曾做过一个试验：将大蒜捣烂，用吸管吸取蒜汁，滴入装有许多白喉杆菌的培养皿里。过一会儿在显微镜下观察，只要是蒜汁流淌过的地方，白喉杆菌都死光了。蒜素的杀菌威力非常强大，几乎是青霉素的100倍。在第二次世界大战期间，苏联医生用大蒜制剂拯救了无数反法西斯战士的生命。大蒜的这种抑制和杀灭细菌的药用功效，可治疗痢疾、肠炎、百日咳、感冒鼻塞、肺虚久咳等疾病。据美国医学家研究发现，大蒜还能降低血液中的胆固醇含量，防止动脉硬化，增强人体的抗癌免疫力。经常吃大蒜的人患冠心病的概率低，因为大蒜中的硒能保护心脏，降低胆固醇，治疗高血压。大蒜中的锗能提高人体中巨噬细胞的消化能力，巨噬细胞不但能吞吃有毒病菌，还能把癌细胞一个个吃掉，起到抗癌、防癌的作用。

大蒜有紫皮蒜和白皮蒜之分。紫皮蒜瓣少而大，辛辣味浓，其蒜苔产量高，休眠期较长，多春季播种。白皮蒜辛味较淡，其蒜苔产量较低，耐寒性强，休眠期较短，多秋季播种。

十、"洋白菜"卷心菜

卷心菜，又名结球甘蓝，为十字花科植物甘蓝的茎叶，别名圆白菜、洋白菜、包心菜、大头菜、高丽菜、莲花白等。它属于甘蓝的变种，我国各地都有栽培。卷心菜在外国的地位很高，犹如白菜之在中国，这就是"洋白菜"这一名称的由来。

卷心菜和大白菜一样产量高、耐储藏，是四季的佳蔬。德国人认为，圆白菜是菜中之王，它能治百病。西方人用圆白菜治病的"偏方"，就像中国人用萝卜治病一样常见。现在市场上还有一种紫色的圆白菜叫紫甘蓝，营养功能基本上和圆白菜相同。卷心菜原产于地中海沿岸,由不结球的野生甘蓝演进而来,13世纪在欧洲开始出现结球甘蓝类型。16世纪开始传入中国。

十一、"美味佳菜"茄子

茄子又称酪苏、矮瓜、昆仑紫瓜等,原产于热带的印度,在我国栽培已有1000多年的历史。茄子适应性强,各地均有栽培。采用小高畦和沟畦栽种、地膜覆盖栽培,产量高,经济效益非常显著,有亩产达5500千克的历史最高纪录。露地茄子的采收期从初夏延续到晚秋,是夏秋季供应市场的主要蔬菜之一。

茄子的果实为浆果,以嫩果的果皮、胎座的海绵薄壁组织为食用器官。果实的颜色有紫色、绿色、暗紫色、赤紫色、青色、白色等;形状有圆球形、长条形、扁圆形、倒卵圆形等。茄子含有多种维生素、蛋白质、糖类、钙、铁、锌、硒等营养物质,食法多种多样,还具有一定的医疗价值。

十二、"辛辣蔬菜"大葱

大葱是百合科葱属多年生草本植物,全株具有强烈辛辣味。叶圆柱形,中空,长达50厘米,具白色霜粉,含黏液。花白色,多花密集成,顶生球状伞形花序。蒴果球形,种子多数,黑色。它生于田园,全国各地均有栽培。

大葱是常见蔬菜调味品之一,全草可入药,有发汗解毒、通阳、利尿作用。

十三、"菜中之王"菠菜

菠菜又称赤根菜、波斯草等。它原产于波斯,唐代传入我国种植,为藜科菠菜属中以绿叶为主要产品的一、二年生草本植物。在蔬菜中菠菜的营养价值最高,据测定每千克菠菜中含钙1030毫克、维生素C380毫克、蛋白质25克、脂肪3克,还有丰富的铁质和胡萝卜素等,可炒食、凉拌或做汤,食用后对胃和胰腺的分泌功能有良好作用,还可预防维生素缺乏症。但菠菜含有较多的草酸,食用过多会影响钙的吸收。

菠菜在北方地区是常年性的绿叶菜。按不同季节和食用方式分为:越冬大根茬菠菜、越冬小根茬菠菜、埋头菠菜、大叶菠菜、汤菠菜、青头菠菜及红头菠菜等。

菠菜直根发达,红色,味甜可食。抽苔前叶片簇生于短缩茎。雌雄异株,属风媒花。根据果实上刺的有无,分为有刺和无刺两个变种。种子寿命一般3~5年。菠菜的适应性强,生育期短,一年四季均有栽培,它对土壤的要求不严格,耐酸性较弱,对氮磷钾的吸收比例为2∶1∶2.5。若用地膜或旧农膜覆盖栽培越冬根茬菠菜,防寒保苗,促早熟,能增产30%以上。

十四、"苦味蔬菜"苦瓜

苦瓜又名凉瓜、癞瓜、锦荔枝等,系葫芦科苦瓜属一年生攀缘性草本植物,起源于亚热带地区,我国南方地区栽培较为普遍,北方虽栽培时间短,但发展较迅速。

苦瓜

苦瓜以嫩果供食用,营养丰富,每 100 克果肉内约含水分 94 克,脂肪 0.2 克,蛋白质 0.9 克,碳水化合物 3.2 克,粗纤维 1.1 克,维生素 C84 毫克,此外还含有钙、磷、铁等矿物元素。另外,嫩瓜含糖甙量较高,食用时有特殊的苦味,但清爽可口,有增进食欲、助消化、清热解暑和利尿等功效,随着瓜的成熟,糖甙逐渐被分解,苦味变淡。苦瓜适于炒食、凉拌,也可以加工糖腌渍苦瓜,晒干或制成罐头。

苦瓜根系发达,根群主要分布在 30 厘米深的土层内。茎蔓生,五棱,深绿色,被茸毛。初生真叶对生,以后互生。雌雄异花同株。瓜果有长圆锥形、短圆锥形及纺锤形,表面有 10 条左右不规则凸起的纵棱。

苦瓜喜温耐热,适于夏季高温季节栽培。

十五、"金色苹果"番茄

番茄又称西红柿、洋柿子。它原产美洲的秘鲁、厄瓜多尔等地,约 17 世纪传入我国。它的形状如柿,来自西方,故称西红柿。它营养丰富,既作水果,又作蔬菜,有"金色苹果"之称。

番茄含有丰富的矿物质、碳水化合物、维生素、有机酸等营养成分,每100克含20~30毫克维生素C,由于受着酸的保护,维生素C在烹调中不易被破坏;含磷、钾、镁、铁等矿物质,能调节人体的生理功能,增进营养;含番茄素,能助消化、利小便、通大便。适量多吃番茄,可解除疲劳,增进心肌功能,对心脏病患者有好处。

番茄是一年生草本植物,全株生有软毛,能分泌有臭味的汁液,因此它很少遭到虫害。它是喜温、喜光植物,不耐霜冻,生长期间要求充足的光照和水分。目前,我国大部分地区采用塑料大棚栽培番茄,这样既能消除季节的影响,又能使其较大幅度地提高产量。而在日、英、美等发达国家,多采用无土栽培法栽培番茄,有的地区每公顷番茄的产量可达90万千克。

第六章 生活必需的经济作物

一、"地上开花、地下结果"的花生

花生是豆科作物，陆地上的植物只有花生是在地上开花，地下结果的，而且一定要在黑暗的土壤环境中才能生长，所以人们称它"落花生"。花生是我国四大油料作物之一。

我国花生栽培已有1500多年历史，比较集中分布在山东、河南、河北、江苏、广西、辽宁、四川等省区。全国种植面积和产量居世界第二位。以山东省出产最多，约占全国的1/3。

花生对土壤的适应力很强，除盐碱地外，各种土壤均可种植。在平原沙土和丘陵山地都适宜种植，并且种植花生后能提高土壤肥力。

花生的营养价值很高。种子含油50%~55%。花生油具有清香气味，是一种优质食用油。花生饼中蛋白质含量高达50%左右，是食品加工工业的原料和优良的精饲料。花生仁能制成多种人们喜爱的小食品。花生衣含止血素，可用于制药。花生的茎叶营养价值也很高，含有蛋白质、脂肪和丰富的胡萝卜素。荚壳里也含有较多的养分，可消化率高，粉碎后也是良好的饲料和肥料。

花生如果存放不当，就会发霉。有些人不舍得把发了霉的花生扔掉，清洗、晾晒后仍然继续吃。这样做是非常危险的，因为发了霉的花生带有大量的霉菌和霉菌所分泌的毒素。

花生含有丰富的蛋白质、脂肪和碳水化合物,是霉菌生长的良好培养基,只要温度和湿度适宜,很容易被霉菌侵染,有些霉菌还会分泌出有毒的代谢产物。如果花生被这种有毒的菌种污染,它就会沾染上毒素,吃了会危害人们的身体健康。

发霉的花生中含有大量的黄曲霉菌。据研究发现,黄曲霉菌在温度较高、相对湿度较大的条件下,就会在花生上大量繁殖,同时分泌黄曲霉素。黄曲霉素有很强的毒性,能对绝大多数动物起急性毒害作用,而且具有明显的致癌作用,对人畜的健康危害很大。

另外,霉菌在生长繁殖时,需要大量的营养,花生正好成了霉菌的"营养基地"。因此,发霉的花生也就没有什么营养价值可言,我们当然就不能再吃它了。

二、风行世界的油料作物之一向日葵

向日葵长着一根长而直的茎秆,植株较高的可达3米左右。叶子宽大,形状像人的手掌,叶子的两面都比较粗糙。夏天,向日葵的茎上面长出一个又大又圆的花盘,花盘的边缘由上百朵小花整齐排列而成。中间部分的小花呈管状,边缘的小花呈舌状。秋天,向日葵的每一朵管状花都变成了一颗颗种子,这就是又香又脆的葵花籽。由于它的花体结构有驱热的特征,所以它总是向着太阳,故名"向日葵"。

夏秋季节,向日葵开花了,黄色的花盘越长越大,就好像一张张笑脸迎着阳光移动。实际上,向日葵的大花盘不是一朵花,它是由许多小花组成的。

向日葵是一种异花授粉的作物,它必须靠蜜蜂等昆虫或微风来传粉。向日葵的生长地分布十分广泛。因大部分生长在温带和寒带地区，它具有适应寒冷、干燥的环境。

向日葵的家族属菊科，是风行世界的油料作物。我们炒菜的葵花油就是用向日葵的种子提炼的。

我们常说："葵花朵朵向太阳。"那么，向日葵为什么总是跟着太阳转呢？

原来，在向日葵花盘下面的茎部含有一种奇妙的"植物生长素"。这种植物生长素具有两个特点：一是背光，一遇光线照射，背光部分的生长素会比向光部分多；二是生长素能够刺激细胞的生长，加快分裂繁殖。

清晨，当太阳从东方冉冉升起，向日葵花盘下面的茎干里的植物生长素，就集中到西边背光的一面去，并且刺激背光的一面的细胞迅速繁殖，于是，背光的一面比向光的一面生长得快，这样，整个花盘就朝着太阳弯曲。随着太阳由东向西的移动，植物生长素在茎里也不断地背着阳光移动。所以，向日葵就总是跟着太阳转。

三、"衣料之源"棉花

棉花是人类的衣料之源，属锦葵料，原产印度，是多年生灌木。后来经过引种成为一年生草本作物，东汉时传入我国。

我国是世界上主要产棉国之一。全国除最北部的少数地区和青藏高原外，其余各省均有棉花种植。

棉花一般是白色的，但最近秘鲁发现了一种具有白色、米色、褐色、紫色、灰色等五种天然颜色的棉花品种。苏联科学家用杂交的方法培育成了红、绿、蓝、黄等20多种有色棉花。如果有色棉花大量种植，就可以直接织出五颜六色的花布。

我国的棉花产量高、品质好，棉织品轻盈柔软，色泽艳丽，为人民提供了精美的衣着原料。另外，棉花还是制造炸药、塑料和药棉的重要原料。种子仁可榨油，称棉籽油，可以食用。棉花还可以作为化学等其他工业的原料，如纸张、照相胶卷、绝缘材料、人造皮革等。

四、"造纸原料"芦苇

芦苇是一种水生植物，它们的身体大部分挺出水面生长，根状茎很粗壮，这

芦苇

样可以保护它们纤细的身姿不会被狂风连根拔起。芦苇生长迅速，而且分布密集。许多地方利用这一特征治理土壤侵蚀。另外，芦苇还是一种优良的造纸原料，而且它的杆还可以用于乐器的制造。在编织品中，芦苇也同样是重要的原材料。

芦苇主要分布在我国的辽东湾及渤海湾，其中的大凌河口是我国最大的芦苇场和最长的芦苇海岸。这里地势低平，水源丰富，形成大片淡水沼泽，沼泽的平均水深为20~30厘米。每年春天，芦苇的根状茎发芽，长出新株；到了夏天，

就形成一片郁郁葱葱的青纱帐。此时的海岸,绿波叠翠,生机盎然。

　　大面积的芦苇地被称为芦苇荡,它不仅是各种鸟类的栖息地,而且芦苇的根部还起到了有效的天然过滤作用,当河流流过时,许多污染物都被留了下来。芦苇还是天然的"消浪器",它可以使波浪由大到小,由小化无。潮水携带的泥沙也会被芦苇荡留下来。日积月累,就会形成广阔的泥滩,随着海水的后退,滩面的升高,还会生成大片的土地。

五、在亚洲广泛种植的植物水稻

　　水稻的生产主要在亚洲,其播种面积和产量均占世界的90%。水稻种植几乎遍布我国,但主要分布于秦岭淮河以南的长江中下游平原、珠江三角洲平原、

水稻

四川盆地和广大的丘陵地区,而江西和湖南两省水田面积占耕地面积的80%以上。水稻的类型和品种较多。按地理分布、形态特征、生理特征和品种亲缘关系的差异分为籼稻和粳稻。"秧好一半稻",说明培育壮秧是水稻高产的重要环节。为了培育壮秧,必须从精选谷种、催好芽开始,抓好精整秧板、适期播种、

适量匀播，精细管理等各个环节。

稻米营养丰富，约含淀粉70%，蛋白质8.5%，脂肪1%，易于消化、吸收，并富含赖氨酸等。除作为主食外，还是加工婴幼儿食品的良好原料，也可酿酒、制淀粉。

另外，在我国广大的水稻种植区中，还分布着一些稻米中的精品——紫米和黑米，其营养价值极高，有滋补功效，还可酿制成黑米酒等保健饮品。

六、"五谷之首"小麦

小麦栽培在我国有数千年的历史。小麦含有丰富的淀粉、蛋白质、脂肪、维生素、磷、钙、铁等物质，营养价值很高，适于人类生理的需要。目前，全世界有三分之一的人口（约20亿）是以小麦为主食的，故称小麦为五谷之首。

小麦有冬小麦和春小麦两种，我国以冬小麦为主。冬小麦在寒冷的冬季生长，能充分利用冬春季节的光、温、水等自然资源，并与春播或夏播作物相配合、轮作倒茬，提高了土地的利用率。小麦是一种比较高产稳产的作物，在生长期间，加强田间管理，增产的潜力很大。

小麦杆高约1米，叶片披针形，穗状花序长约5～10厘米，通常具麦芒。小麦麸可入药，能助消化、治脚气，还可做饲料。小麦杆可供编织或造纸。

七、"饲料之王"玉米

玉米有"饲料之王"之称。无论是籽粒或藁杆，其饲料价值都超过一般谷类作物。随着产量的不断提高,世界各国都将玉米作为加工饲料的原料。

玉米原产中美的墨西哥和南美的秘鲁,传入我国已有460余年的历史,目前我国已成为世界上栽培玉米最多的国家之一。四川、河北、河南、山东、陕西、东北等地为主要产区。

玉米生长对自然条件要求不严,在同样的气候条件,同样的栽培条件下,玉米的产量总是高于其他作物。玉米喜温、喜光,对水的要求较低,适合在山地丘陵种植。在种植其他作物产量低,或其他作物无法种植的地区,种植玉米仍然可获得较高的产量。

玉米籽粒营养价值较高,一般含碳水化合物72%左右;含脂肪4.5%左右,是所有谷类作物中脂肪含量最高的一种作物;含蛋白质10%左右,仅次于小麦粉和小米,而高于大米;其维生素B(核黄素)的含量也高于其他谷类作物。

玉米籽粒除供食用外,工业上用途极广,可制淀粉、酒精、塑料等。

除玉米籽粒可加工饲料外,秆、叶、穗可青饲或青贮。花柱和根、叶均可入药。

我们大家谁都见过玉米,可是,你知道它的顶部上的"胡须"是什么吗?玉米须又有什么用呢?

你可不要小看了玉米须,它可是玉米生长不可缺少的组成部分。实际上,玉米须是玉米的花丝,也就是玉米雌花的一部分。如果没有玉米须,玉米的植株就结不出玉米了。玉米是雌雄同株异花传粉的植物,雄花生长在茎的顶部,而雌花生长在茎的中间部位。玉米的花粉是靠风来传播的,风把雄蕊的花粉撒向雌蕊,使雌蕊授粉后很快发育成为玉米的种子,而花丝就失去作用,成了玉米的"胡须"。

当玉米开花授粉的时候,如果受到不良的天气影响,或者雌蕊得不到充分的授粉,就会造成玉米缺粒现象。

我们知道,成熟的玉米是金黄色的,可是你是否见过彩色的玉米?漂亮的玉米棒上面的玉米粒有黄的、白的,还有红的,简直就像一个彩色的魔棒。一个玉米棒上，为什么会有几种不同颜色的玉米粒呢？

　　玉米的故乡在遥远的中美洲，由于它的产量高，既不怕涝，又能在山坡上种植，加上味道鲜美，所以世界各地都栽培它。但是，由于各地地理环境不同，自然条件千差万别，栽培的方法也就不一样，时间长了，这玉米就有了许多品种，每一个品种的玉米又有好几种颜色，而各品种、各颜色的玉米之间又都可以杂交。玉米是异花传粉的植物，靠风来传播花粉，风可以把秆顶的雄花粉洒落在雌花的柱头上，也可以把花粉吹落到别的植株的雌花上。在自然情况下，各种玉米的花粉随风飘荡，很容易让不同品种和不同颜色的玉米进行杂交，结出不同颜色的玉米粒来。

八、越藏越甜的甘薯

　　甘薯又叫红薯、白薯。我们所吃的其实是它的根，叫作块根。甘薯的块根含有很多淀粉，淀粉本身并不甜，但在一定条件下却会转变成糖。比如面粉，它和甘薯一样也含有很多淀粉，面粉做成馒头后，在嘴里咀嚼，由于唾液酶的作用，淀粉变成了糖，这样嘴里就出现了甜味。奇怪的是，薯块里的淀粉只要在低温下贮藏一段时间，就能转变成糖。秋天是甘薯收获的季节，气温还较高，刚收获的甘薯甜味较差，到了深秋或初冬，温度渐渐降低，薯块里的淀粉慢慢地变成了糖，加上干燥的西北风吹刮，薯块里水分逐渐减少，所以薯块就越藏越甜了。这时将薯块放在炉里烘烤，烘熟后就会从皱裂的薯皮里流出粘稠的汁液，像麦芽糖似的，味道就更佳了。

九、"绿色金子"茶叶

中国是世界上种茶、制茶、饮茶最早的国家,是茶的故乡。中国茶源丰富,茶树种类达350余种,广泛分布于大江南北的低山、丘陵地区。中国现有茶园面积100多万公顷,占世界茶园的45%左右。商品茶有绿茶、红茶、花茶、乌龙茶等类别。西湖龙井、太湖碧螺春、黄山毛峰、君山银针、祁门红茶、六安瓜片、信阳毛尖、都匀毛尖、武夷岩茶和安溪铁观音,是久负盛名的十大名茶。

台湾也是中国著名的产茶地,那里所产的冻顶乌龙茶很受人们的欢迎,而冻顶茶又是从福建传入的。

云南是中国西南重要的产茶区,所产普洱茶名闻遐迩。云南勐海境内有一棵大茶树,它株高32.12米。主干粗近3米,是中国最大的茶树。云南普洱境内有株茶树,树龄已1700多年,是中国最古老的茶树。它们都堪称"茶树王"。

我们通常见的茶叶,是由茶树上的幼嫩叶片经炒制以后而成的。其叶革质,椭圆状披针形,于秋冬之间开下垂的黄心白花,清香诱人。茶树除新叶可制茶之外,它的枝叶繁密,树冠整洁,叶片碧绿,花香四溢,因而是有名的观赏树木。

茶树的叶子可以加工成我们所喝的茶叶,人类喝茶的历史已经有近2000年了。现在我们喝的不是野生茶,而是人工栽培的茶。

茶大致可分为两大类:一类是印度茶,另一类是中国茶和日本茶。

茶之所以种类繁多,是因为有许多不同的加工方法。如日本茶分粗茶、末茶两种。由于采用截然不同的加工方法,所以,茶叶也不太一样。但茶树都是一样的。

主要产在印度等热带地区的红茶,是将采摘下来的新鲜茶叶放一段时间,使茶叶里的酶充分发酵后而制成的。所以,红茶的成分和颜色都起了很大的变化。这也许是热带地区自然形成的制作方法。

绿茶的制作方法是将采集下来的新鲜茶叶立即加热,不让它发酵。日本是使用蒸汽来加热茶叶的。

世界闻名的中国乌龙茶是半发酵的茶叶,它是采用茶叶边沿发酵,中间不发酵的方法精制而成的,因此,乌龙茶味道极好。

十、世界饮料植物之一可可

可可是常绿小乔木,开白色小花,花后结出似佛手的果实,剥出果仁,发酵晒干,能生产出可可粉。可可树原产巴西热带雨林地区,史前已开始种植,并推广到墨西哥、危地马拉,16世纪以后传入亚洲和非洲。可可适宜热带种植,年平均气温20℃以上的地区才能正常开花结果。非洲的加纳、尼日利亚、喀麦隆为可可树主产国,产量占世界总产量的80%以上。中国在海南省也有小片种植。

十一、独特的"生物碱饮用植物"咖啡

咖啡是一种矮小的常绿灌木,属于茜草科咖啡属。其叶革质,椭圆形。花白色,有幽香。

咖啡果实很美,熟时呈红色,内含两粒种子。将其种子冲洗干净,经过焙炒,再进一步研碎,就成了我们平常喝的咖啡。

咖啡树的家庭共有40名成员,主要产在热带及非洲,我国引进有5种,主要栽培于云南、广东、广西、海南岛、台湾、福建等地。

非洲埃塞俄比亚西南部是咖啡的故乡,咖啡最初大概先由埃塞俄比亚传入阿拉伯国家。据文献记载,至少在13世纪以前,阿拉伯人已开始饮用咖啡,大约在16世纪时已在中东一带广泛种植,17世纪传至欧洲,以后逐渐遍及东南亚、拉丁美洲等地。目前,巴西年总产量约占世界的三分之一,是世界上产咖啡最多的国家,哥伦比亚占第二位。

十二、"香料植物"八角

八角又名八角茴香,或称大茴香,它是我国两广地区常见的香料植物,广西西部和南部产量最多。

八角

八角的果实以及从果实中提取的茴香油,是优良的调味香料和医药原料,除供给国内需要外,还是我国的出口物资之一。

八角每年开花两次,第一次在2~3月间,8~9月果熟,这时开的花,结果特别多，占全年果实产量的90%以上。第二次开花在8~9月间，至次年3~4月果熟，产果量较少。

繁殖八角的方法是种子繁殖。八角种子的种皮很薄，油质易挥发，容易丧失发芽力，故在种子成熟后宜随采随播，或经过干燥处理后留至次年春暖后播种。

八角的经济价值较高，果皮、种子、叶片都含有芳香油，通称茴香油或八角油。茴香油的主要成分是香醚，约占85%~95%，是制造香甜酒、啤酒以及其他食品工业的重要香料。经过氧化作用制成的茴醛，是制造香水、牙膏、香皂等的珍贵香料。

十三、种植历史悠久的油菜

油菜是我国的主要油料作物和蜜源作物之一。我国种植油菜已有2000年以上的历史。据考证，青海、甘肃、新疆、内蒙古等地可能是最早栽培油菜的地区。油菜籽的营养很丰富，除了油质以外，还含有粗蛋白及多种维生素。油菜不仅是人们主要的食用油，而且是重要的工业原料。菜籽饼可作为畜禽鱼的精饲料或肥料。鲜艳的油菜花，还是重要的蜜源。经采蜜后的油菜，能明显地提高产量，所产蜂蜜价值高于油菜籽。

十四、"世界油王"油棕

油棕的油用途是很大的，它的果实含有两种油：由果实外皮榨出的油叫棕油,可以做食用油脂和人造奶油,在工业上可作机器的润滑油、内燃机燃料、肥皂、蜡烛以及罐头工业薄铁片的防腐剂;由种仁榨出的油叫棕仁油,它是良好的食用油,又可制高级人造奶油以及高级肥皂、药剂、化妆品等。

油棕之所以被称为"世界油王",是因为它的单位面积产油量高。椰子算是世界上产油量高的植物,但它只有种仁含有油分,而油棕除种仁含有油分外,它的中果皮也含有油分,中果皮含的油分还比种仁含的油分略高,中果皮的含油量为45%~50%,种仁的含油量为45%。

十五、油料作物的佼佼者芝麻

芝麻是我国四大食用油料作物的佼佼者,它的种子含油量高达61%。我国自古就有许多用芝麻和芝麻油制作的名特食品和美味佳肴,一直著称于世。小磨制成的芝麻油,俗称香油,香气扑鼻,在中国饮食文化中起着举足轻重的作用。

芝麻中含有大量人体必需的脂肪酸和维生素E,对延缓衰老,改善血液循环,促进新陈代谢有良好作用。中医学上以黑芝麻入药,能补肝肾,润燥结。茎、叶、花均可提取芳香油,茎皮可制人造棉及织麻袋。

第七章　种类繁多的——木本植物

树木是木本植物的总称，包含了乔木、灌木和木质藤本。树木不仅是我们生存环境中的绿色点缀，还是帮助我们降尘、减噪的天然屏风，是地球上不可缺少的生物类群。

一、中华大地上的千岁古木

我国幅员辽阔，所以拥有的古树数量堪称世界之最。根据相关统计，在我国境内树龄在300年以上的一级古树约有10万余株，而这其中更不乏千年古木。

黄陵古柏

在中华大地上，有一棵树一直陪伴着炎黄子孙经历风雨变迁的千岁古木——"黄陵古柏"。

相传，黄陵古柏是由黄帝亲手种植的，已有5000多年的历史。

黄陵古柏威严地矗立在黄帝陵东麓的轩辕庙中，周围还有15棵有2000多年树龄的古柏分列两侧，与其一同形成了浓荫蔽日之势。黄陵古柏树高近20

米,下围 11 米多,7 人合抱有余,所以陕西民谚说"七搂八柞半,疙里疙瘩不上算"。

周柏齐年

在中国山西省太原市的城南 25 千米处,坐落着中国重点文物保护单位晋祠,在晋祠之中有一景被称作"周柏齐年"。

这一景色就是指一株有 3000 余年树龄的高大挺拔、苍劲雄伟的周朝时种植的侧柏。

千年古松

在广西贵县南山寺殿后的洞口峭壁上,有一棵被称为"不老松"的松树。这棵古松已经有 3000 余年的历史,且一直枝干挺拔、生机勃勃。人们常常借其祝福长辈长寿。

另外,南京工学院有一棵六朝松,已活了 1400 年。

而四川成都草堂公园的罗汉松也是非常有名的,据说这棵罗汉松是杜甫亲手种植的四松之一,至今有 1200 余年。

千岁巨柏

近年来,在西藏高原发现了许多巨柏,其中有的达 2300 岁以上。

在江苏苏州的司徒庙有四株古柏,分别名为"清""奇""古""怪",各有特色,尤其是"怪"柏,曾遭受雷击,后又复活,历经风霜,仍发新枝叶。据推算,这4株古树已有1800余岁的高龄。

陕西勉县诸葛亮墓前有20多株古柏,皆为公元262年栽植,至今已活了约1750年。

在少林寺西北的初祖庵大殿前有一棵古侧柏,被称为"六祖柏",是少林禅宗六祖慧能于唐初从广东带回栽植的,至今已1300多年,为少林一景。其树下有一道石碑,上面刻有"六祖手植柏从广东至此"字样。

二、树木中的"大个子"

雌雄同株的铁坚杉

铁坚杉,又名铁油杉、牛尾杉、大卫油杉,是一种古老的孑遗植物,为我国特有的植物种类。

铁坚杉属常绿乔木。树皮粗糙,暗深灰色;树体表面有较深的纵裂,呈薄片状剥落;叶小且扁平,呈条状。

铁坚杉是一种雌雄同株的树木,每年春日开花,秋日果熟。其果实呈圆柱形,被称为球果,成熟之时呈淡褐色或淡栗色,直立于枝条顶端。

铁坚杉性喜阳光,多生长在砂岩、页岩或灰岩的山地中。种植在我国南方红壤上的铁坚杉,最初的3年生长较为缓慢,之后生长速度会渐次加快。

铁坚杉如果在适宜的环境中生长,平均每年胸径可增加1厘米左右。按照这样的推算,其30年后就可成为栋梁之材。

铁坚杉喜欢热闹，不堪孤独，常与阔叶树混交成林，蔚为壮观。

百木之长的柏树

柏树是一个庞大的植物系家族，在植物学中被称作柏木属。在这个家庭中共有 20 名成员，在我国境内主要有 5 种，多分布于秦岭及长江以南各省。

自古以来，柏树就是名胜古迹、园林寺庙中不可缺少的观赏树木。由于它的适应能力强，既可以忍受 40℃ 的酷暑，又能耐 -35℃ 的严寒，所以广布于大江南北。无论崇山峻岭还是河谷平川几乎都能见到它们的踪迹。

在号称世界屋脊的西藏高原上生长着一种柏树，它们高大挺拔，人们称其为巨柏。巨柏有着塔形的树冠，为我国西藏地区的特有植物种类。其中在雅鲁藏布江下游的林芝县金星乡生长的一株柏树，树高约 50 米、胸径约 4.75 米、材积约 220~290 立方米，如果用平均每车可装 6 立方米木材的卡车搬运，需三四十辆卡车才能将其真正运走。

据说，这株柏树已经生长了 2000 多年，是我国迄今发现的最高大的一棵巨柏。

最大木本植物的榕树

榕树是我国华南地区重要的树木。当你初次见到它的时候，一定会惊讶不已，因为它除去中央的主干部分之外，还从侧枝上伸出许多离奇的气根，直扎入土中，远远望去，仿佛一片树林。晚唐时期最具影响力的诗人之一——许浑的"松盖环清韵，榕根架绿荫。"正是榕树的生动写照。

榕树除去有庞大的树冠、离奇的气根之外，在它身上还寄生和附生着许

榕树

多其他种类的植物,如苔藓、石斛、兰草、藤蔓,这些植物的枝条从其寄生的大榕树个体的顶梢像头发一般披散下来,再钻入土中;其中一部分寄生植物还会缭绕盘结在大榕树的主干上;许多热带兰花也非常喜欢寄生在榕树上,它们一簇簇地点缀在大榕树的枝杈缝隙里,飘落下阵阵幽香,仿佛是天然架起的空中花园。

与其他植物共生的榕树还是小鸟们乐于栖居的场所。在广东新会县城东南10多千米的天马河上,有一个绿色的小岛。这个岛上就有这样一棵被称为"小鸟天堂"的巨榕,这棵榕树气势磅礴,浓荫蔽日,其庞大的树冠覆盖了约近万平方米地面,中间栖息着不可胜数的喜鹊、黄莺、麻雀、灰鹤、白鹤、黑鹤。这些鸟儿们进进出出、热闹非凡。

当年著名戏剧家田汉曾到此游览,被这棵大榕树的磅礴所感染,不禁赋诗曰:

三百年来榕一章,浓荫十亩鸟千双,

共肩差许木棉树,立脚长依天马江。

新枝更比旧枝壮,白鹤能眠灰鹤床,

历难经灾全不犯,人间毕竟有天堂。

三、长相奇特的树木

马褂木

马褂木又称鹅掌楸,属于木兰科鹅掌楸属。

马褂木是生长在我国华中、华东、西南地区的一种叶形奇特、花朵美丽的著名的观赏植物。

马褂木的叶子平均长约十几厘米,与一般植物的叶子有很大的不同,其叶的先端或平截、或微微凹入,而两侧则有深深的两个裂片,形似马褂,因而得名马褂树。

马褂木的花朵外白里黄,极为美丽。

光棍树

光棍树的故乡在非洲,在我国光棍树主要生长在广东、福建一带。

光棍树的平均树高约七八米,无论是在什么季节其满树都是光溜溜的绿枝。因此人们称其为光棍树。

其实,光棍树并不是没有叶子,只是因为其原本生长在气候干旱的地方,因而为了避免水分的散失,其叶子进化的过程中变得非常的小,脱落的也非常的早,人们也就经常会忽略其叶子的存在。

光棍树的枝条是肉质的,具有白色乳汁。据生物学家分析,光棍树的乳汁里含有极为丰富的碳氢化合物。因此,光棍树被认为是最有希望的石油植物。

铜钱树

铜钱树生长在我国淮河及长江流域一带,是一种落叶乔木。

铜钱树的平均树高约十六七米,叶长、呈卵圆形。铜钱树最为特别的就是其果实。铜钱树的果实生得十分别致,有两个弯月形的膜翅相互连结,中央包围着种子,远远望去,仿佛是挂在树枝上的一串串铜钱,迎风作响,因此而得名。

铜钱树属于鼠李科,和人们生活中常见和食用的红枣是近亲兄弟。

在我国陕西秦岭山区还生长着一种树木,外形酷似铜钱树,其果熟之时,也如串串铜钱,只是叶子由许多披针形的小叶构成一片大的羽毛状复叶。这种树木属于槭树科,人们叫它金钱槭。金钱槭数量不多,具有很高的观赏价值,因而被列为我国国家级保护植物。

长翅膀的树

所谓的长翅膀的树,指的就是生长在我国秦岭山区中的一种落叶灌木——栓翅卫矛。

栓翅卫矛的枝条呈绿褐色,硬且直。与其他植物不同的是,在栓翅卫矛的小枝上从上到下生长着2~4条褐色的薄膜,其质地轻软,如同我们平常所使用的软木塞一般,为木栓质。这些薄膜在栓翅卫矛的枝条上顺序排列,犹如箭尾的羽毛,又仿佛自枝条四周长出的翅膀。

栓翅卫矛属于卫矛科，其木材致密，白色而质韧，可制弓、杖、木钉用，其枝上的栓翅有助于血液流通，具有消肿的功效。

灯笼树

灯笼树是一种杜鹃花科的落叶灌木，主要生长在我国中部一带。

灯笼树平均只有 2~6 米高。每当夏日来临的时候，在其枝端两侧就会挂起十几朵肉红色的钟形花朵，有些人称其为吊钟花。

灯笼树

灯笼树的果实在每年的 10 月成熟。其果实呈椭圆形、棕色。

令人惊奇的是，灯笼树的果实果梗是向下垂着的，而先端却是弯曲向上的，因此结出的果实奇妙地成了直立的状态。远远望去，就仿佛树枝上"举"满了一个一个的小灯笼。

灯笼树不仅在开花结果的时候具有很强的观赏价值，且花凋果落之后，其叶子还会变为浓红色，形成不似枫叶胜似枫叶的美景。

羽毛球树

羽毛球树生长在我国中部及西南部的一些山区里,是一种低矮的小树木,每年10月为其果熟时节。每当这时,远远望去,每株树上都挂满了一颗颗酷似羽毛球的果实,因此人们称它作羽毛球树。

羽毛球树属于檀香科,虽平均树高只有1~3米,但枝繁叶茂。

羽毛球树的果实直径仅有1厘米左右,但每个果实顶端都长着4根3~4厘米长的苞片,使整个果实看上去酷似羽毛球。

羽毛球树是一种半寄生的植物,它的一部分根会寄生在松、杉一类植物的根上。它自己生活需要的一部分养料就是靠吸收这些植物的养料获得的。

四、爱"流血"的树

一般树木在损伤之后,流出的树液都是无色透明的;有些树木如橡胶树、牛奶树等则会流出白色的"乳汁"状树液。但你恐怕无法想象树也可以流"血"吧!然而大自然就是这么神奇,自然界中也存在着和人类一样在受伤后会流"血"的树木。

麒麟血藤

在我国的广东、台湾等地区,生长着一种多年生藤本植物,人们称其为麒麟血藤。

麒麟血藤通常会像蛇一样缠绕在其他树木上。它的茎长平均可以达10余米。如果将麒麟血藤的茎砍断或在上面切开一个口子,就会有像"血"一样的树脂流出来,这些"血"还会慢慢凝结成血块状的东西,成为非常珍贵的中药——"血竭"(也被称作"麒麟竭")。经分析,血竭中含有鞣质、还原性糖和树脂类的物质,可治疗筋骨疼痛,同时具有散气、去痛、祛风、通经活血之效。

麒麟血藤属棕榈科省藤属。其叶为羽状复叶,小叶为线状披针形,上有3条纵行的脉。麒麟血藤的果实呈卵球形,外有光亮的黄色鳞片。除了麒麟血藤的茎之外,其果实也可流出血样的树脂。

龙血树

在我国西双版纳的热带雨林中生长着一种外表看似很普遍的树木——龙血树。

虽然从外形上看,这种树并没有什么特别之处,但是它也是一种会"流血"的树木。

当龙血树受伤之后,会流出一种紫红色的树脂,把受伤的部分染红。这块被染的坏死木在中药里也被称为"血竭",与麒麟血藤所产的"血竭"具有同样的功效。

龙血树属百合科乔木。虽然平均树高只有约10米,但其树干却异常粗壮,胸围常常可达1米左右。

龙血树的叶片带白色、呈长带状,其叶的先端尖锐,仿佛一把把密密层层地倒插在树枝顶端锋利的长剑。

通常情况下,单子叶植物长到一定程度之后就无法再继续加粗生长了,但显然龙血树是一个例外。龙血树虽属于单子叶植物,但它的茎中薄壁细胞具有其他单子叶植物钦羡的本领——不断分裂,这种细胞的分裂使龙血树的茎可以逐年加粗并木质化,最终形成乔木。

龙血树原产于大西洋的加那利群岛。全世界共有150种,但生长在我国境内的约只有5种,并且大多数都分布生长于云南、海南岛、台湾等地。

龙血树还是一种长寿的树木,据说最长可活6000岁左右。

胭脂树

在我国云南和广东等地生长着一种被称作胭脂树的树木。如果把它的树枝折断或切开,就会流出"血"一样的液汁。

胭脂树属红木科红木属,为常绿小乔木。胭脂树的平均树高约只有3~4米,极少数个体可以在适宜的环境中生长到10米以上。

胭脂树的叶子大小、形状都与向日葵叶极为相似。其叶柄很长,叶背面有红棕色的小斑点。

胭脂树的花是非常奇特的,它们就像是被画家随心所欲地上了颜色一般多种多样。胭脂树的花有呈红色的、有呈白色的、有的仿佛包了一层蔷薇色,多样的花色让胭脂树的花显得十分美丽。

胭脂树的果实也与其"红木"的名字一样是呈红色的。在其果实的外面密被着柔软的刺,里面藏着许多暗红色的种子。

胭脂树围绕种子的红色果瓤也可作为红色染料来渍染糖果;包可用于纺织,为丝绸等纺织品染色。其种子还可入药,为收敛退热剂。树皮坚韧,富含纤维,可制成结实的绳索。

五、材貌双全的楸树

自古以来，楸树就是著名的观赏树木，无论是在大江南北的古寺老庙还是名园胜景中都可以见到它的身影。

楸树长得高大秀丽、雄伟挺拔。它的花较大，形状如钟，白色的花冠上缀着紫色斑点，奇趣横生。每年春暖花开时，楸树就会花开满树，繁花随风摇曳，令人赏心悦目；到了秋日果熟时节，枝叶间挂着许多一尺左右长的长角蒴果，琳琅满目，又形成了另一番风趣。

楸树不仅貌美，其木材更为出众。在我国著名的古代农学著作《齐民要术》中，贾思勰就曾记述楸木的用途说："车板、盘盒、乐器，所在任用，以为棺材，胜于松柏。"简单几句，精炼地总结了楸树木材的坚韧、致密、纹理美观、不易翘裂。在现代，楸树木材既是优良的家具用材，又广泛被用于建筑、造船、桥梁、工艺雕刻上；此外，其叶、树皮、种子皆可入药；叶可作为草食家畜的饲料；花不仅可以炒食，还可浸提芳香油。

楸树是非常优质的城市绿化树木，它不仅能抗二氧化硫、氯气等有毒气体，还具有较强的吸滞灰尘和粉尘的能力。自古就有许多城市将楸树作为行道树来种植。梁元帝曾有诗曰："西接长楸道"。《洛阳伽蓝记》也有云："修梵寺北有永和里，里中皆高门华屋，斋馆敞丽，楸槐荫途，桐杨夹植，当世名为贵里。"

楸树喜欢生长在肥厚、湿润的土壤中，在轻盐碱地（含盐量0.10%以下）也能生长。楸树结实很少，且种子型小，所以采收较为困难。加之楸树的发芽率并不是很高，所以用种子繁殖不多。幸在楸树的根蘖和萌芽力很强，所以人们通常都是用分蘖、埋根、嫁接的方法为其进行繁殖。

六、"三年平檐头"的桉树

在我国南方,有一种生长极为迅速的树木——桉树。它的种子虽只有谷粒般大小,但只要遇到适宜的土壤,就能很快生根发芽。头一年就能长至3~4米高,有的甚至可高达7米多;不消五六年,就能超过15米。因此,民间流传着这样一句话:"一年高如牛,两年高上楼,三年平檐头。"

桉树

有人做过观测记录,发现幼年的桉树平均每年胸径可增加2厘米甚至更多,比杨树、柳树、臭椿、泡桐等其他速生树种的生长速度还要快。

桉树的木材在生长的最初10年,年平均生长量为每公顷10~90立方米,比栎树、山毛榉、无患子和千金榆等高到10倍。从单株木材生长量来看,一株15~20年的桉树,能抵上30~40年的杉木、40~50年的马尾松、60~80年的麻栎、100~140年的红松。所以桉树是我国当之无愧的生长最快的树木。

桉树为热带常绿乔木,属于姚金娘科桉树属。桉树是一个庞大的家族,其家族的成员约有500多。

桉树原产于澳洲,大约在19世纪末引种在我国。目前我国境内大范围种植的桉树约有四五十种。其中主要的有柠檬桉、蓝桉、大叶桉、美丽桉、赤桉、细叶桉等,多分布在我国台湾、福建、广东、广西、云南、四川等地。其中大叶桉是最常见和栽培最广的桉树种类。

桉树因为生长迅速,所以长得很高。据说,在原产地澳洲,有一种杏仁桉可以长到150米以上,差不多有四五十层楼房那样高,其直径大约有12米左右,需要20多人手拉手才能勉强将其围起来。更为奇特的是,当地有很多人会干脆将桉树的树洞作为自己的安身之所,或是用桉树的树洞来饲养牲畜、贮藏物品。

桉树不仅树干挺拔通直、树姿秀丽、树冠浓郁,而且枝叶芳香可驱虫灭蚊、净化空气,所以是非常优质的绿化和观赏树木。

七、"勇斗"大火的木荷

森林火灾一直是破坏森林植被的最大元凶。人们为了与森林火灾对抗一直不断地做着努力,并付出了巨人的代价。

在与火魔长期的斗争中,人类探索出运用森林自身阻止大火蔓延的方法,这就是绿色植物阻隔法。担此重任的植物,从花草到树木,品种众多,其中有一种名叫木荷的乔木更是"勇斗"森林之火的佼佼者。

木荷通常生长在我国南方地区,也被称为伍树、和木等。

木荷的含水量非常大,其树体总质量的43%左右都是水分,其生长旺盛的树体部位的平均含水量甚至更多。同时,木荷树的油脂含量很少,仅为6%。这就为木荷"斗火"提供了天然的个体条件。

如果将木荷以防火林带的方式种植,当森林大火烧到这种防护林带时,大火就会自行熄灭。据相关数据显示，当森林大火降临时，靠近火焰的木荷大约只有30~50%的树叶被烤焦，但树身绝不致烧死。而具有超强生命力的木荷还具有极强的"伤口"愈合能力，其被烤伤的树枝第二年又可以萌发新叶。

木荷是专家极力推荐的用来防止森林大火的重要树种，被一些专家称为"抗火树"。

八、"吐汁"灭火的梓柯树

梓柯树被人们称为是天然的"消防树"。

梓柯树的节苞中具有一种含有灭火的物质——四氯化碳的液体，火焰一旦碰上它，就会很快熄灭。

梓柯树是一种生长在非洲安哥拉的高约20米的四季常绿树木。这种树高大雄伟，枝繁叶茂。

梓柯树的叶片细长，通常都是向下垂挂的。梓柯树的叶子通常会把全树围得密不透光，在浓密的树杈间藏有一只只像馒头大的节苞，这些皮球大小的节苞就是梓柯树的"天然自动灭火器"。

梓柯树的这些节苞并不是它的果实，而是"自卫"的武器，在它的外表下，有无数网状小孔，里面装满透明的液体。梓柯树的这些节苞非常害怕见到光亮，一旦被太阳光或火光照到，里面的液体便会不受控制地从细孔中喷射出来。

科学家曾在节苞的启示下成功设计出了一种微型的自动灭火器。

九、"臭名远播"的臭椿

人们总是在赞美松柏,歌颂杨柳,但对名为臭椿的数目却是极为不屑一顾的。这是为什么呢?

原来这种叫作臭椿的花、叶、嫩枝都散发有一股极为怪异的气味,让人非常的受不了,所以致使声名狼藉。

但臭椿似乎并不在乎人们对它的评价,它依旧我行我素、随遇而安。或许不知道哪一天,在自家的院墙角落里就会突然冒出一棵小树苗,就算没有人去光顾它,它也可以在个把月的时间里长成一棵1米来高的小树,不用问、不用看它一定是臭椿树。因为只有臭椿树才会如此。

臭椿树的生长速度是非常快的,通常一棵二三年左右的臭椿树已经能够成荫蔽日了。如果遇上深厚、肥沃的土地,一株10~15年的臭椿甚至可以长到20余米高。因而,是生物学家极力推荐的优质的速生树种。

臭椿属苦木科的落叶乔木,树皮较光滑,叶卵状披针形,先端渐尖。果实是长圆形的,有3~5厘米长,中部藏着一个扁平的种子,两旁轻而薄,仿佛是种子的翅膀,因此被称为翅果。每年的9~10月,是臭椿的果熟时节。臭椿的果实会随风飘向四方,只要遇到稍为适合的环境,它就会落地生根,以其作为自己的生长地盘,哪怕是墙角、砖缝,都无法影响其壮大成长的信心。臭椿不需要人的任何照顾、怜悯,只要扎下根就会不懈向上、勇往直前,不在乎别人眼光地奋力成长。

过去,人们一直把臭椿视为劣木,认为其树干疏松、枝叉弯曲只能用作柴薪之用。但植物学家们对此却有不同的看法,植物学家们站在科学的角度上,为臭椿做了平反。植物学家指出,臭椿的树干通直高大、树冠开阔、叶大荫浓,是很好的绿化树种。

同时，臭椿的材质坚韧且具有弹性、纹理直且明显、纤维长且易于加工，另外还具有耐腐蚀、有光泽等特点，所以是非常适宜作家具、农具、建筑材料的优质木料；而臭椿的种子中含20~35%的半干性油，可食用或制肥皂；其树皮、根皮、种子均可入药，具有清热、收敛、止痢之功效；臭椿的叶子也可用来喂养椿蚕，经水煮后还可食用。

十、木质柔滑的牙刷树

牙刷树是生长在非洲西部热带森林里的一种叫"阿洛"的树。这种树是一种天然的优质刷牙用具。

牙刷树的树木质纤维疏松而富有弹性，就像刷牙上的软毛一样，而纤维孔内则含有一种乳状分泌物，恰似牙膏。如果将树干或枝条锯下来，削成牙刷柄长短的木片，用来刷牙，牙齿就可以被刷得雪白。

由于这种木片放进嘴里，很快会被唾液浸湿，这时顶端的纤维马上散裂开来，犹如牙刷上的"鬃毛"，因此得名"牙刷树"。

无独有偶，在非洲东部的坦桑尼亚也有一种"牙刷树"，比前一种更胜一筹。它是一种乔木，树枝的纤维很柔软且富有弹性。人们只要将树枝稍稍加工，就可以做成理想的天然牙刷。用它刷牙，不必使用牙膏也会满口泡沫。因树枝里含有大量的皂质和薄荷香油，不仅能够将牙齿刷得干干净净，而且还具有清凉爽口的功效，使人倍感舒适。

十一、树大年高的茶树

我们通常见到的茶叶一般都是由茶树上的幼嫩叶片经炒制以后而成的。茶树是一种常绿的灌木或小乔木,属于茶科、茶属。

茶树是一个庞大的家族,全世界大约有200多种,而仅在我国就有约有190种。因此,我国又是目前全世界种植茶属植物最多的国家。

在我国境内的茶种植主要分布在我国云南省,因此又有"云南山茶甲天下"的说法。云南地区不仅茶树种类繁多,而且名品济济。我国一些古老高大的名茶树几乎都出自这里。

在我国云南省西双版纳傣族自治州勐海县南横山村,有一棵大茶树,其高约5.40米,主干周径约1.40米,树冠面积约为110平方米。根据哈尼族的相关历史资料记载,这株茶树中的大个子已种植了800余年。这株被当地人称为"茶树王"的茶树,至今依然枝繁叶茂、生命力蓬勃,每年人们都可在这棵茶树上采到一批鲜叶。

在云南省普洱县还有一棵茶树,高达13米,胸围约3.2米。相传,这株茶树约有1700岁的树龄,是我国现存的有史可证的最为古老的一棵茶树,同样也被称为是"茶树王"。

虽然我们上面说的这两株茶树都被称为是"王者",但在茶树家族中,它们却不是最高大的。

在我国云南省勐海县巴达乡的原始森林中,人们发现了一株茶树"巨人",这棵茶树高约32米,胸径约为1米。根据相关的科学鉴定,这株茶树"巨人"是我国迄今为止发现的最高的茶树。

另外,在我国四川省南川区德隆乡华林村也有一株非常有名的茶树。这株茶树的树干周径是1.76米,在距地面3米处长出3个分枝,分枝1~12米、径粗20~30厘米。这株茶树的树干光滑,呈深灰色,冠幅达6米。这棵大茶树,平均年产鲜叶120~140斤,茶子20~30斤。用这棵茶树上采集到的优质茶叶泡制的茶更是清香味浓。

十二、有"天然涂料"之称的漆树

漆树是一种高大的落叶乔木,叶卵形,由7~15个小叶合起来构成一个大的复叶。

漆树树干(局部)

漆树的花较小,通常呈淡黄绿色。每年5~6月间,漆树的枝上都会抽出疏散而下垂的圆锥花序,到了秋日,就会结出串串淡黄色的十分美丽的果实。

漆树的树皮在幼时会呈灰白色,较滑;成熟后,颜色则会变浅并出现纵裂。

在漆树的枝内含有乳白色的漆液。从漆树上刚流出的漆液是白色的,经空气氧化之后就会变为褐色、紫红色或者黑色。

漆树是我国特有的数目品种。在我国漆树资源十分丰富,并且分布范围也是非常广泛的。北自辽宁,南至两广、云南都可以看到漆树的身影。其中尤以湖北、湖南、四川、贵州、陕西等省的种植数目最多。

漆树的适应性是非常良好的,它们一般最高可以生长在2500米的高山上。漆树生性喜欢阳光、不耐庇荫,特别喜欢生长在温暖湿润的气候及深厚肥沃且排水良好的土壤中。

在适合生长的地区中,漆树通常生长较快,一般15年生的漆树的树高就可达8米左右,胸径可达40厘米左右。

一般情况下,当漆树长到5~8年,其胸径达到15厘米左右的时候就可以采割漆液。漆树通常在40岁树龄以后开始渐渐衰退,平均寿命能活到70岁以上。

漆树全身是宝。漆树的木材通直、美观耐腐,可用作家具、装饰品等的用材,也是桩木、坑木的重要用材;漆树的花是优良的蜜源;果皮可制取漆蜡;漆蜡是制造肥皂、蜡烛、雪花膏、香皂和甘油的重要原料;漆树的种子可以榨油,供油漆及食用;而干漆可药用,治风湿痛、月经不调、丝虫病和蛔虫病;漆树的根也可用于治跌打损伤;漆花解小儿腹泻。

另外,漆树的叶子每到秋天就会变为红色,十分美丽,极具观赏性,因此漆树也是有名的观赏树木。

十三、贵妃最爱的荔枝树

长安回望绣成堆,山顶千门次第开。

一骑红尘妃子笑,无人知是荔枝来。

荔枝曾经是帝王为博贵妃一笑的极品植物。在《后汉书·和帝纪》中有这样的记载:"旧南海献龙眼、荔枝,十里一置,五里一候,奔腾险阻,死者继路"。

由此可知,当时的统治者穷奢极欲到何种程度,也说明荔枝自古就是最名贵的水果。

荔枝树在我国的栽培历史是非常悠久的。自《汉书》起,历代农医书如《三辅黄图》《南方草木状》《齐民要术》《嘉祐本草》《图经》中都有关于荔枝树种植的记载。

在陕西乾县唐中宗时永泰公主墓内的石椁线雕画中,有一侍女双手捧着一盘荔枝,是迄今发现的最早的有关荔枝的形象资料。因此,可以推知,我国至少在秦汉以前就开始栽培荔枝树了。

荔枝树属于无患子科荔枝属,为高大常绿乔木。通常荔枝树都可长到20米高。

诗人白居易曾经在其所做的《荔枝图序》中说道:"荔枝生巴峡间,树影团团如帷盖,叶如桂,冬青;花如橘,春荣;实如丹,夏熟;朵如葡萄,核如枇杷,壳如红缯,膜如紫绡。瓤肉莹白如冰雪,浆液甘酸如醴酪。"白居易以其对荔枝的喜爱,将荔枝树的形态特征从表及里地进行了淋漓尽致的描述。

荔枝树原产于我国南方,以广东、广西、福建、四川、云南、台湾等地栽培最多。

荔枝树可说是世界上最长寿的果树之一。

在福建省境内就有许多古荔枝树;而在海南岛的雷虎岭及廉江谢山,至今仍有纵横十余里的原始荔枝林;福州西禅寺中生长着一株唐代"俨荔枝"树。

在莆田市城原宋代一庭院内生长着一棵被称作"宋香荔枝"的枝繁叶茂的荔枝树,相传这株荔枝树是唐代遗留下来的,至今虽已1300多岁。这棵树最大周长为7.1米,树冠高6.43米,可说是我国迄今发现的现存的最古老的荔枝树。已经被莆田市列为重点保护文物。

荔枝树的品种很多,大约有100多种。在我国最早的关于荔枝树种植的专著是宋代蔡襄编撰的《荔枝谱》,在这本书中就已经记录了32个品种的荔枝树种植的相关资料。到了明代的时候,已增加至70多个。

在我国最出名的荔枝树品种有早熟的"三月红""黑叶",中熟的有"白腊",迟熟的由"米云米糍""桂味"等。另外还有核大味甜的"大荷包",甜带蜜味的"妃子笑""蜜荔枝""一家吃荔,三家闻香"的古老品种"丁香细荔",以及广西苍梧的"古风荔"等等。

荔枝树是用途非常广的果树。鲜荔枝曾是历代向皇帝进献的上层贡品,不仅味美,而且有养血、止渴、消肿等药用价值;其果核、花、根均可入药;荔枝树木材坚实,可制器具;此外,荔枝树四季常青,浓荫如盖,树姿优美,尤其夏日果熟之日,紫赤色的果实挂满枝头,犹如落霞一般,是园林绿化和经济效益两相兼顾的优良树种。

十四、有"七绝"之称——柿树

金桂飘香柿子红,霜降采摘正秋风,

润肺宁咳称佳品,健脾统摄诚良种,

常人但美甘涩味。岂知花蒂救治功,

最应叶片烹茶饮,他年喜添鹤龄翁。

这首"柿颂"讲的是柿子能润肺宁咳、健脾养胃,有使人延年益寿之功效。

柿子树除了有药用价值外,还有很多令人称赞的地方。唐代《酉阳杂俎》,把柿树赞为七绝:"一寿,二多阴,三无鸟巢,四无虫,五霜叶可玩,六嘉实,七落叶肥大,可以临书"。

其实,柿树不止七绝。柿树的皮可烧灰调以植物油治疗烫伤;柿饼上被称为柿霜的白霜,可治咽喉干痛、口舌生疮、肺热咳嗽和咯血等症;柿树木材致密,纹理美观,可制珍贵器具。再加上柿子树的枝叶繁茂,夏日遮天蔽日,秋日红叶如醉,丹实似火;即使落叶之后,橙红色果实依然挂于枝上,观赏价值极高。因此,柿树可谓园林、庭院中兼具经济效益的最优质的观赏树种。

柿树最为人们称绝的就是它的果实。柿子是大众型果品,其营养价值很高,含有丰富的葡萄糖、维生素C、胡萝卜素及钙、磷、铁等矿物质。由于柿子易于贮存,又能耐饥,因此在荒年甚至可以作为粮食来食用。因为柿树的产量一般都很高,所以其价格并不是很贵。

我国野生柿树分布很广。在汉代时,人们已经把一种野生柿树栽培起来,就是当今常说的黑枣(又称君迁子、软枣、羊枣等),后来经过嫁接才有了真正的柿树品种。目前,我国已知的柿树品种约有300余种,其中陕西富平的尖柿和升府柿,河北、陕西、山东一带的盖柿,杭州古荡的扁花柿,湖南隆回的腰带柿,广东的牛心柿等最为有名。

柿树属于柿科、柿属,是一种落叶乔木。柿树是我国特有的果树品种,在我国的栽培历史是十分悠久的。目前柿树在全世界范围内都有种植。日本是最早引进中国柿的国家;大约在19世纪后半叶,又开始传入欧洲。

柿树非常喜欢阳光,在北方地区种植的柿树可耐旱,南方地区种植的品种一般都能够耐一定水湿。

柿树的寿命相当长。一般在嫁接之后4~6年开始结果,15年之后达到盛果期。有些柿树到100岁时仍能丰产,300岁时依然结果累累。

十五、绮丽的"生命之树"椰子树

椰子树属于棕榈科,椰子属,为常绿乔木。

椰子树的平均树高可达15~35米。其果实称为坚果,每10~20个聚生在一起,最长的部分可达15~20厘米以上,可说是我国最大的干果。

椰子树一般要5~10年才开花结实,生产期可维持100年以上。每株椰子树平均结果60~100余个。每100个椰子树果实,可以出油18~22斤,平均每亩产油约56~150斤。

椰子树在我国的栽培历史是十分悠久的,大约有2000年以上。在晋代嵇含的《南方草木状》、刘欣期的《交州记》和《南越笔记》等古文献中都有关于椰子树的种植记载。

椰子树原产于亚洲的亚热带地区,我国海南岛就是其原产地之一。目前,在我国境内主要分布于海南岛、西沙群岛、云南西南部和台湾等地,其中以海南岛为最多。

海南岛的气候、雨量、土壤对椰子树的成长都是俱佳的,因此这里可以称为是椰子树的天然"乐园"。尤其是海南东南部的文昌、琼海、万宁、陵水、三亚等沿海地方,皆为著名的椰子树种植区。

椰子树是热带地区独特绮丽风光线,被人们称为是"生命之树"。

椰子树喜欢高温多雨的生长环境,适于生长在土层肥厚、排水良好的海岸、河口。

椰子树通常都是用种子繁殖的。人们一般都是选用其果实中圆形、中等大小的熟果作种。将其置于庇荫之处,待其发芽之后,再移入栽培地的土壤中。

椰果的果肉乳白可口,香味迷人,除直接食用之外,还可以加工制作呈椰蓉、椰子酱、糖果、点心;也可榨油,供食用或制造人造奶油、高级肥皂、蜡烛、化妆品、洗发液、牙膏、合成橡胶、油漆、润滑油等等。

椰果中的椰汁含糖约4%,还有少量的蛋白质、脂肪、钙、钠、镁、钾、铁、磷、维生素C等矿物质,是清凉甘美的饮料,也可发酵制酒造醋。在椰肉周围的纤维被称作椰衣,这些纤维可制成绳索、渔网、风帆、地毯、刷子、扫帚以及各种填充材料。

椰子坚硬的椰壳可制碗、勺、碟等日用品及乐器,还可以雕刻成图案多样的椰雕工艺品;干馏之后,可制成高质量的活性炭,磨碎又可变成木材防腐剂与火药。

在椰树的花序尚未开放之时,可以割取椰花汁。这是一种极为甘甜的饮料,同时又可熬糖和制酒、造醋。

在我国的广州有很多人还会将椰子果实悬空吊挂,待其发芽,用以观赏。

十六、"哈哈大笑"的笑树

非洲的卢旺达首都基加利有一个著名的芝密达哈兰德植物园,园中有一种会发出"哈哈"的笑声的树。

这种树是一种小乔木,平均的树高约为七八米。其树干通常都是呈深褐色,叶子呈椭圆形。

在这种树的每根丫权间,都长有一个跟小铃铛非常相似的皮果,这些皮果的内部是空腔,生有许多小滚珠似的皮蕊,能自由滚动;皮果的外壳,长满斑斑点点的小孔。风吹枝动,这些"小铃铛"也会随风飘摇,"铃铛"中的皮蕊在空腔内滚动,不断撞击薄且脆的皮果的外壳,发出与人的笑声极为相似的"哈哈"的声音,所以当地人把它称作"笑树"。

笑树这种会笑的功能,被巧妙地利用起来。人们将其种植在田地之中,每当鸟儿飞来的时候,听到阵阵的"笑"声就会以为是人来了,于是不敢轻易降落,从而保护了农作物不受损害。

十七、生命力顽强的樟树

樟树又名香樟、乌樟、芳樟,属樟科常绿大乔木。

樟树的个头在树木中算是比较大的,平均树高可达四五十米;樟树的叶为互生,有革质,呈卵形;叶面多为深绿,有光泽,背面为青白色,入秋变为鲜红色或橙红色,娇艳可爱。

樟树一般在初夏时开黄绿色小花。其花为圆锥花序。8~11月成熟,结球形果,紫黑色。

樟树性喜阳光,稍耐荫;适宜温暖湿润的生长气候,耐寒性不强;对土壤要求不严,较耐水湿;不耐干旱、瘠薄和盐碱土。

樟树的主根通常都很发达,深根性,能抗风。樟树的萌芽力较强,耐修剪。生长速度中等。树形巨大如伞,枝叶繁茂、浓荫蔽日、树姿雄伟壮丽。

樟树的存活期长,可以生长为百年乃至千年的参天古木。具有很强的吸烟滞尘、涵养水源、固土防沙和美化环境的能力;此外,抗海潮风及耐烟尘和抗有毒气体的能力也很强。因此,樟树是营造园林、防风林的理想树种。

樟树在我国主要分布于长江流域以南各地,尤以台湾地区为最多。我国台湾也是世界上种植樟树最多的地方,从海拔500~1800米,形成特有的樟树带,占全岛面积的2/5;樟脑的产量占世界的70%左右。

樟树是我国重要的经济树种,木材纹理细致,具芳香、能驱虫。樟木非常耐湿,且容易加工,被广泛用于建筑、造船、家具、箱柜、雕刻等方面。

另外,樟树还可提制樟脑、樟油,是医药、化工、香料、防腐、农药的重要原料。樟树的种子可榨油,是制肥皂的良好原料。樟树的叶可喂蚕,由此产生的樟蚕丝更是编织渔网的上好原料。

十八、名贵的"中华第一材"楠木

楠木是非常昂贵和高档的木材,其色浅橙黄略灰,纹理淡雅文静,质地温润柔和，无收缩性，遇雨有阵阵幽香，因此深受人们的钟爱。

楠木为大乔木，平均树高可达30余米；其树干通直；芽鳞被灰黄色贴伏长毛；楠木的小枝通常较细，有棱或近于圆柱形，被灰黄色或灰褐色长柔毛或短柔毛。

楠木的叶片为革质，通常呈椭圆形，少为披针形或倒披针形；其叶长一般为7~11厘米，宽2.5~4厘米；叶片的先端渐尖，尖头直或呈镰状，基部楔形，最末端钝或尖；叶柄细，长1~2.2厘米，被毛。

楠木的花为聚伞状圆锥花序，十分开展，被毛，长7.5~12厘米，纤细；每伞形花序有花3~6朵，一般为5朵；花中等大，长3~4毫米，花梗与花等长；花被片近等大，长3~3.5毫米，宽2~2.5毫米；花外轮呈卵形，内轮卵状多为长圆形，先端钝，两面被灰黄色长或短柔毛，内面较密；第一、二轮花丝长约2毫米，第三轮长2.3毫米，均被毛；子房球形，无毛或上半部与花柱被疏柔毛，柱头盘状。

楠木的果实多为椭圆形，长1.1~1.4厘米，直径6~7毫米；果梗微增粗；宿存花被片卵形，革质，紧贴，两面被短柔毛或外面被微柔毛。

楠木在我国久负盛名，楠木一直是历代封建帝王在建筑宫殿和陵寝时的首选之材。楠木广泛分布在南方各地，历来被人们视为建筑良材。尤其是这类木材具有其家族——樟科的传统，香气袭人、虫不蛀、菌不腐、经久耐用，常用来制作高级家具、器具和建筑的梁柱及棺木，被称为"中华第一材"。

楠木不仅材好，而且树姿雄壮，枝叶森秀，终年常绿，不论生于山间还是栽于庭前、屋后，均使人感到蔚然可爱，而且有防风、防火之效，深受产地群众喜爱，尤其备受佛门、道家的青睐。

在我国古代，庙宇、宫观附近栽楠之风很盛。

正如唐代史俊在《题巴州光复寺楠木诗》中赞美的："近郭城南山寺深，亭亭奇树出禅林。"如今，在成都武侯祠内、杭州灵隐寺中，尚有楠木大树，老干参天、浓荫覆地。

十九、有"林海珍珠"之称银杉

银杉,是第四纪冰川残留下来的植物种类,为中国特有的世界珍稀物种之一,是植物界的活化石,被植物学界誉为"林海里的珍珠"。银杉和水杉、银杏一起被称为我国植物界的"国宝",目前是我国国家一级保护植物。

银杉

银杉属裸子植物、松科,是一种常绿乔木。银杉平均树高可达24米,胸径通常达40厘米,一部分甚至能够达到85厘米;银杉树干通直。树皮暗灰色,裂为不规则的薄片;银杉具有开展的枝条,小枝上端和侧枝生长缓慢,通常呈浅黄褐色,无毛,或初被短毛,后变无毛,具微隆起的叶枕;芽无树脂,芽鳞脱落。

银杉树的叶子通常呈螺旋状排列,辐射状散生,在小枝上端和侧枝上排列较密,线形,微曲或直通常长4~6厘米,宽2.5~3毫米,先端圆或钝尖,基部渐窄成不明显的叶柄,上面中脉凹陷,深绿色;无毛或有短毛,下面沿中脉两侧有明显的白色气孔带,边缘微反卷,横切面上有2个边生树脂道;幼叶边缘具睫毛。

银杉树为雌雄同株。雄球花通常单生于2年生枝叶腋；雌球花单生于当年生枝叶腋。

银杉树的球果通常为两年成熟；呈卵圆形；长3~5厘米，直径1.5~3厘米；熟时淡褐色或栗褐色；种鳞13~16枚，木质，蚌壳状，近圆形，背面有短毛，腹面基部着生两粒种子，宿存；苞鳞小，卵状三角形，具长尖，不露出；种子倒卵圆形，长5~6毫米，暗橄榄绿色，具不规则的斑点，种翅长10~15毫米。

银杉通常分布于中亚热带地区。适宜在夏凉冬冷、雨量多、湿度大、多云雾的环境中种植。银杉属于阳性树种，根系通常都很发达，所以有很多野生银杉多生长于土壤浅薄，岩石裸露的狭窄山脊或孤立的帽状石山的顶部、悬岩、绝壁隙缝间。有极强的耐寒、耐旱、耐土壤瘠薄和抗风性。

银杉主干高大通直，挺拔秀丽，枝叶茂密，整个树冠成宝塔形，极其具有观赏价值。

同时，银杉也是非常优质的木材，长被用来制造家具或应用于造船和建筑业。

此外，由于银杉是继水杉之后的又一珍贵的古老植物，因此为古生物学家们研究古植物、古地质、古气候等提供了非常宝贵的资料。

二十、傲世独立的普陀鹅耳枥

在中国四大佛教名山之一的普陀山慧济寺西侧，生长着一株全世界独一无二的珍奇宝树——普陀鹅耳枥。

有人称普陀鹅耳枥为"地球独子"，以此来显示这棵树的珍贵性。这株傲视独立的奇树是我国植物学家钟观光于1930年发现的，并于1932年由我国著名林学家郑万钧确认、命名为新的树种——普陀鹅耳枥。郑万钧经过科学的分析推测,普陀鹅耳枥应该具有200年以上的树龄。

鹅耳枥属桦木科的落叶乔木,耐荫、耐瘠薄,喜中性土,因此在我国东北、华北、华东、西北、中南、西南的某些地区并不罕见。只是作为鹅耳枥属的一种普陀鹅枥却是"硕果仅存"。

普陀鹅耳枥是雌雄同株,花单性,雄花于4月上旬先叶开放,雌花与新叶同时开放。普陀鹅耳枥高约14米,干径60厘米,树冠幅宽约12米。

叶卵状椭圆形,基部圆形,边缘有重锯齿,沿叶脉常有长毛。

叶柄密生绒毛。春季开花,果序上有多数叶状总苞,果苞长椭圆形或卵形,卵形小坚果,生于部苞基部。

普陀鹅耳枥因其绝无仅有的独特性,目前已经被列为我国国家重点保护对象。

二十一、"千年开花"的铁树

铁树,又名避火蕉、苏铁,因为树干如铁打般的坚硬,喜欢含铁质的肥料,所以得名铁树。

在我国古时候,一直有着铁树千年开花的说法,也有说法称"铁树六十年一开花"。难道铁树真的很难开花吗?

其实,这只是人们的错觉而已。

铁树的花期通常在每年的7~8月。铁树的花不同于我们常见的花,它没有绿色的花萼,也没有招引昆虫的美丽花瓣。铁树属于雌雄异株,雄花雌花分别长在不同植株上。

雄花称为雄球花,圆柱形,单独生于茎顶,由一片片小孢子叶组成。小孢子叶是一种具有生殖功能的变态叶,叶上有许多囊状结构,内有花粉。拍打成熟

铁树

雄球花，就有黄色粉末飘出。

雌花称雌球花，在茎顶呈半球状，由大孢子叶组成。

铁树的大孢子叶也是具有生殖功能的变态叶，结构类似于叶，但呈黄褐色，上面长有绒毛，下方两侧着生数枚胚珠。胚珠接受了雄株花粉后受精，发育成种子。成熟的种子呈朱红色。由于种子露在外面，所以铁树归属于裸子植物。

铁树的茎干都比较粗壮，植株高度可以达到8米。铁树喜强烈的阳光、温暖干燥的环境。对土壤的要求相对苛刻，一般适合种植在肥沃、沙质、微酸性、有良好通透性的土壤环境中。铁树的耐寒性较差，所以多生长在较温暖的地区。

铁树树龄可达200年，一般树龄10年以上的个体，在良好的栽培条件下能经常开花。

据说如果铁树逐渐衰弱，加入铁粉，便能恢复健康；以铁钉钉入茎干内，也能得到相同的效果。当然，令铁树延年益寿的方法目前并没有得到科学的证实。

二十二、个大体轻的轻木

在厄瓜多尔的瓜亚基尔城的瓜亚斯河岸，人们经常会看到许多搬运工人扛着一根根又粗又长的树木飞快地走着，不明所以的人都不禁赞其"大力士"。

不过事实并不是如此，他们身上扛的树木与大多数树木是不同的，是一种"徒有其表"的树种。

这种树原产自南美洲及西印度群岛，厄瓜多尔是其盛产地之一。这种树被称为轻木。

轻木属于木棉科轻木属，也叫百色木，常绿乔木。

一般一棵10年生轻木可高达16~18米，胸径可达1.5~1.8米。轻木的树干笔直，树皮一般为棕褐色；叶呈心形，单叶在枝条上近对生；花大，多白色，着生在近枝顶的叶腋；果实为蒴果，长圆柱形，长12~18厘米，内面有绵状簇毛，成熟时果瓣脱落，簇毛散开成猫尾状；种子倒卵形，呈淡红色或咖啡色，外面密被绒毛，犹如棉花籽一样。

干燥的轻木的比重只有0.1~0.2，因此它比用来作软木塞的栓皮栎还要轻两倍多。

一根长约10米、胸围1.5米左右的轻木，连妇女都可以轻易举起。可见轻木的比重是非常小的。这也就我们解释了为什么搬运工人们扛着巨木仍可健步如飞了。

由于轻木的导热系数低，物理性能好，隔音、隔热，所以是绝缘、隔音设备、救生用具、浮标指示以及飞机制造的良材；又由于轻木木材的容量最小，且材质均匀、不易变形，因此又可制造各种模型、模板等；另外，轻木的种毛还可以作枕头和褥子的填充材料。

目前,轻木已在我国台湾、广西、福建、海南岛、云南等地广为引种。

二十三、植物界的"硬汉"版纳黑檀

我们经常会形容身边有着坚强意志的人为"钢铁硬汉",其实在植物界也有着这样的"硬汉",生长在我国西双版纳的版纳黑檀就是其中之一。

版纳黑檀是中国最坚硬的树木之一,是人们在1979年于西双版纳的热带密林中发现的一种非常珍贵的用材树种。

版纳黑檀的硬度和强度都是异常之大的,其比重达到1.13克/厘米。如果把一块版纳黑檀木放入水中,它就会像石头一样直接沉入水中。

版纳黑檀属于豆科黄檀属,为落叶乔木。其平均树高可达20米,直径50~70厘米;版纳黑檀的树皮相对较厚,表面平滑,会呈条块状剥落,树皮颜色从褐灰色至土黄色均有。

版纳黑檀有奇数羽状复叶;圆锥花序腋生;花小,蝶形;花瓣白色,雄蕊且连成一体;子房具长柄,荚果舌状。

版纳黑檀主要分布在我国云南省西双版纳地区,生长于海拔700~1700米的山地中,其中在900~1400米地段较为集中。由于当地群众有烧山的习惯,森林破坏严重,致使很多中龄的版纳黑檀及幼树很难成材。目前,版纳黑檀已被列为濒危种被保护起来。

版纳黑檀的木材结构极其致密,纹理交错,心材黑褐色,具有瑰丽花纹。其内含丰富的脂类物质,其切面光滑油润。即使干燥之后,木材也不会开裂变形,是一种类似进口红木的特级硬木原料。常用于制作高级管弦乐器、红木家具及工艺美术雕刻等。

二十四、生产粮食的"米树"

在菲律宾、印度尼西亚等国的许多岛屿上,都生长着一种能够生产出"大米"的米树,这种树被称作西谷椰子。

西谷椰子的树干非常的粗壮、且非常的挺直。其平均的树高约为10~20米。在西谷椰子的树干中含有比重非常大的淀粉。这种树非常的奇怪,开花后不久就会死去。人们通常都会在西谷椰子开花以前将其砍倒,然后用一种竹制的斧子把树干中的淀粉刮出来,加工成和大米一样的颗粒。这些颗粒被当地人称为"西谷米"。

用西谷椰子树中的淀粉制成的西谷米做成的饭和普通米饭一样,甚至比普通的米饭更为可口。

二十五、奇特的面条树

在南非马达加斯加的山区中,生长着一种极为奇特的树木。这种树会在每年的4~5月开花,但它并不会等到秋天才结果,一般在6~7月间就会结出呈长条形、最长约有2米的果实来。当地居民把这种果实叫作"须果"。

这种"须果"不仅外表像面条,味道也和面条差不太多。因此当"须果"成熟的时候,人们便会争相将其割下来,晒干收藏。等到想吃的时候,就将其拿出来放入锅中煮软,加上佐料食用。

二十六、树高叶茂的面包树

面包树是一种常绿乔木,主要分布于南太平洋的众多岛屿以及印度、巴西和非洲等热带地方。

面包树平均树高约 10 多米,最高的个体可达 40 多米高。面包树的树干粗壮,枝叶茂盛,叶大而美、一叶三色。

面包树

面包树是雌雄同株的树种,其雌花丛集成球形,雄花集成穗状。在面包树的枝条、树干上直到根部,都能结出果实。面包树的结果期是非常长的,一年中有大约 9 个月的时间都可结出果实。

面包树的果实营养非常丰富,且具有果肉充实、味道香甜等特点。在面包树的果实中含有大量的淀粉和丰富的维生素 A、维生素 B 以及少量的蛋白质和脂肪。

当地的人们经常会从树上摘下成熟的面包果,然后直接放在火上烘烤到黄色后食用。

面包树的植株中含有白色乳汁,具板根,外形浑厚;在幼木时,这些板根并不明显,随着树木生长的越来越高、越来越粗壮,其板状的根也会逐渐扩展。

面包树属于单叶互生,叶片呈革质、阔卵形;叶片顶端略尖,基部呈心形;面包树的叶片极大,通常长约30~90厘米;叶表呈墨绿色,且富有光泽;面包树的叶子为3~9羽状深裂或全缘,叶脉明显。

面包树的花为单性花,雌雄同株。雄花先开,花小型,花序呈棍棒状,腋生,长约25~40厘米;雌花序呈球形。

面包树的果实为聚合果,外表布满颗粒状突尖,直径约可达20厘米。

在我国台湾地区和广东省也分布有一定数量的野生的面包树。

二十七、能分泌"奶液"的树木

牛奶树是生长在巴西亚马孙流域的一种树。

牛奶树的长相非常的奇特,其树干的表皮基本没有沟壑、平滑有光泽。牛奶树的叶子也是非常光洁的。牛奶树上结出的果实不大,不能食用。

牛奶树不仅外表具有特点,其内在也有让人称奇的地方。当人们用小刀或其他工具在牛奶树的树皮上划一个小口子的时候,就会从树干中流出一种白色的"奶液"来。通常一棵牛奶树单次可以收集2~4公升"奶液"。

生的牛奶树"奶液"中含有一种对人体有害的杂质,是不能够用来食用的。但是如果用清水把它冲淡、煮沸,这些有害物质就会消失不见。加工后的"奶液"成分、味道跟牛奶十分相近。因此当地居民把它叫作牛奶树。

无独有偶,在南美洲一些地方也生长着一种被当地居民称为"木牛"的牛奶树。这个古怪的名字缘于这种树的树液味道酷似无脂牛奶。"木牛"的树皮被切开后也会立刻流出"树奶",且这种树的伤口愈合能力非常的强。

而希腊的吉姆斯林区有一种被称为"马德道其莱静"的大树。这种树平均树高约为3米,要3~4人才能合抱。它的树身极为粗糙不平,每隔几十厘米就有一个绿色奶苞,会不断地滴出一些"奶汁"来,牧羊人非常喜欢把羊群赶到这些大树下,由大树来"喂养"自己的羊。因此这种树又被称为"羊奶树"。

二十八、挂满"香肠"的香肠树

香肠树原产热带非洲,多分布在非洲东部的乌干达地区。属于紫葳科香肠树属(即吊灯树属)的唯一种,学名为 K.africana。原产热带非洲。

这种香肠树的平均树高为6~12米,其果实约可长到30~60厘米左右。

香肠树的果实会悬垂于绳索状的长柄下。它们的花径约有10厘米左右,一般呈紫绿色,形状略不整齐或向一侧弯曲,着生于老枝之上,悬挂方式便于蝙蝠(主要传粉者)采蜜。

虽然香肠树的果实从长相上来说与人类吃的香肠很相像,但是其味道却与香肠完全不同。

香肠树的果实可用来制造黄色颜料;外壳可用来制造碗、茶杯和各种装饰品;树皮还可以做药材,能治风湿、蛇咬等疾病。

二十九、含油量丰富的流油树

在我国陕西省地区生长着有一种名叫"白乳木"的树,只要人们将其树皮切开、枝条扭断,或者将其叶片撕破,就可以看到有一种乳白色的液体从中流出来。

这种液体中的含油量可达68%左右,甚至比芝麻、核桃、花生的含油量都要高。这种树中的油,不仅可以用来点灯、作燃料,甚至还可以食用。

三十、天然的"酿酒师"酒树

非洲中部罗得西亚恰希河两岸地区,生长着一种名叫"休洛"的酒树。这种酒树就像是天然的"酿酒师"一样,可以"酿造"出非常美味的酒液。

这种叫作"休洛"的酒树,常年都可以分泌出一种味道芳香的、含有酒精的液体。这种液体不仅味美,而且酒香浓烈,深受当地人的喜爱。非常多的人都很钟情于这种天然的"美酒"。

许多人都将这种酒树作为天然的美酒取饮机。

三十一、"制盐高手"木盐树

在我国的黑龙江省和吉林省交界的部分地区,生长着一种能产出优质盐的木盐树。

这种树非常的特别,每当炎夏的季节到来时,这种树的树干上就会凝结出一层雪花般的盐霜,当地人们可以用刀轻轻地把盐霜刮下来加工使用。

这些树盐不仅可以作为生产用盐,还可以作为质量上等的精盐来食用。

三十二、形似马褂的鹅掌楸

如果说到T恤衫和牛仔裤,大家可能了如指掌,但马褂是什么样大概就说不太清楚了。这是时尚男人穿在长袍外的短褂,如今只能在电影、电视和戏剧中再现了。可在形形色色的大自然中,却有一种目前仍在出产"马褂"的大树。这种树就世世代代生长在我国南方的一些山林中。

它那一片片大过手掌的叶,简直就像一件件挂在枝梢的小马褂。这种树叶的顶部平截,犹如马褂的下摆,而且两个下角略为尖突,似有几分滑稽。叶的两侧平滑或略弯曲,在向后延伸时略有收拢,好像马褂的两腰。然后叶的两侧突然向外突出,仿佛是马褂伸出的两只袖子。这些"小马褂"的前后身颜色还不一样呢,你看它正面绿色、背面白色,好像用的是两种布料,又让人有点纳闷。这就是大名鼎鼎的珍贵树种鹅掌楸,因叶形似马褂,又俗称马褂木。

三十三、城市中的"行道树"槐树

槐树叶浓密,干高、枝广、叶稠,是城市中常见的行道树。夏日骄阳似火,槐树洒下一片片绿荫,给行人带来凉爽。槐树原产我国,又名"国槐"。古人常把它植于寺庙和宫廷内,所以古书中也把它称为"宫槐"。槐树是一种豆科乔木,幼树树皮绿色,老时树皮变为灰黑色,上面有块状深裂。叶为羽状复叶,小叶的前端是尖形的,花似蝶形,淡黄白色或淡绿色,花期很长,从盛夏至凉秋,开花不断,盛开时,夹路飞黄,落英缤纷。

槐树

槐树的确是一种很好的行道树,除了能美化环境、遮阴去暑之外,它还有净化空气、调节小气候的作用。元代时有人写过"风转庭槐拂槛开,绿荫如染净无埃"的诗句来赞美槐树。

槐树是有名的长寿树,其寿命之长并不在银杏、松、柏之下。

槐的木质坚硬,为优质的建筑材料。槐叶可食,可以救荒,槐花既是一种中药材,又是黄色的染料。槐树花谢后,在十月结成念珠状的槐豆角,其果皮中含有葡萄糖,可以提制饴糖;果皮中还含有"路丁",具有降血压之功效。种子里还含有丰富的蛋白质、淀粉和少量的脂肪,是制造酱油和酿酒的原料。

三十四、"半寄生植物"檀香树

檀香是一种名贵的香料,气味芳香馥郁经久不散。檀香皂、檀香扇就是用檀香制成的。而檀香则来自檀香树。

檀香树是一种终年常绿的树木。最早产于印度、印度尼西亚等热带地区,现在我国南方种植已较普遍。

檀香树有一个与众不同的特性。檀香树的幼苗期主要靠自己丰富的胚乳提供养料,一般长到十来对叶片,养料就耗尽了,它自己又不能再制造养料,如果没有别的养料来源就不能生存下去。这时,它的根系上就要长出一个个如珠子般大的圆形吸盘,它们会紧紧地吸附在它身旁的植物根系上靠吸取别的植物所制造的养料来过日子。

如果这时候找不到被吸附的植物为它提供养料,它就长不起来,最终就会死亡。因此,在种檀香树的时候,就要有选择地在它的身边种上被吸附的植物。因此,人们称檀香树为"半寄生植物"。

三十五、城市中常见树种柳树

"碧玉妆成一树高,万条垂下绿丝绦。不知细叶谁裁出,二月春风似剪刀。"在诗人眼中,高高的柳树像碧玉妆成的美女一样婀娜多姿,下垂的千万枝柳像身上的翠绿丝带。古人通过柳树来刻画春天的美好和大自然的工巧。

柳树在城市中很常见,因为它喜潮湿,所以大多生长在沿河两岸。柳树的枝条细长柔软而且下垂,叶子两头尖尖如小刀,据说欧洲的第一把手术刀,就是模仿柳叶形状做成的。

早春时节,柳叶还未长出的时候,柳树就开出淡黄色的小花。

大多数植物的花都是由花萼、花瓣、雄蕊和雌蕊四部分组成的。这四部分完全具备的花叫完全花。杨柳既没有花萼,也没有花瓣,而且雄花和雌花不在同一植株上。

柳树的种子很小,而且毛茸茸的,风一吹,种子就漫天飞舞,人们把它们叫柳絮。

柳树是乔木状的阳生植物,阳生植物最主要的特点就是能够充分利用强光。阳生植物的叶片通常又厚又小,表面像是涂了一层蜡,这样对保存体内的水分很有帮助。

一位荷兰医生凡海尔蒙曾经做了这样一个实验:在一只木桶里放入称过重量的泥土,然后种上一颗2千克重的柳树。每天只浇一些水,过了5年,树长高了,它把柳树拔出来称了一下,竟有75千克重,再称了一下泥土,才减少了几两。后来,科学家们发现,在凡海尔蒙的实验中,柳树不光是吸收了水分,而且也吸收了空气中的二氧化碳,通过光合作用制造出自己生长所需要的养料。

三十六、速生林木泡桐

泡桐属玄参科,落叶乔木,是我国著名的速生用材树种之一。它的树干挺直,树冠庞大;叶大多毛,分泌黏液,能吸附粉尘、净化空气,被称为天然吸尘器,并且对二氧化硫、氯气、氟化氢、硝酸雾等有毒气体有较强的抗性。

常见的泡桐有白花桐、楸叶泡桐、毛泡桐、兰考泡桐、川桐等。白花桐可高达27米,胸径2米,叶椭圆状长卵形,单叶对生,下面生白色星状绒毛。春季先叶开花,圆锥花序顶生。大型紫花,馨香袭人,赏心悦目。九、十月间硕果累累。

泡桐为速生林木,五六年就能成材,民间流传着"一年一根杆,五年能锯板"的说法。泡桐材质轻软,富有弹性,不翘不裂,纹理美观,隔热防潮,不被虫蛀,不易着火,是制胶合板,做家具、箱板及建筑用的良材。桐木因其轻、松、脆、滑,故适宜于制造乐器、教学仪器及音响设备的机壳。

三十七、可防干旱的胡杨树

在我国西北的荒漠中,生长着一种高大的胡杨树,也称"胡桐"。它和一般的杨树不同,能忍受荒漠中干旱、多变的恶劣气候,对盐碱有极强的忍耐力。在地下水的含盐量很高的新疆塔克拉玛干大沙漠中,照样枝繁叶茂,郁郁葱葱。

胡杨有特殊的生存本领,它的根可以扎到10米以下的地层中吸取地下水,体内还能贮存大量的水分,可防干旱。胡杨的细胞有特殊的机能,不受碱水的伤害;细胞液的浓度很高,能不断地从含有盐碱的地下水中吸取水分和养料。折断胡杨的树枝,从断口处流出的树液蒸发后就留下生物碱。胡杨碱除食用外,还可制造肥皂,或用来制革。人们利用胡杨料,也可用于造纸和做家具。胡杨林还可以阻挡流沙,绿化环境,保护农田,是我国西北地区河流两岸或地下水较深地方的重要造林树种。

三十八、自然界中剧毒的箭毒木

箭毒木又叫见血封喉,是一种高大的常绿乔木,一般高25~30米。一听到箭毒木的别名,你大概就知道它的特点了。不错,箭毒木不但毒性很大,而且是已知的毒性最大的植物。

它的剧毒威力有多大呢?箭毒木的树皮和叶子中含有一种白色乳汁,这种乳汁如果不慎溅入眼中,眼睛会立即失明;它的树枝燃烧放出烟气,也能把人的双眼熏瞎;它的树汁涂在箭头上,一旦射中野兽,3秒钟内就能使野兽血液凝固,心脏停止跳动。箭毒木实在是很厉害。

箭毒木的毒性如此厉害,可算是自然界中剧毒的树木了,但它又是工业上的重要原料。在医药上可从其树皮、枝条、乳汁和种子中提取强心剂和催吐剂。它的茎皮纤维强韧,可以编织麻袋和制绳索。它的材质很轻,可作纤维原料或代软木用。

箭毒木已被列为国家三级重点保护植物。在我国的海南、云南、广西和广东等省、区有少量分布。

三十九、中国"鸽子树"珙桐

每当春末夏初,在我国湖北神农架、四川的峨眉山一带,能看到一种繁花盛开的大树。其花色洁白如玉,花形如同展翅欲飞的白鸽,分外妖娆,这就是昭君故里的"鸽子树"。民间传说昭君出塞,与呼韩邪结为夫妇,她日夜思念家乡,托白鸽为她送信,千万只送信的鸽子飞到昭君的家乡,栖息在树上,化成了一朵朵洁白的鸽子花。

鸽子树本名称珙桐,是我国特有的稀有树种。早在100万年前,珙桐并不罕有,在世界各地都有它的踪影,但后来渐渐灭绝了,只有在我国贵州的梵净山、湖北的神农架、四川的峨眉山等山区还有小片天然林木,属于国家一类保护植物,是珍稀的植物活化石。1896年,一位法国神父来到四川穆坪,立刻被那满树的"鸽子"迷住了。后来人们把珙桐种到欧洲和世界各地,成为著名的观赏树种,并被人们称为中国"鸽子树"。

珙桐属落叶乔木,树形高大,有的可以高达30多米。初夏是它开花的季节,每当这个时候,满树的鸽子花迎风欲飞,美丽极了。鸽子花之所以长得像鸽子,是因为它的花序基部长着一对乳白色的苞叶,托着圆球形的紫红色花序,就像鸽子一对洁白的羽翼托着鸽子的头部一样。

四十、有"万木之王"之称的巨杉

　　巨杉是特产于美国加利福尼亚山区的杉科树种，由于具有纵裂的红褐色树皮，与另一种生长在加州沿海地区的杉科树种——北美红杉一起被俗称为"红杉"。这两种树虽然在19世纪才被植物学家所描述，但它们异常高大、长寿的本色，很快引起了全世界的普遍关注。其中巨杉在粗大上更为突出，虽然最高的仅90米左右，比北美红杉等几种树矮，但它仍以无与伦比的地位居世界巨木之首。

　　目前，世界公认的最大的巨杉是一株被尊称为"谢尔曼将军"的巨树。它高83米多，树干基部直径超过了11米，30米处的树干直径仍有6米左右，甚至在40米高处生出的一个枝杈就粗2米，令世界上许多高三四十米的大树望尘莫及。1985年科学家根据它的木材比重进行了测算，认为"谢尔曼将军"树重2800吨。据估计，"谢尔曼将军"树可以制作出55753平方米板材，如果用它钉一个大木箱的话，足可以装进一艘万吨级的远洋轮船。

　　目前，这株世界"万木之王"受到了美国政府的特别保护，傲然挺立在内华达山脉西侧的红杉国家公园中，成了美国人民心目中的"英雄"。